国家社会科学基金项目（17BSH133）成果
山东省社科理论重点研究基地（“新时代社会治理与政策创新”研究基地）成果
山东省高等学校“青创人才引育计划”科研团队（“新时代社会治理与社会政策创新团队”）成果

济大社会学丛书

资产建设与儿童发展账户

理论、经验与机制构建

ASSETS BUILDING
AND CHILD DEVELOPMENT ACCOUNTS:
THEORY, EVIDENCE, AND MECHANISM CONSTRUCTION

高功敬 / 著

社会科学文献出版社
SOCIAL SCIENCES ACADEMIC PRESS (CHINA)

目录

CONTENTS

导　论……………………………………………………………………………… 001

第一章　资产建设与儿童发展账户………………………………………………… 017

一　资产建设政策实践相关研究……………………………………………… 017

二　儿童发展及其影响因素相关研究………………………………………… 030

三　儿童发展账户政策效应及其影响因素相关研究………………………… 042

四　研究述评…………………………………………………………………… 054

第二章　家庭资产建设对儿童发展的效应………………………………………… 056

一　问题的提出………………………………………………………………… 057

二　资产效应、资产建设效应与儿童发展…………………………………… 060

三　因果模型与研究假设……………………………………………………… 066

四　数据、测量与方法………………………………………………………… 069

五　数据分析…………………………………………………………………… 086

小　结…………………………………………………………………………… 112

第三章　贫困家庭儿童发展账户参与意愿和参与能力…………………………… 116

一　问题的提出………………………………………………………………… 116

二　研究方法…………………………………………………………………… 119

三　参与意愿及其影响因素 …… 127
四　参与能力及其影响因素 …… 163
小　结 …… 187

第四章　不同国家和地区儿童发展账户政策实践与模式比较 …… 189
一　不同国家和地区儿童发展账户政策实践 …… 190
二　儿童发展账户的模式比较 …… 224
小　结 …… 235

第五章　贫困家庭儿童发展账户机制建构与政策模拟 …… 238
一　贫困家庭儿童发展账户机制建构：三层嵌套多元整合模式 …… 238
二　贫困家庭儿童发展账户政策模拟 …… 267
小　结 …… 301

第六章　结论与讨论 …… 303
一　研究结论 …… 304
二　相关讨论 …… 311

参考文献 …… 317

附　录 …… 347
附录 1　家庭资产建设与儿童发展需求评估调查问卷 …… 347
附录 2　儿童发展账户参与意愿和参与能力访谈提纲 …… 355
附录 3　被访者及家庭成员信息一览表 …… 358
附录 4　不同国家和地区儿童发展账户具体做法一览表 …… 379

导　论

本章主要介绍研究背景、提出研究问题、说明研究意义、阐明理论基础、明确研究方法，最后详细阐明研究思路与研究结构。在阐明研究思路与研究结构的过程中，简要地介绍各章的主要任务及内容。

一　研究背景

随着脱贫攻坚战取得了全面胜利，[①] 当前反贫困主战场已从消除绝对贫困向治理相对贫困转变。[②] 治理相对贫困需要更加强调制度性顶层设计，更加注重反贫困长效机制构建，更加聚焦创新性政策有效供给。贫困家庭儿童[③]发展关乎国家未来和民族希望，关系社会公平正义，促

① 习近平：《在全国脱贫攻坚总结表彰大会上的讲话》，https：//www. ccps. gov. cn/xtt/202102/t20210225_147575. shtml。

② 周飞舟：《从脱贫攻坚到乡村振兴：迈向"家国一体"的国家与农民关系》，《社会学研究》2021 年第 6 期，第 1~22、226 页；徐勇、陈军亚：《国家善治能力：消除贫困的社会工程何以成功》，《中国社会科学》2022 年第 6 期，第 106~121、206~207 页。

③ 本书研究的贫困家庭儿童属于相对贫困范畴，为行文方便，在相应章节中有时使用了贫困家庭儿童概念，有时使用了相对贫困家庭儿童概念。本书研究的贫困家庭儿童主要基于政府相关政策界定，分为低保家庭儿童、低收入家庭儿童以及困境儿童三个主要类别。低保家庭儿童主要指共同生活的家庭成员人均月收入低于当地最低生活保障标准，且符合当地最低生活保障家庭财产状况规定的家庭儿童；低收入家庭儿童指家庭人均收入高于当地城乡居民最低生活保障标准，但低于当地城乡低保标准的 1.5~2.0 倍，且符合当地城乡低保家庭财产条件的城乡低保边缘家庭的儿童；困境儿童是指因家庭 （转下页注）

进贫困家庭儿童能力发展是建立反贫困长效机制的内在要求，是切断贫困代际传递的根本途径，是着眼长远、实现共同富裕的应有之义，也是分担家庭养育成本、促进生育的有效抓手，更是完善我国儿童福利政策体系的内在要求。毋庸讳言，长期以来我国儿童福利政策侧重基本生活保障，强调短期的基本需求满足，忽视了对贫困家庭儿童能力发展的持续投资，也缺乏有效的发展型政策工具。资产建设理论所倡导的儿童发展账户作为有效的福利政策工具，已被越来越多的国家和地区采纳，成为各个国家和地区面向未来、促进儿童能力发展和人力资本投资的战略举措。

由迈克尔·谢若登创立的资产建设理论（Assets Building Theory）自 20 世纪 90 年代发轫以来，因其突出的整合性、包容性、发展性特征，被学界普遍视为社会福利政策领域中的一场范式革命。[①] 该理论对以收入和消费为本的传统社会福利政策进行了系统的批判，强调其由于忽视了贫困内涵的复杂性以及贫困家庭的资产建设，只在一定程度上缓解了贫困，没有实质性减少贫困或缩小贫富差距。传统的社会福利政策理念与实践把贫困狭隘地理解为收入与消费的匮乏，不鼓励甚至抑制贫困家庭进行资产积累。贫困不仅仅是收入与消费匮乏，更是资产或财富

（接上页注③）贫困导致生活、就医、就学等困难的儿童，因自身残疾导致康复、照料、护理和社会融入等困难的儿童，以及家庭监护缺失或监护不当儿童，包括事实无人抚养儿童及因监护不当遭受虐待、遗弃、意外伤害、不法侵害等导致人身安全受到威胁或侵害的儿童（参见中央人民政府网站，http：//www.gov.cn/zhengce/content/2016-06/16/content_5082800.html）。

① Hall，A. & Midgley，J. *Social Policy for Development*（London：Sage，2004）；杨团：《资产社会政策——对社会政策范式的一场革命》，《中国社会保障》2005 年第 3 期，第 28~30 页；Han，C. K. & Sherraden，M. "Do Institutions Really Matter for Saving among Low-income Households? A Comparative Approach." *The Journal of Socio-Economics*（2009）3：475-483；Shanks，T. R. W.，Kim，Y. & Loke，V.，et al. "Assets and Child Well-being in Developed Countries." *Children and Youth Services Review*（2010）11：1488-1496；邓锁：《社会服务递送的网络逻辑与组织实践——基于美国社会组织的个案研究》，《社会科学》2014 年第 6 期，第 84~92 页；何振锋：《资产建设理论形成、实践及启示》，《社会福利》（理论版）2019 年第 9 期，第 3~7 页。

匮乏[①]、可行能力匮乏[②]、权利匮乏或社会排斥导致的脆弱性以及稀缺性思维模式的表征[③]。基于对贫困现象复杂性理解的多维整合视野成为有效反贫困的内在要求。资产为本的社会福利政策不仅能够直接促进穷人进行资产积累，更重要的是，将会产生显著的“资产福利效应”：促进家庭的稳定；改变稀缺性思维模式；促进人力资本和社会资本发展；增强专门化和专业化；提供承担风险基础；提升个人效能、扩大社会影响与政治参与等。[④]

如何将资产为本的社会福利政策付诸实践？谢若登认为契合资产建设理论的政策实践工具是个人发展账户（Individual Development Account，IDA）。个人发展账户旨在帮助穷人建立资产，政府和社会为个人存款提供相应的配额，并通过私人部门或账户持有者自身的努力形成创造性金融的潜力。配额性的儿童发展账户主要用于满足贫困家庭儿童的发展性需求，比如用于儿童未来的高等教育费用支付、创业支持以及继续教育与培训支持等。[⑤] 理论需要实践的检验，最早的政策实验是谢若登于 1997 年在美国遴选的 13 个主办组织开展的“美国梦示范项目”，随后美国又于 2003 年和 2007 年开展了 SEED 和 SEED OK 政策实验。多年的政策实验结果表明，无论何种类型的穷人基本能在个人发展账户中存钱并积累有效的资产，且产生了积极的福利效应。[⑥] 实验的显著性成效使该理论及其政策实践被众多国家和地区借鉴。目前，加拿大、新加

---

① Sherraden, M. *Assets and the Poor: A New American Welfare Policy* (New York: ME Sharpe, 1991).

② Sen, A. *Commodities and Capabilities* (OUP Catalogue, 1999).

③ Mani, A., Mullainathan, S., Shafir, E. & Zhao, J. “Poverty Impedes Cognitive Function.” *Science* (2013) 6149: 976-980.

④ Sherraden, M. *Assets and the Poor: A New American Welfare Policy* (New York: ME Sharpe, 1991).

⑤ Sherraden, M. *Assets and the Poor: A New American Welfare Policy* (New York: ME Sharpe, 1991). Schreiner, M. & Sherraden, M. *Can the Poor Save? Saving & Asset Building in Individual Development Accounts* (New Brunswick, New Jersey: Transaction Publishers, 2007).

⑥ Schreiner, M. & Sherraden, M. *Can the Poor Save? Saving & Asset Building in Individual Development Accounts* (New Brunswick, New Jersey: Transaction Publishers, 2007).

坡、美国、英国、韩国、中国香港、以色列以及中国台湾等根据自身状况先后建立了面向全体儿童或面向贫困家庭儿童的发展账户政策。不同的国家和地区形成了不同的做法，呈现不同的模式，目前学界对此还缺乏系统的比较和总结。①

2004年，山东大学和美国圣路易斯华盛顿大学社会发展中心（CSD）联合举办"资产建设与社会发展"国际学术研讨会，迈克尔·谢若登教授《资产与穷人——一项新的美国福利政策》一书的中文版出版。② 其后，清华大学与中国社会科学院、北京大学又分别举办了专题研讨会，促进了资产建设理论与实践在国内的传播。杨团和唐钧较早探讨了资产建设理论对中国福利政策转型所具有的范式性意义。③ 邓锁首次探讨了儿童发展账户在中国的可行性问题。④ 资产建设理论引入中国大陆已十余年，相关研究大多局限在资产建设理论与国外政策实践的引介与探讨上。⑤ 相关研究碎片化现象较为突出，针对资产建设理论下

---

① Zou, L. & Sherraden, M. "Child Development Accounts Reach over 15 Million Children Globally." 2022. Masa, R., Chowa, G. & Sherraden, M. "An Evaluation of a School-based Savings Program and Its Effect on Sexual Risk Behaviors and Victimization among Young Ghanaians." *Youth & Society*(2020) 7: 1083-1106. Huang, J., Sherraden, M., Clancy, M. M., et al. "Asset Building and Child Development: A Policy Model for Inclusive Child Development Accounts." *RSF: The Russell Sage Foundation Journal of the Social Sciences*(2021) 3: 176-195.

② 迈克尔·谢若登：《资产与穷人——一项新的美国福利政策》，高鉴国译，商务印书馆，2005。

③ 杨团：《资产社会政策——对社会政策范式的一场革命》，《中国社会保障》2005年第3期，第28~30页；杨团：《社会政策研究中的学术焦点》，《探索与争鸣》2007年第11期，第28~32页；唐钧：《"资产"建设与社保制度改革》，《中国社会保障》2005年第4期，第26~28页。

④ 邓锁：《资产建设与儿童福利：兼论儿童发展账户在中国的可行性》，《中国社会工作研究》2012年第1期，第115~131页。

⑤ 彭华民、顾金土：《论福利国家研究中的比较研究方法》，《东岳论丛》2009年第1期，第63~70页；钱宁、陈立周：《当代发展型社会政策研究的新进展及其理论贡献》，《湖南师范大学社会科学学报》2011年第4期，第85~89页；许小玲：《资产建设与中国福利发展的历史审视与前瞻》，《南通大学学报》（社会科学版）2012年第5期，第45~50页；邓锁：《资产建设与儿童福利：兼论儿童发展账户在中国的可行性》，《中国社会工作研究》2012年第1期，第115~131页；邓锁：《生命历程视域下的贫困风险与资产建设》，《社会科学》2020年第11期，第83~91页；黄进、邹莉、周玲：《以资产建设为平台整合社会服务：美国儿童发展账户的经验》，《社会建设》2021年第2期，第54~63页。

我国贫困家庭儿童发展账户的专题研究长期付之阙如。

与此同时，我国儿童福利政策发展也面临挑战。一是长期以来我国儿童福利政策理念主要聚焦于收入和消费为本的短期需求满足，人力资本投资理念匮乏，发展型特征不足。[①] 二是政府投入资金相对不足，致使贫困家庭儿童所享有的福利水平普遍较低。三是总体上缺乏家庭视角，普遍存在“重儿童、轻家庭”取向。[②] 四是政出多门、制度运行成本较高，缺乏整合性、包容性以及有效便捷的政策机制。[③] 当前中国福利政策正从单纯的补缺型向适度普惠型转变，构建适度普惠型儿童福利制度已成为学界和政府的基本共识。[④] 适度普惠型儿童福利制度的建构不仅要扩大保障对象范围，更要从理念与机制上由生计维持型向发展型

---

① 张秀兰、胡晓江、屈智勇：《关于教育决策机制与决策模式的思考——基于三十年教育发展与政策的回顾》，《清华大学学报》（哲学社会科学版）2009 年第 5 期，第 138~158、160 页；刘继同：《当代中国的儿童福利政策框架与儿童福利服务体系》（上），《青少年犯罪问题》2008 年第 5 期，第 13~21 页；刘继同：《改革开放 30 年来中国儿童福利研究历史回顾与研究模式战略转型》，《青少年犯罪问题》2012 年第 1 期，第 31~38 页；邓锁：《资产建设与儿童福利：兼论儿童发展账户在中国的可行性》，《中国社会工作研究》2012 年第 1 期，第 115~131 页；邓锁、吴玉玲：《社会保护与儿童优先的可持续反贫困路径分析》，《浙江工商大学学报》2020 年第 6 期，第 138~148 页。

② 张秀兰、胡晓江、屈智勇：《关于教育决策机制与决策模式的思考——基于三十年教育发展与政策的回顾》，《清华大学学报》（哲学社会科学版）2009 年第 5 期，第 138~158、160 页；刘继同：《中国社会结构转型、家庭结构功能变迁与儿童福利政策议题》，《青少年犯罪问题》2007 年第 6 期，第 9~13 页；满小欧、王作宝：《从“传统福利”到“积极福利”：我国困境儿童家庭支持福利体系构建研究》，《东北大学学报》（社会科学版）2016 年第 2 期，第 173~178 页；吴玉玲、邓锁、王思斌：《人口转变与国家-家庭关系重构：英美儿童福利政策的转型及其启示》，《江苏社会科学》2020 年第 5 期，第 53~63 页。

③ 仇雨临、郝佳：《中国儿童福利的现状分析与对策思考》，《中国青年研究》2009 年第 2 期，第 26~30、46 页；王振耀、尚晓援、高华俊：《让儿童优先成为国家战略》，《社会福利》（理论版）2013 年第 4 期，第 9~12 页；谢琼：《中国儿童福利服务的政社合作：实践、反思与重构》，《社会保障评论》2020 年第 2 期，第 87~100 页。

④ 王思斌：《我国适度普惠型社会福利制度的建构》，《北京大学学报》（哲学社会科学版）2009 年第 3 期，第 58~65 页；郑功成：《中国社会福利改革与发展战略：从照顾弱者到普惠全民》，《中国人民大学学报》2011 年第 2 期，第 47~60 页；陆士桢、徐选国：《适度普惠视阈下我国儿童社会福利体系构建及其实施路径》，《社会工作》2012 年第 11 期，第 4~10 页；何文炯、王中汉、施依莹：《儿童津贴制度：政策反思、制度设计与成本分析》，《社会保障研究》2021 年第 1 期，第 62~73 页。

转变；巩固家庭作为儿童福利制度设计的基本要素，加大儿童福利资金投入力度；创新整合性、包容性、有效便捷的政策机制等。[①] 资产建设理论所倡导的儿童发展账户因其发展性、整合性、包容性、家庭取向以及有效便捷性，高度契合中国儿童福利政策变革的内在要求。

二　研究问题

新时代我国社会福利政策体系正处在创新转型的关键阶段，如何有效借鉴国际先进经验构建符合我国国情的贫困家庭儿童发展账户政策？这已成为当前学界的重要学术使命。本研究拟基于资产建设理论视角，①利用相关数据实证检验家庭资产建设对儿童发展的具体效应，一方面探讨我国家庭资产建设对儿童发展主要维度的实际影响，另一方面基于本土数据进一步检验资产建设理论的规范力，完善资产为本的社会福利政策范式的理论基础；②运用制度比较分析法，全面总结不同国家和地区儿童发展账户实施的具体做法与相关经验，为构建我国儿童发展账户机制与路径提供借鉴；③在借鉴发达国家和地区儿童发展账户实践经验的基础上，尝试构建符合我国国情的贫困家庭儿童发展账户政策机制并进行政策模拟评估，以期深入推动资产建设理论及个人发展账户的本土化发展，促进我国儿童福利政策发展型转向，为国家建立儿童发展账户政策尤其是贫困家庭儿童发展账户政策机制提供智识借鉴。

---

① 徐建中：《中国未来儿童福利体系展望》，《社会福利》2015年第2期，第13~15页；徐晓新、张秀兰：《将家庭视角纳入公共政策——基于流动儿童义务教育政策演进的分析》，《中国社会科学》2016年第6期，第151~169、207页；张佳华：《论社会政策中的"普惠"理念及其实践——以我国适度普惠型儿童福利制度建设为例》，《青年学报》2017年第1期，第85~89页；袁小平：《资产建设理论的应用研究：理论评析与分析框架建构》，《福建论坛》（人文社会科学版）2022年第9期，第177~188页；吴莹：《从"去家庭化"到"再家庭化"：对困境儿童福利政策的反思》，《社会建设》2023年第1期，第29~41、56页。

三 研究意义

（一）学术意义

①由谢若登创立的资产为本的社会福利政策范式是以资产效应理论为基础的，而学界忽略了资产效应与资产建设效应在理论与实践上的内在差异，往往导致相关理论与经验研究的混淆。本研究试图基于两种竞争性理论视角，运用本土数据实证研究资产建设对儿童发展主要维度的具体效用及其影响路径，检验区分资产效应理论与资产建设效应理论的必要性与可行性，进一步完善资产为本的社会福利政策范式的理论基础。②通过全面总结不同国家和地区儿童发展账户实施的做法与经验，比较不同国家和地区儿童发展账户具有的多样化模式及其原因，有助于丰富和深化资产建设理论及个人发展账户相关研究。③通过专题建构符合我国国情的贫困家庭儿童发展账户运行机制并进行政策模拟评估，有助于促进资产建设理论及个人发展账户的本土化发展，也有助于推动我国儿童福利政策领域相关研究。

（二）现实意义

①通过系统论证和实证分析建立符合我国国情的贫困家庭儿童发展账户的必要性与可行性，尤其是利用本土数据深入开展家庭资产建设对儿童发展效应的实证研究，为国家建立贫困家庭儿童发展账户提供理论和现实依据。②基于资产建设理论以及国际相关政策实践，结合国情，建构中国贫困家庭儿童发展账户运行机制并进行政策模拟，以期促进我国儿童福利政策发展型转向，为国家建立儿童发展账户政策尤其是贫困家庭儿童发展账户政策机制提供参考方案和政策借鉴。

四　理论基础

社会政策在贫困治理中发挥着关键性功效，[①] 有学者甚至认为“福利政策的失误是一种民族观念的失误”[②]，而“一种有效的社会政策可以使人们远离失败”[③]。近三十年来，国际学术界对消费维持基础上的传统社会福利政策范式进行了深刻的反思，普遍认为这种以维持性生计为目标、消费为本的社会福利政策范式由于忽视贫困产生的复杂性、贫困者的自身能力建设，仅仅把贫困狭隘地理解为收入与消费的匮乏，不鼓励甚至抑制贫困家庭进行制度性资产积累，并没有有效斩断贫困的代际传递，没有显著降低相对贫困程度或缩小贫富差距，也缺乏与经济、社会整体发展上的协调。资产建设理论是在这场批判性反思基础上诞生的一种创新性理论，其因突出的整合性、包容性、发展性特征，被学界普遍视为社会福利政策领域中的一场范式革命。

该理论主张穷人在体制中占有股本[④]的重要性，强调制度性支持穷

---

① 迈克尔·谢若登：《资产与穷人——一项新的美国福利政策》，高鉴国译，商务印书馆，2005；洪大用：《协同推进国家治理与贫困治理》，《领导科学》2017 年第 30 期；关信平：《论我国新时代积极稳妥的社会政策方向》，《社会学研究》2019 年第 4 期，第 31~38、242 页；关信平：《我国社会政策 70 年发展历程及当代主要议题》，《社会治理》2019 年第 2 期，第 24~25 页；Hall, A. & Midgley, J. *Social Policy for Development* (London: Sage, 2004)。

② 迈克尔·谢若登：《资产与穷人——一项新的美国福利政策》，高鉴国译，商务印书馆，2005，第 3 页。

③ 阿比吉特·班纳吉、埃斯特·迪弗洛：《贫穷的本质：我们为什么摆脱不了贫穷》，景芳译，中信出版社，2018，第 294 页。

④ 谢若登在批判性反思长期以来以收入与消费为本的福利政策的基础上，强调穷人股本占有的重要性，主张应把穷人的金融资产建设作为福利政策的关注重点，倡导资产为本的福利政策理念和实践。用他的话来说，“在过去几年里，我一直在深入思考美国的社会政策，尤其是福利政策，并且产生了一个与众不同的想法。这个想法可以非常简明地概括为：我们应该更多地关注储蓄、投资和资产积累，而不是像以前那样将福利政策集中在收入和消费。或许可以用‘股本占有’一词来概括这一想法，它表明如果穷人要摆脱贫困——不仅仅从经济上，而且是在社会与心理上——他们必须在体制中积累一种‘股本’。体制中的股本意味着以某种形式拥有资产。我将这种新的观点称作‘以资产为基础的福利政策’。与仅仅提供物质支持不同，以资产为基础的福利政策寻求社会政策与经济发展的整合”（参见迈克尔·谢若登《资产与穷人——一项新的美国福利政策》，高鉴国译，商务印书馆，2005，第 8 页）。

人资产建设，尤其是金融资产建设在反贫困中的基础性地位，认为制度性支持穷人资产积累过程中将会产生一系列极为关键的福利效应，积极倡导建立以资产为基础的福利政策（或资产为本的福利政策）。该理论认为，以往以收入和消费为主的社会福利政策侧重于救急救穷，缺乏使贫困家庭积累优势的结构性机制，无法有效抑制或消除贫困的代际传递；而资产建设理论以人的长远发展为目标，更注重资产积累的过程，强调资产积累和投资是脱离贫困的关键。[①]资产建设福利政策不仅能够直接促进穷人进行资产积累，更重要的是，会产生极为关键的积极福利效应，包括：减缓收入波动，增强家庭的稳定性；创造未来取向；刺激人力资本和其他资产的发展；提升专门化与专业化水平；使家庭占有多样化，奠定承担风险的基础；提高政治参与度，增强政治稳定性；提供灵活余地，提升个人效能；扩大社会影响；增强代际联系，增进后代福利。[②]这一政策的实施增加了贫困人口从福利依赖向福利自我生产转化的可能性，实现了消极福利向积极福利实践的转向。如何将资产为本的福利政策付诸实践？通过何种有效政策机制付诸实践？最契合的政策实践工具是个人发展账户，其是可选择的、有增值的和税收优惠的，立在个人名下，限定于指定用途，政府和社会对穷人的存款给予相应的配额，并通过私人部门或账户持有者自身的努力形成创造性金融的潜力，最有前景的一些应用领域为资助高等教育、住房所有、自雇投资和退休保障基金等。[③]而儿童发展账户尤其是贫困家庭儿童发展账户——为儿童注入“大学梦”，面向儿童未来高等教育费用支付、创办小微企业

---

① 迈克尔·谢若登：《资产与穷人——一项新的美国福利政策》，高鉴国译，商务印书馆，2005；邓锁：《生命历程视域下的贫困风险与资产建设》，《社会科学》2020 年第 11 期，第 83~91 页。

② 迈克尔·谢若登：《资产与穷人——一项新的美国福利政策》，高鉴国译，商务印书馆，2005，第 181~202 页。

③ 迈克尔·谢若登：《资产与穷人——一项新的美国福利政策》，高鉴国译，商务印书馆，2005，第 265~268、234 页。

等——则是个人发展账户中的核心和典范，已被越来越多的国家和地区实践。[①]

五　研究方法

本研究所要用到的主要研究方法如下。

1. 结构式访谈法

本研究主要基于家庭收入、家庭成员职业以及家庭结构类型等因素进行分类立意抽取访谈对象。本研究分别于2018年2~7月、2019年5~9月先后在济南、泰安、聊城、菏泽等地深入访谈了78户有儿童的贫困家庭，主要使用结构式访谈法收集质性资料，获得了丰富的一手访谈资料。[②] 运用Nvivo 10.0对访谈资料进行编码与分析，为全面深入地把握贫困家庭对儿童发展账户的参与意愿与能力及其影响因素奠定了坚实的质性研究资料基础（被访者及家庭成员信息见附录3）。

2. 问卷调查法

本研究主要使用问卷调查法收集一手数据。本研究运用多阶段抽样法，在济南、泰安、聊城、菏泽四个地级市随机抽取了12个区县26个乡镇与街道（10个乡镇、16个街道），先后共计完成1200户有儿童的相对贫困家庭的问卷调查，有效问卷为1180份[③]，问卷有效率为98.33%。在本次问卷调查的有效样本分布方面，济南、泰安、聊城、菏泽被调查样本分别占总样本的42.12%（497户）、27.29%（322

① 美国、加拿大、英国（2005~2015年）、新加坡、以色列、韩国以及中国香港和中国台湾等根据自身状况均建立了面向全体儿童或面向贫困家庭儿童的发展账户政策。

② 随后在2020~2022年三年疫情期间，课题组利用疫情好转的空当又断断续续地开展了一系列的追踪访谈或补充访谈，最终整理出来的完整的个案为78户有儿童的贫困家庭。

③ 课题组大规模抽样调查主要集中在2019年8~11月，其间的入户调查收集了863户的有效问卷，后来由于疫情入户调查被迫中止，课题组利用疫情好转时机陆续完成了剩余的问卷调查，最终共计完成了1180户的有效问卷。

户)、11.44%(135户)和19.15%(226户);男性样本为57.0%,女性样本为43.0%;低保家庭的比例为6.5%,非低保家庭的比例为93.5%;病患家庭的比例为32.8%,非病患家庭的比例为67.2%;单亲家庭的比例为8.0%,非单亲家庭的比例为92.0%;平均家庭月收入(包括工资性收入、经营性收入、财产性收入以及转移性收入等)为9525.24元,平均家庭月支出为4806.87元;过去一年家庭用于儿童的平均支出为9992.60元。本研究使用Stata 15.0对问卷调查收集的一手数据开展统计分析,以检验质性研究所初步总结的相关发现,深入系统研究儿童发展账户参与意愿的相关影响因素,为下文构建我国贫困家庭儿童发展账户及政策模拟奠定实证基础。

3. **二次数据分析法**

本研究用于实证研究家庭资产建设对儿童发展主要维度的具体效用及其影响路径的本土数据主要来自"中国家庭追踪调查"(China Family Panel Studies, CFPS)2018年数据(以下简称"CFPS 2018")。CFPS由北京大学中国社会科学调查中心(ISSS)实施,样本覆盖25个省区市,是一项全国性、大规模、多学科的社会跟踪调查项目。CFPS 2018调查了约15000户家庭,并对每个样本家庭户进行了五份问卷调查:家庭经济问卷、家庭成员问卷、个人代答问卷、个人自答问卷(针对10岁及以上个人)和少儿家长代答问卷(针对0~15岁个人)。相关的个别匹配变量使用了2010年基线调查数据以来的历次追踪调查数据(CFPS 2012/2014/2016/2018)。研究对象为处于义务教育阶段且完成了自答问卷的小学与初中阶段的儿童(主要为10~15岁儿童,其中包括30名处在初中阶段的16岁儿童)。为了实现上述研究目标,本书把所需要的观测变量在不同数据库中进行了匹配处理,具体为把少儿家长代答问卷、家庭经济问卷、家庭成员问卷、个人代答问卷、个人自答问卷进行了配对,成功匹配2860个样本。后期数据标准化处理中个别省份样本过少导致关键变量大量缺失，为此，经过逐一核查剔除了北京（5个）、天津（15个）、新疆（4个）、宁夏（2个）四个区市共计26个样本，对其他样本中变量存在的部分缺失值进行插补处理，最终得到2834份有效样本。本研究运用结构方程模型分析方法，使用Amos 26.0构建结构方程模型，进一步明确其中的因果机制，检验区分资产效应理论与资产建设效应理论的必要性与可行性。

4. 制度比较分析法

自艾斯平-安德森首次运用制度比较分析法对资本主义福利国家进行了经典的类型学划分与制度比较分析以来，社会福利政策的制度比较分析已成为典范性方法之一。[①] 本研究以美国、英国、加拿大、以色列、新加坡、韩国、中国、乌干达等为研究对象，归纳和概括其儿童发展账户的具体做法，并从覆盖对象、目标设定、账户结构等方面对六种儿童发展账户模式进行比较分析，总结各种模式的经验与特点，以期为我国儿童发展账户的构建提供启示和借鉴。

5. 政策仿真模拟法

模拟是指基于所设计模型，以一定的假设条件和数据，借助技术来估算结果的方法，主要分为物理模拟和数学模拟。随着现代计算机技术的发展以及向人文社科研究领域的渗透，政策仿真模拟法被提出并广泛应用于经济学、社会学、管理学等领域，预测某一政策实行后的效果。政策仿真模拟法主要利用已经估算出参数值的模型，计算出不同政策方案的后果，以便进行政策评价。本研究在前期充分论证的基础上，提出构建“三层嵌套多元整合”的儿童发展账户机制，并根据实证研究对儿童发展账户中的参数值进行科学估算。在此基础上，基于系统动力学

---

① 艾斯平-安德森：《福利资本主义的三个世界》，郑秉文译，法律出版社，2003；徐艳晴：《艾斯平-安德森的社会福利方法论》，《苏州大学学报》（哲学社会科学版）2011年第4期，第83~88页。

模型构建“三层嵌套多元整合”儿童发展账户模型，并使用 AnyLogic Professional 8.5 进行动态仿真模拟，明确不同政策方案下各变量的变化，对账户的政策效果进行检验，以期全面评估“三层嵌套多元整合”儿童发展账户机制的可行性与适切性。

六　研究思路

本研究的研究思路主要由以下环环相扣的五个方面内容构成。

第一，在对国内外相关研究文献进行全面梳理与系统剖析的基础上，重点厘清资产建设政策实践研究现状，尤其是儿童发展账户政策实践相关研究状况，为本研究的深入研究提供重要的理论基础与文献基础，并在此过程中进一步澄清本研究的研究视角、核心概念、研究重点及研究价值。

第二，基于本土数据实证研究家庭资产建设对儿童发展主要维度的具体效应及其影响路径，一方面具体探讨家庭资产建设对我国儿童发展的实际影响；另一方面在区分资产效应理论与资产建设效应理论的基础上，基于本土数据检验资产建设理论的规范力，进一步完善资产为本的社会福利政策范式的理论基础。本部分所使用的本土数据主要来自 CFPS 2018，相关匹配变量使用了 2010 年基线调查数据以来的历次追踪调查数据（CFPS 2012/2014/2016/2018）。

第三，基于 78 户的个案访谈资料与 1180 户的问卷调查数据，综合使用质性资料与量化数据，实证研究我国贫困家庭参与儿童发展账户的现实意愿、能力及影响因素，为构建符合我国现实状况的儿童发展账户提供相应的实证基础，为科学设定儿童发展账户政策模拟参数值提供参考依据。

第四，运用制度比较分析法，全面总结并深入探讨不同国家和地区儿童发展账户设计与运行的具体做法与相关经验，在此基础上对不同国家和地区实际开展的儿童发展账户政策实践进行模式比较与类型学研究，深入总结不同模式的优点与局限，为我国贫困家庭儿童发展账户的构建提供他山之石。

第五，基于上述实证研究，在借鉴发达国家和地区儿童发展账户实践经验的基础上，尝试构建符合我国国情的贫困家庭儿童发展账户政策机制并进行政策模拟评估，以期深入推动资产建设理论及个人发展账户的本土化发展，促进我国儿童福利政策发展型转向，为我国建立儿童发展账户政策尤其是贫困家庭儿童发展账户政策机制提供智识借鉴。本研究的研究思路可参见图 0-1。

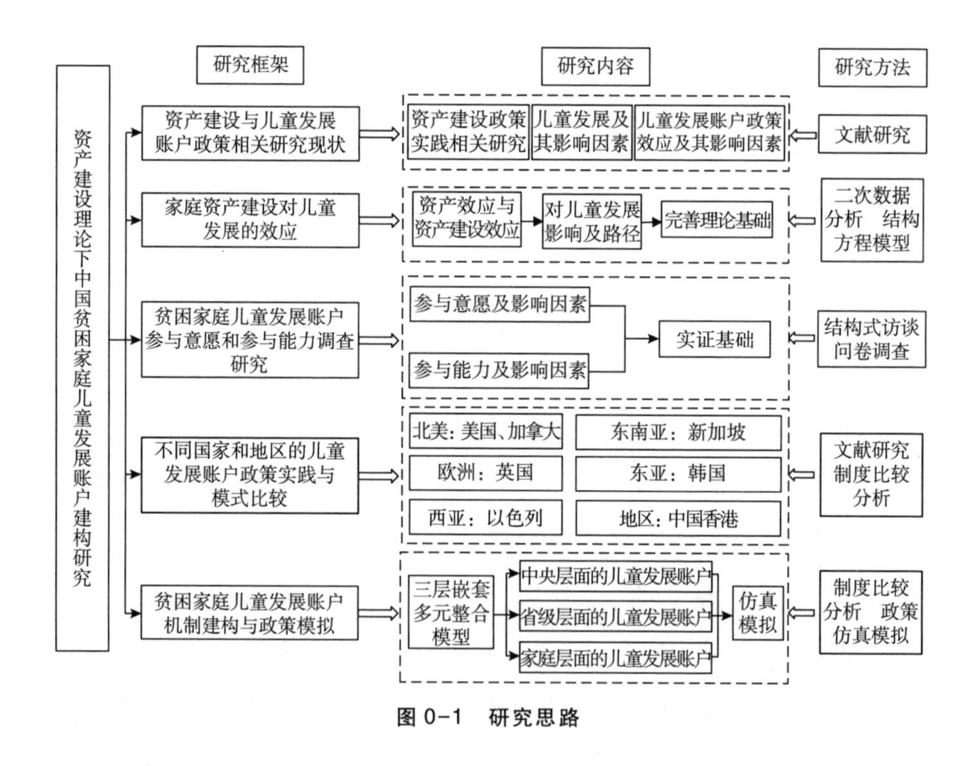

图 0-1 研究思路

七 研究结构

导论。主要任务是，梳理研究背景、问题与意义，明确调查对象，阐明理论基础，介绍研究方法，分析研究思路与研究结构；在分析研究思路与研究结构的过程中，简要地介绍本研究各章的主要任务与内容。

第一章，资产建设与儿童发展账户。本章主要任务是，对国内外资产建设、儿童发展及儿童发展账户相关研究文献进行系统综述，一是对资产建设政策实践相关研究进行系统梳理，二是围绕儿童发展及其影响因素展开综述，三是对儿童发展账户政策效应及其影响因素进行综述，以进一步明确研究定位与研究视角，为本研究奠定坚实的文献基础。

第二章，家庭资产建设对儿童发展的效应。本章主要任务是，在区分资产效应理论与资产建设效应理论的基础上构建结构方程模型，运用本土数据实证研究资产建设对儿童发展主要维度的具体效应及其影响路径，进而检验资产效应理论与资产建设效应理论在解释儿童发展主要维度变异上的各自效应和能力，进一步完善资产为本的社会福利政策范式的理论基础。研究发现：①资产建设对儿童身心健康、行为表现、学业表现以及自我期望等儿童发展的关键维度都具有显著的正效应，而家庭资产也（只）对儿童行为表现、学业表现以及自我期望具有显著的正效应；②资产建设对儿童发展主要维度产生效应的具体路径存在显著不同；③就资产建设对儿童身心健康、行为表现的效应而言，资产建设效应与资产效应之间存在显著的差别，区分资产建设效应理论与资产效应理论不仅在理论上是必要的，而且在经验上是有效可行的。上述研究发现为完善资产为本的社会福利政策理论基础以及促进儿童发展的相关政策制定提供智识借鉴。

第三章，贫困家庭儿童发展账户参与意愿和参与能力。本章主要任务是，对通过问卷调查法与结构式访谈法获得的一手数据进行量化分析与质性分析，系统总结与深入剖析当前中国贫困家庭儿童发展账户参与意愿和参与能力的状况及其影响因素。研究发现：当前贫困家庭普遍有着较高的儿童发展账户参与意愿，但参与能力总体偏弱；贫困家庭儿童发展账户参与水平受账户配比比例影响，不同类型家庭存在一定差异；儿童发展账户参与意愿和参与能力不同程度地受到儿童性别、儿童年龄、家长受教育水平、家庭经济水平、家庭类型、教育储蓄意识、儿童学业表现、家长教育期望、家长参与等多种因素的影响。上述发现为构建符合我国国情的贫困家庭儿童发展账户政策机制奠定实证基础，为科学合理设定儿童发展账户政策模拟参数提供参考依据。

第四章，不同国家和地区儿童发展账户政策实践与模式比较。本章主要任务是，运用制度比较分析法，探讨不同国家儿童发展账户设计与运行的具体做法与相关经验。首先从发展简介、目标对象、资金来源、资助方式与资助水平、运作方式、限制条件（退出机制）和实施效果等方面对美国、英国、加拿大、以色列、新加坡、韩国、中国、乌干达等的儿童发展账户政策实践逐一进行概括和归纳。在此基础上，从覆盖对象、目标设定、账户结构三个方面进行系统的模式比较，总结了六类运行模式，并概括其特点及局限，以期为我国儿童发展账户的政策制定和实践工作开展提供启示和借鉴。

第五章，贫困家庭儿童发展账户机制建构与政策模拟。本章主要任务是，基于前文不同国家和地区的模式分析，立足国家现实情况，构建一种以贫困（低收入）家庭儿童为核心目标，可自动拓展至全国所有儿童的普遍性、累进性、便捷性的多元整合儿童发展账户机制。在此基础上，根据实证研究所估计的参数值，运用公共政策仿真软件 AnyLogic Professional 8.5 进行建模与动态模拟，以综合评估所构建的儿童发展账户政策模式的可行性与适切性。

第六章，结论与讨论。本章主要任务是，简要总结本研究的论证脉络与具体研究发现，并对本研究需要进一步深入研究的方向进行反思与探讨。

第一章

资产建设与儿童发展账户

随着儿童发展账户的全球拓展，国内外围绕着资产建设政策实践、儿童发展及儿童发展账户开展了相关实证研究，积累了丰富的文献。本章主要围绕国内外资产建设政策实践研究、儿童发展研究以及儿童发展账户研究进行系统梳理。

一　资产建设政策实践相关研究

自谢若登提出资产建设理论以来，以资产为本的社会福利政策备受关注，国内外学者围绕资产建设政策实践开展了大量的相关研究。本部分全面总结不同国家和地区资产建设政策实践相关研究成果，着重对美国、英国、新加坡、加拿大、澳大利亚、韩国、以色列、撒哈拉以南非洲地区等国家或地区的政策实践相关研究进行系统梳理。

（一）国外资产建设政策实践相关研究

1. 美国资产建设政策实践相关研究

美国最先出台了资产为本的社会福利政策，其中，个人发展账户为资产建设提供了制度框架。[①] 个人发展账户被广泛运用到住房、养老、

① 马克·施赖纳、迈克尔·谢若登：《穷人能攒钱吗：个人发展账户中的储蓄与资产建设》，孙艳艳译，商务印书馆，2017。

医疗、教育、投资等方面，其最早的示范工程始于 1997 年的“美国梦”示范项目。该实践项目强调公共政策应包含低收入的穷人，为穷人提供机会、鼓励机制以及支持；同时，该项目对参与者均存在经济效应、人力资本效应、保障与控制效应。[①] 儿童发展账户是个人发展账户的延伸与创新，是一条通向包容性资产建设的有效路径。[②] 围绕儿童发展账户实践效果与创新发展，学者们也尝试运用不同方法展开研究。基于美国俄克拉何马州儿童发展账户（SEED OK）的实验数据，Huang 等的研究发现，儿童发展账户在教育期望、教育成就、心理健康、社会情感发展、养育实践等领域对家庭及其儿童，尤其是弱势群体，有着超越经济和金融的正向影响，并在一定程度上达成了既定的政策目标。[③] 然而，美国各州的资产建设实践时间较短，所以很难评估其对儿童以及社会经济长期发展的效果。[④] 因此，Huang 等提出将账户与经济脆弱人口的其他社会服务相结合，推动儿童发展账户从社会服务机构的“嵌入

① 迈克尔・史乐山、邹莉：《个人发展账户——“美国梦”示范工程》，《江苏社会科学》2005 年第 2 期，第 201~205 页。

② 迈克尔・谢若登：《美国及世界各地的资产建设》，《山东大学学报》（哲学社会科学版）2005 年第 1 期，第 23~29 页。

③ Kim, Y. , Sherraden, M. , Huang, J. , et al. “Child Development Accounts and Parental Educational Expectations for Young Children: Early Evidence from a Statewide Social Experiment. ” *Social Service Review* (2015) 1: 99–137. Kim, Y. , Huang, J. , Sherraden, M. , et al. “Child Development Accounts, Parental Savings, and Parental Educational Expectations: A Path Model. ” *Children and Youth Services Review* (2017) 79: 20–28. Huang, J. , Sherraden, M. & Purnell, J. Q. “Impacts of Child Development Accounts on Maternal Depressive Symptoms: Evidence from a Randomized Statewide Policy Experiment. ” *Social Science & Medicine* (2014) 112: 30–38. Huang, J. , Kim, Y. & Sherraden, M. “Material Hardship and Children's Social-emotional Development: Testing Mitigating Effects of Child Development Accounts in a Randomized Experiment. ” *Child: Care, Health and Development* (2017) 1: 89–96.

④ Huang, J. , Sherraden, M. , Clancy, M. M. , et al. “Asset Building and Child Development: A Policy Model for Inclusive Child Development Accounts. ” *RSF: The Russell Sage Foundation Journal of the Social Sciences* (2021) 3: 176–195；黄进、邹莉、周玲：《以资产建设为平台整合社会服务：美国儿童发展账户的经验》，《社会建设》2021 年第 2 期，第 54~63 页。

式”转向包容其他社会服务的“平台式”，改进儿童发展账户实践。[①]

2. **英国资产建设政策实践相关研究**

英国借鉴了美国的成功经验，把资产建设理论运用到住房实践、成人储蓄和儿童发展等方面。在住房福利制度方面，政府实施了住房股权计划，运用提供税收抵免的策略，显著提高了居民住房拥有率，但受益者主要为中高收入群体。全球金融危机以来，资产的不平等以及住房和财富两极分化破坏了金融的包容性和安全性，以资产为基础的福利政策受到质疑。[②] 因此，英国政府推出了储蓄门户和儿童信托基金，旨在促进社会公平正义、重构社会融合，超越了英国以往的福利机制。然而，对低收入者高强度的储蓄激励可能会降低参与者的月资产积累，进而加剧收入贫困。[③] 因此，一些学者主张，通过自动开立账户、使用积极的金融教育、采用将行为经济学与提高金融能力的政策相结合的混合改革方式解决此问题。[④] 尽管储蓄门户和儿童信托基金存在一些问题，但在资产福利领域的政策实践为社会政策的改革积累了宝贵经验。社会政策应实现从条件平等跨越到精神平等、更注重可持续的资金来源、关注收入转移以实现更大的资产横向分配、增强贫困群体的资产建设意识与能力等。[⑤]

---

① Huang, J. , Beverly, S. G. , Kim, Y. , et al. “Exploring a Model for Integrating Child Development Accounts with Social Services for Vulnerable Families.” *Journal of Consumer Affairs* (2019) 3: 770-795; 黄进、邹莉、周玲:《以资产建设为平台整合社会服务: 美国儿童发展账户的经验》,《社会建设》2021 年第 2 期, 第 54~63 页。

② Montgomerie, J. & Büdenbender, M. “Round the Houses: Homeownership and Failures of Asset-based Welfare in the United Kingdom.” *New Political Economy* (2015) 3: 386-405.

③ 马克·施赖纳、迈克尔·谢若登:《穷人能攒钱吗: 个人发展账户中的储蓄与资产建设》, 孙艳艳译, 商务印书馆, 2017; Emmerson, C. & Wakefield, M. “The Saving Gateway and the Child Trust Fund: Is Asset-based Welfare ‘Well Fair’?” The Institute for Fiscal Studies 7 Ridgmount Street London WC1E 7AE, 2001.

④ Prabhakar, R. “The Child Trust Fund in the UK: How Might Opening Rates by Parents Be Increased?” *Children and Youth Services Review* (2010) 11: 1544-1547.

⑤ Gregory, L. “An Opportunity Lost? Exploring the Benefits of the Child Trust Fund on Youth Transitions to Adulthood.” *Youth and Policy* (2011) 106: 78-94; 成福蕊、卢玉志、曾玉玲:《英国儿童信托基金的发展历程与政策启示》,《金融理论与实践》2012 年第 2 期, 第 83~87 页。

3. 新加坡资产建设政策实践相关研究

在世界范围内，新加坡是拥有最全面的资产建设的国家，普惠金融与资产建设是新加坡社会政策的核心主题。其中，最具代表性的是中央公积金制度与儿童发展账户政策，学术界也针对一系列政策开展了大量研究。中央公积金（Central Provident Fund，CPF）是政府规定的一项硬性长期的综合社会保障储蓄项目，通过强制缴存和高缴存率，保证了充足的建设资金，并起到了融通资金的作用，从而更好地发挥了促进家庭资产增值的作用。[①] 儿童发展账户包括医疗储蓄账户（Medisave）、婴儿奖励计划、儿童发展账户、中学后教育储蓄账户（PSEA）和教育储蓄账户（Edusave），这些子账户贯穿于整个儿童成长阶段，并与 CPF 中的终身资产建设紧密相连。新加坡模式的创新之处在于：政府和公民在资产构建过程中为合作关系；新加坡的婴儿津贴、医疗储蓄账户、教育储蓄账户和中央公积金账户等满足了公民不同生命阶段的资产建设需求，这些政策既相互连接又具有独立性，持续创新以应对变化环境。自 CPF 建立以来，其使用范围从仅限于退休扩大到住房所有权、医疗保健、投资教育和资产保护，政府通过 CPF 为每个出生的公民提供了机会。[②] 然而，新加坡儿童发展账户存在一定的弱点，儿童发展账户（Child Development Account，CDA）本质是储蓄账户，没有其他的投资选择，限制了账户的投资增长能力。[③] 此外，部分学者对政策进行了实践创新研究。Tonsing 和 Ghoh 实施了“储蓄之星匹配储蓄计划”（SMSP），对符合条件的 108 名儿童及其家庭进行研究，证明了政策匹

---

① 蔡真、池浩珲：《新加坡中央公积金制度何以成功——兼论中国住房公积金制度的困境》，《金融评论》2021 年第 2 期，第 108～122、126 页。

② Loke, V. & Sherraden, M. “Building Children’s Assets in Singapore: The Beginning of a Lifelong Policy. ”(CSD Publication No. 15-51). St. Louis: Washington University Center for Social Development, 2015.

③ Loke, V. & Sherraden, M. “Building Assets from Birth: Singapore’s Policies. ” *Asia Pacific Journal of Social Work and Development* (2019) 1: 6-19.

配储蓄与累进性对儿童发展的重要意义。[①]

4. **加拿大资产建设政策实践相关研究**

注册教育储蓄计划（RESP）是加拿大联邦政府实施资产建设的主要政策工具。RESP 账户是支持加拿大高等教育的儿童发展账户，在具有普惠性的同时，给予低收入和中等收入家庭孩子额外的储蓄与补贴。实证研究证明，RESP 账户的使用与接受高等教育的机会呈正相关关系。[②] Frenette 进一步指出，拥有 RESP 账户的年轻人更有可能在以后继续接受高等教育（特别是在 19 岁之前），并且这种关联在年轻男性群体中表现得更为明显，是年轻女性的两倍。[③] 该计划的实施使所有收入等级的家庭平均持有的 RESP 美元都有所增加，而家庭社会经济地位是影响 RESP 储蓄的重要因素。无论是从绝对价值还是相对价值来看，最高收入阶层的家庭持有的 RESP 美元增长都最快。[④] 虽然没有完全达到理想的实施效果，但由于补贴力度大、参与人数众多、选择灵活、应用转移途径多样化，RESP 成为较为成功的政策倡导工具。

5. **澳大利亚资产建设政策实践相关研究**

澳大利亚依循资产建设理念，实施了 Saver Plus 计划，其设计在很大程度上借鉴了北美的个人发展账户计划和英国的储蓄网关计划（the Savings Gateway Program），该计划主要由匹配储蓄、金融教育和案例管理三个部分组成，旨在帮助低收入家庭和个人养成储蓄习惯、建立资产

---

① Tonsing, K. N. & Ghoh, C. "Savings Attitude and Behavior in Children Participating in a Matched Savings Program in Singapore." *Children and Youth Services Review* (2019) 98: 17-23.

② Frenette, M. *Investments in Registered Education Savings Plans and Postsecondary Attendance* (Statistics Canada: Economic Insights, 2017).

③ Frenette, M. *Investments in Registered Education Savings Plans and Postsecondary Attendance* (Statistics Canada: Economic Insights, 2017).

④ Frenette, M. "Which Families Invest in Registered Education Savings Plans and Does It Matter for Postsecondary Enrolment?" (Analytical Studies Branch Research Paper Series 2017392e, 2017). Statistics Canada, Analytical Studies Branch.

并提高财务能力。[①] 相关研究表明，Saver Plus 计划产生了一些经济效益和社会效益。Bodsworth 从 Saver Plus 数据库中招募参与者进行半结构化访谈，发现该计划有助于改进参与者的储蓄方式，并帮助低收入父母支付自己及孩子的教育费用。[②] Russell 等指出，Saver Plus 计划增加了许多参与者接受教育的机会，提高了儿童和成人的教育质量。同时，该计划通过匹配激励和金融教育，对个人和家庭的财务能力具有积极影响，进而提高了个人财务自我效能和财务弹性，最终有助于提升个人和社会福利水平。[③]

6. 韩国资产建设政策实践相关研究

儿童发展账户是韩国资产建设政策的一个组成部分。韩国政府实施了育苗储蓄账户和“希望之袋”（A Bag of Hope）财务教育计划，协同促进低收入家庭儿童的未来发展。韩国 CDA 计划的成功主要有三个方面的原因。一是把美国 IDA 经验中匹配储蓄的做法与为弱势儿童提供的金融教育相联系，为提高储蓄率和存款金额做出贡献。二是对当地情况、目标人群需求及现有体制结构进行深入了解。三是合作机构的有效协调配合，包括中央政府、地方政府、私人银行和非营利组织（2007 年韩国福利基金会和 2008 年以来的韩国儿童福利联合会），明确界定了

---

① Russell, R., Fredline, L. & Birch, D. “Saver Plus Progress & Perspectives.” (Research Development Unit, 2004). RMIT University. Russell, R., Stewart, M. & Cull, F. “Saver Plus: A Decade of Impact.” (School of Economics, Finance and Marketing, 2015). RMIT University.

② Bodsworth, E. “Many Faces of Saving: The Social Dimensions of Saver Plus.” (Research & Policy Centre, 2011). Brotherhood of St Laurence.

③ Russell, R. & Cattlin, J. “Evaluation of Saver Plus Phase 4, 2009 to 2011.” (School of Economics, Finance and Marketing, 2012). RMIT University. Russell, R., Stewart, M. & Cull, F. “Saver Plus: A Decade of Impact.” (School of Economics, Finance and Marketing, 2015). RMIT University. Kutin, J. & Russell, R. “Evaluation of Saver Plus Phase 5: 2011 to 2014.” (School of Economics, Finance and Marketing, 2105). RMIT University.

合作伙伴的任务。[①] 同时，韩国吸取了英国的经验教训，将儿童福利系统中的赞助计划整合到账户中，以缓解财政压力。[②]

自 CDA 计划推行以来，韩国在国家和城市层面实施的以资产积累为核心的项目越来越多。首尔市开展了“首尔希望+储蓄账户”项目，旨在帮助贫困工人家庭实现买房、教育和创业的目标。韩国统一部于 2014 年启动了“未来幸福账户”项目，以提高加入韩国的朝鲜人员的就业率和稳定性。早期评估结果显示，这些举措的落实均产生了积极的效果，为韩国儿童发展账户的持续研究和政策创新奠定了基础。[③]

7. 以色列资产建设政策实践相关研究

以色列政府的资产建设实践集中体现在儿童发展账户政策上。实施的“为每个儿童储蓄计划”（SECP）具有一定的普遍性，可以自动覆盖所有的以色列儿童，并赋予家长更多的自主性与选择性。[④] 因此，与其他实施儿童发展账户政策的国家或地区相比，以色列 SECP 计划显现出一定的独特性。然而，种族及社会经济地位一直制约着该计划的进一步发展。Grinstein-Weiss 等分析了 SECP 计划实施前六个月的行政记录，发现符合 SECP 条件的家庭参与计划的比例普遍较高，更富裕、受教育程度更高、就业率更高和少数民族成员占多数的家庭倾向于以更高

---

① Nam, Y. & Han, C. K. “A New Approach to Promote Economic Independence among At-risk Children: Child Development Accounts (CDAs) in Korea.” *Children and Youth Services Review* (2010) 11: 1548-1554.

② 何芳：《儿童发展账户：新加坡、英国与韩国的实践与经验——兼谈对我国教育扶贫政策转型的启示》，《比较教育研究》2020 年第 10 期，第 26~33 页。

③ Kim, Y., Zou, L., Weon, S., et al. “Asset-based Policy in South Korea.” (CSD Publication No 15-48, 2015). St. Louis: Washington University Center for Social Development.

④ Zou, L. & Sherraden, M. “Child Development Accounts Reach Over 15 Million Children Globally.” (CSD Policy Brief 22-22, 2022). St. Louis: Washington University Center for Social Development. Grinstein-Weiss, M., Kondratjeva, O., Roll, S. P., et al. “The Saving for Every Child Program in Israel: An Overview of a Universal Asset-building Policy.” *Asia Pacific Journal of Social Work and Development* (2019) 1: 20-33.

的利率和未来可能产生更高经济回报的方式参与该计划。[①] 这些结果表明，虽然目前设计的 SECP 可能会提高以色列人的整体金融安全性，但它也可能导致经济不平等加剧。因此，关于 SECP 对家庭行为、儿童福利和经济不平等的影响有待于进一步研究，以帮助决策者进一步优化方案内的家庭储蓄结构，在受益人进入成年期时促进经济流动。[②]

8. 撒哈拉以南非洲地区资产建设政策实践相关研究

撒哈拉以南非洲地区将资产建设理念运用到减贫策略中，并把重点集中于儿童身上。一些学者探讨了基于资产的发展战略在减贫方面的潜力，并绘制了基于资产的计划蓝图：对儿童进行适龄的法律教育，增进社区对财产权保障与社区经济安全之间联系的认识，向弱势个人提供法律服务，通过遗嘱写作等策略鼓励和指导家庭进行继任计划等。[③]

乌干达的资产建设政策实践是撒哈拉以南非洲地区资产建设政策实践的典型。SUUBI-MAKA 项目[④]象征着乌干达的希望，侧重于资产建设和职业规划的研讨会、为参与儿童提供指导计划、以孩子和照顾者的名义开设联合 CDA（在完成 12 个研讨会的情况下访问），是标准健康保障与经济赋权相结合的多功能干预计划。一些学者通过 t 检验与回归分析，发现该项目在消除性别不平等及提升孤儿的教育成就、身心健康水平、规划未来的能力方面发挥了积极作用。美国国家儿童健康和人类发

---

① Grinstein-Weissa, M., Pinto, O., Kondratjeva, O., et al. “Enrollment and Participation in a Universal Child Savings Program: Evidence from the Rollout of Israel's National Program.” *Children and Youth Services Review* (2019) 101: 225-238.

② Grinstein-Weiss, M., Kondratjeva, O., Roll, S. P., et al. “The Saving for Every Child Program in Israel: An Overview of a Universal Asset-building Policy.” *Asia Pacific Journal of Social Work and Development* (2019) 1: 20-33.

③ Ssewamala, F. M., Sperber, E., Zimmerman, J. M., et al. “The Potential of Asset-based Development Strategies for Poverty Alleviation in Sub-Saharan Africa.” *International Journal of Social Welfare* (2010) 4: 433-443.

④ “SUUBI” 在卢干达语中意为 “希望”，“MAKA” 意为家庭。该项目由美国国立卫生研究院和美国国家心理健康研究所资助，旨在检验家庭经济赋权对儿童教育机会、社会心理发展、心理健康的影响。

展研究所资助的通往未来桥梁项目（Bridges to the Future）促进了个人或家庭积累金融和资产建设，并提出通过提升账户的普遍性和专业性、提高储蓄利率和引入累进性、对资金使用施加限制、提供有条件的激励措施等，完善乌干达的资产建设政策战略。[①] 这些积极结果在一定程度上证明了资产建设政策在非洲地区的适用性。

综上，这些方案或政策的出台表明在社会政策中引入“资产建设”是可行的。不同国家和地区具有不同的经济发展状况、文化传统、社会心理和人文理念，其对“资产”理解与侧重的差异导致了政策建构的多样化。中国应在吸取各国实践经验与教训的基础上，探讨本土化的资产建设政策建构。

（二）我国资产建设政策实践相关研究

资产建设理论引入我国得益于山东大学和美国圣路易斯华盛顿大学社会发展中心（CSD）在2004年共同主办的“资产建设与社会发展”国际学术研讨会，以及高鉴国教授在2005年翻译出版的中文版《资产与穷人——一项新的美国福利政策》。其后，清华大学与中国社会科学院于2005年、北京大学于2012年组织专题研讨会，进一步促进了资产建设理论与实践在国内的传播与研究。

资产建设理论作为一种反贫困的社会政策思路与理论分析框架，已

① Curley, J., Ssewamala, F. & Han, C. K. “Assets and Educational Outcomes: Child Development Accounts (CDAs) for Orphaned Children in Uganda.” *Children and Youth Services Review* (2010) 11: 1585-1590. Ssewamala, F. M., Wang, J. S. H., Karimli, L., et al. “Strengthening Universal Primary Education in Uganda: The Potential Role of an Asset-based Development Policy.” *International Journal of Educational Development* (2011) 5: 472-477. Curley, J., Ssewamala, F. M., Nabunya, P., et al. “Child Development Accounts (CDAs): An Asset-building Strategy to Empower Girls in Uganda.” *International Social Work* (2016) 1: 18-31. Proscovia, N., Phionah, N., Christopher, D., et al. “Assessing the Impact of an Asset-based Intervention on Educational Outcomes of Orphaned Children and Adolescents: Findings from a Randomised Experiment in Uganda.” *Asia Pacific Journal of Social Work and Development* (2019) 1: 59-69.

经在中国得到了运用与发展。依循这一理论，香港地区于 2000 年正式实施强制性公积金计划，将其作为养老保险的补充，以缓解退休保障压力。强制性储蓄、较低的缴费比例和免税等在很大程度上提高了雇员的参与积极性；同时，强制性公积金计划引入市场机制，以信托形式运营，净资产规模不断扩大，实现了可观的保值增值。[①] 台北市实施“台北市家庭发展账户”扶贫救助方案，在坚持“自助人助”精神的基础上，运用相对配额存款的储蓄诱因机制，提供理财投资教育，以实现资产积累与脱贫的目标。郑丽珍通过对参与者数据的描述性分析，发现此方案对参与者生活、个人储蓄行为和心理能力的影响都是正面的；同时，账户强调通过储蓄机制与理财教育机制共同协助低收入户累积金融性资产，注重参与者的计划性、自愿性、教育性，为未来规划与制定相关的政策提供了具体而有指导性的参考。[②] 此外，台湾地区在 2017 年建立了“儿童与少年未来教育及发展账户”（CFEDA），旨在帮助贫困儿童和寄养儿童摆脱经济困境，增加他们接受高等教育的机会，促进儿童未来发展，该账户推行后，儿童入学率显著提高。[③] 苏州以“台北市家庭发展账户”为范本，开展了“圆梦计划”，主要通过补缴养老保险费到退休、为贫困成员支付医疗费用、提供创业资金与指导、为弱势群体及子女提供补助金、补助换房差价等举措来满足人们的养老、健康、创业、教育及安居需求。这次实践虽未引入个人发展账户的概念，但为资产积累提供补贴的政策体现了以资产为基础的理念，而且，可持续生计与资产积累相辅相成，也有利于从个体、家庭生命历程的动态视角深度

---

① 湛江：《香港强积金制度对内地的启示》，《南方金融》2015 年第 8 期，第 65~70 页。

② 郑丽珍：《“台北市家庭发展账户”方案的发展与储蓄成效》，《江苏社会科学》2005 年第 2 期，第 212~216 页。

③ Cheng, L. C. “Policy Innovation and Policy Realisation: The Example of Children Future Education and Development Accounts in Taiwan.” *Asia Pacific Journal of Social Work and Development* (2019) 1: 48-58.

理解穷人的可行能力。[①]

国内学者通过文献回顾、回归分析等研究方法，探析了资产建设政策在中国的可行性问题，分析了实施资产建设政策的价值和意义，但更多局限于资产建设理论及其国外实践经验对我国政策启示的宏观研究。[②] 尽管许多实证研究发现了家庭资产建设的正向影响，但一些学者在中国尝试进行的资产建设项目实验并未获得理想的项目成效。朱晓、曾育彪开展了北京初中阶段的外来务工子女个人发展账户"IDA"助学金模式实验，运用随机控制实验的方式，对他们毕业后的教育选择进行长达5年的跟踪调查，发现个人发展账户并没有显著提升儿童的升学率，这主要是缺乏信任、高交易成本、对孩子升学的低预期以及政策变动不确定性导致的。[③]

大量学者不断反思、探索符合中国实际需要的、具有中国特色的资产建设模式，将中国的政策实践重点聚焦于资产建设和金融能力的结合。[④] 邓锁在陕西省进行了"儿童发展账户"两个项目实践，运用参与评估法呈现社会工作干预的特征、过程以及成效。结果显示，儿童发展

① Martha G. Roberts、杨国安：《可持续发展研究方法国际进展——脆弱性分析方法与可持续生计方法比较》，《地理科学进展》2003年第1期，第11~21页；邓锁：《资产建设与跨代干预：以"儿童发展账户"项目为例》，《社会建设》2018年第6期，第24~35页。

② 邓锁：《社会投资与儿童福利政策的转型：资产建设的视角》，《浙江工商大学学报》2015年第6期，第111~116页；何振锋：《资产建设理论形成、实践及启示》，《社会福利》（理论版）2019年第9期，第3~7页；方舒、苏苗苗：《家庭资产建设对儿童学业表现的影响——基于CFPS 2016数据的实证分析》，《社会学评论》2019年第2期，第42~54页；黄进、邹莉、周玲：《以资产建设为平台整合社会服务：美国儿童发展账户的经验》，《社会建设》2021年第2期，第54~63页。

③ 方舒、苏苗苗：《家庭资产建设与儿童福利发展：研究回顾与本土启示》，《华东理工大学学报》（社会科学版）2019年第2期，第28~35页；朱晓、曾育彪：《资产社会政策在中国实验的启示——以一项针对北京外来务工子女的资产建设项目为例》，《社会建设》2016年第6期，第18~26页。

④ 邓锁：《贫困代际传递与儿童发展政策的干预可行性研究——基于陕西省白水县的实证调研数据》，《浙江工商大学学报》2016年第2期，第118~128页；Sherraden, M. S., Huang, J., Jones, J. L., et al. "Building Financial Capability and Assets in America's Families." *Families in Society* (2022) 1: 3-6.

账户可作为协助儿童及家庭实现财富积累的制度性以及认知—行为的工具，能提高家庭及其成员的金融可及性与生计发展动力，有效切断贫困代际传递。因此，中国需要建立整合性、发展性的儿童社会服务网络以更好地完善儿童福利政策。[①] 吴世友等将资产为本的干预理念运用到中国大陆社会救助领域，开展“青云腾飞计划”，探索资产建设视角下社会救助工作的新思路、新模式。该计划主要为低保家庭建立青少年教育基金，使用匹配资金的激励，还针对参与家庭的理财规划与管理、家庭关系、亲职教育、家庭生活管理和青少年生涯发展提供指导与培训，以期提高低保家庭的生活质量与获得感。[②] 魏爱棠、吴宝红以闽南一个自然村落的老人俱乐部实践为例，探讨城镇化背景下失地老人实现资产建设和福利生产的动力机制，提出资产建设的途径，建立具有“集体主义文化”、“集体参与公共福利生产”与“培育集体联结”特色的以“集体为本”的失地老人资产建设模式。[③] 苏昕和赵琨建议把重点放在资产建设上，尝试为农村贫困群体设立个人发展账户。通过增加个人收入、国家和集体补贴以及其他组织资助等形式，将所得资金纳入个人账户；由政府给予银行适当补贴、给予资产账户相应的利率优惠，鼓励贫困群体利用账户的资产进行个人能力建设；同时强化个人发展账户与社保制度的协同作用，逐步将个人账户纳入社保体系中，进而摆脱支出型贫困。[④] 钱宁、王肖静将资产建设与乡村振兴战略结合起来，提出了社会政策的改革新思路。他们认为，个人发展账户和集体资产账户的建设

---

① 邓锁：《资产建设与跨代干预：以“儿童发展账户”项目为例》，《社会建设》2018 年第 6 期，第 24~35 页。

② 吴世友、朱眉华、苑玮烨：《资产为本的干预项目与社会工作实务研究设计——基于上海市 G 机构的一项扶贫项目的试验性研究》，《社会建设》2016 年第 3 期，第 48~57 页。

③ 魏爱棠、吴宝红：《集体为本：失地老人的资产建设和福利生产——以闽南 M 社老人俱乐部实践为例》，《中国行政管理》2019 年第 2 期，第 66~71 页。

④ 苏昕、赵琨：《发展性福利视域下中国贫困的可持续治理》，《山西大学学报》（哲学社会科学版）2019 年第 6 期，第 73~79 页。

要结合起来，以集体资产账户强化个人资产账户能力，激发资产建设在反贫困行动中的关键作用。[①] 何振锋着眼于解决社会救助发展过程中存在的不平衡不充分问题，构筑了资产型社会救助策略。通过设立家庭发展账户、个案管理服务和社会工作精细化服务不断增加贫困群体的社会与人力资本，进而实现贫困家庭可持续发展。[②]

资产建设理论除了运用于儿童发展、个人储蓄、社会救助、农村反贫困等领域，还与社区发展相联系。“资产为本的社区发展模式”在当今许多国家和地区已被广泛运用，但国内实践研究仅停留在引介与探索方面，且主要为“资产为本”的社区建设在中国的适用性研究。朱亚鹏和李斯旸通过案例研究法分析证实了“资产为本”的社区发展模式在我国的适用性。研究发现，以政治资产为中心是我国“资产为本”的社区建设的关键；同时，社区建设还通过认同机制、嵌入机制、赋权机制和育导机制带动社区其他优势资产参与社区融合发展。[③] 张和清强调了社区文化资产建设对乡村减贫的有效性与适用性。他指出，少数民族地区可以通过文化资产建设和社会赋权，打破潜藏在民众意识中的“他者化”逻辑；把社区作为中心，与社会工作实务有机结合，深入推进文化资产的建设，进而实现经济、社会、文化、生态等方面的减贫。[④]

（三）小结

综上，资产建设理论被学界普遍视为一种全新的政策范式，基于该

---

① 钱宁、王肖静：《福利国家社会政策范式转变及其对我国社会福利发展的启示》，《社会建设》2020 年第 3 期，第 37~48 页。

② 何振锋：《资产型社会救助供给方式研究》，《宁夏社会科学》2022 年第 4 期，第 157~165 页。

③ 朱亚鹏、李斯旸：《“资产为本”的社区建设与社区治理创新——以 S 社区建设为例》，《治理研究》2022 年第 2 期，第 85~97、127 页。

④ 张和清：《社区文化资产建设与乡村减贫行动研究——以湖南少数民族 D 村社会工作项目为例》，《思想战线》2021 年第 2 期，第 21~29 页。

理论的政策实践也在许多国家和地区展开，并涉及住房、儿童发展、成人储蓄、农村反贫困、社区建设、社会保障及社会救助等多个领域。资产建设理论因其突出的包容性与发展性特征，在各国具有较强的适用性，但各个国家在借鉴这一理论进行政策实践时都充分考虑了本国国情。当前相关研究主要集中在国外，国内学者也进行了大量实证研究，但更多运用横向数据检验资产建设理论及实践对儿童与社会经济发展的影响，缺乏利用纵向数据评估其长期影响的实证研究，并且对其他层面资产效应的有效分析不足。此外，关于资产建设对家庭及其成员影响机制的研究主要局限在理论探讨层面，相关的实证研究或经验验证依然付之阙如。因此，资产建设理论与其政策实践的效果和形态还需要进行更深入的探讨与挖掘。

二　儿童发展及其影响因素相关研究

儿童时期的发展状况不仅影响个体未来的人生轨迹，更会影响整个国家、社会的发展，当前学术界关于儿童发展的研究较为丰富。本部分主要围绕儿童发展内涵及维度、儿童发展影响因素展开综述。

（一）儿童发展内涵相关研究

“促进所有儿童全面发展”已引起国家高度重视并成为世界银行教育项目的主要诉求之一。美国国家教育目标小组（National Educational Goals Panel）提出儿童发展包括身体健康与运动发展、社会与情感发展、语言发展、学习品质、认知和一般知识六大领域。我国《3~6 岁儿童学习与发展指南》将儿童发展划分为健康、语言、社会、科学和艺术五大领域。[①] 2011 年国务院颁布《中国儿童发展纲要（2011—2020

---

① 张晋、刘云艳、胡天强：《家长参与和学前儿童发展关系的元分析》，《学前教育研究》2019 年第 8 期，第 35~51 页。

年）》，对儿童发展提出了“重视儿童的教育、健康、福利、社会环境、法律保护等多个维度提升”的明确要求。

近年来，社会各界也广泛关注儿童发展问题。学者从不同的学科背景出发，对与儿童发展问题有关的不同领域进行了研究。董小苹指出，儿童发展的内涵至少应包括儿童的人口结构、健康、教育、消费以及社会保障和安全等状况。[①] 亓迪表示，儿童发展是一个全方位概念，包括生理发展、心理发展、智力发展等多方面的良好状态。[②] 朱旭东认为，儿童发展的内涵应包括大脑发育、身体发展、认知发展、情感发展、道德发展、公民性发展、社会性发展、安全发展、健康发展、艺术和审美发展等十个方面。[③] 任晓玲、严仲连则将儿童发展划分为健康、语言、社会、科学、艺术五大领域。[④] 朱旭东、李秀云提出以“德智体美劳全面发展”为概念来建构儿童全面发展的维度是一种逻辑。[⑤] 因此，儿童发展是一个丰富的概念，同一学科不同研究视角对儿童发展概念的理解存在差异。基于以往相关研究，本书认为，儿童发展是指儿童成长过程中所发生的一系列变化，其内涵主要包括儿童的健康发展、教育发展、行为发展及社会性发展四个方面。本书在儿童发展内涵理解框架基础上，将儿童发展划分为身心健康、学业表现、自我期望、行为表现四个维度。

---

① 董小苹：《儿童发展指标体系建构的理论基础》，《当代青年研究》2010 年第 11 期，第 26~30 页。

② 亓迪：《促进儿童发展：福利政策与服务模式》，社会科学文献出版社，2018。

③ 朱旭东：《加强对中国儿童发展规律及其教育的研究》，《人民教育》2019 年第 23 期，第 30~34 页。

④ 任晓玲、严仲连：《家庭教育投入对农村学前期儿童发展的影响》，《教育理论与实践》2020 年第 5 期，第 15~18 页。

⑤ 朱旭东、李秀云：《论儿童全面发展概念的多学科内涵建构》，《华东师范大学学报》（教育科学版）2022 年第 2 期，第 1~16 页。

(二) 儿童发展影响因素相关研究

影响儿童发展的因素多种多样，既有来自儿童内部的因素，如本性、遗传和基因，又有来自儿童外部的因素，如家庭、同辈群体和社区，这些因素从儿童一出生就影响着他们的发展。[①] 其中外部因素发挥重要作用，家庭以及家庭之外的同辈群体、社区、学校环境乃至整个社会都直接或间接地影响儿童的发展。[②] 本部分着重探讨外部因素对儿童发展的影响。

1. 家庭因素

家庭是儿童成长最重要的环境，对儿童的综合发展发挥作用。[③]《科尔曼报告》指出，家庭是影响学生发展最重要的因素。[④] 家庭社会经济地位、家长参与、家长期望、家庭关系、家庭资产等家庭因素都会对儿童发展产生影响，且各因素综合作用于儿童发展的不同维度。

一是家庭社会经济地位。家庭社会经济地位（Family Socioeconomic Status，F-SES）是一个重要的基础性家庭环境变量，其对儿童的身心健康、学业表现、自我期望、行为表现的影响是不容忽视的。

家庭投资理论提出，家庭社会经济地位显著影响儿童身心健康。家庭社会经济地位较高的青少年具有更多的社会发展资本，个体的身心发展能得到有效保障；家庭社会经济地位较低的青少年拥有的社会发展资

---

① 侯莉敏：《论儿童发展的基本特征及教育影响》，《教育导刊》（下半月）2010 年第 1 期，第 17~19 页。

② 亓迪、沈佳飞：《近十年国内外儿童发展研究综述——基于 CiteSpace 的可视化分析》，《社会工作与管理》2020 年第 6 期，第 39~49 页。

③ 刘广增、张大均、朱政光、李佳佳、陈旭：《家庭社会经济地位对青少年问题行为的影响：父母情感温暖和公正世界信念的链式中介作用》，《心理发展与教育》2020 年第 2 期，第 240~248 页。

④ Coleman, J. S. "Equality of Educational Opportunity." *Integrated Education* (1968) 5: 19-28.

本相对较少，阻碍了其身心的良性发展。①

《科尔曼报告》最早提出了家庭社会经济地位与儿童学业成绩的关系，认为家庭社会经济地位是影响学业成绩最显著的因素。② 一些学者也赞同这一观点，认为除了学生自身的因素外，家庭社会经济地位会显著影响学生的学业表现。③ 而有的学者得出不同的结论，比如卢伟、褚宏启提出，家庭社会经济地位会显著负向影响随迁子女的学业成绩。④

地位获得模型清晰阐述了家庭社会经济地位会强烈影响儿童自我期望。实证研究也证实了父母受教育程度和职业对青少年的教育期望存在显著影响。⑤ 国内学者吴愈晓、黄超指出，家庭社会经济地位对子女教育期望具有正向影响，家庭社会经济地位越高，子女教育期望也越高。⑥ 与此结论相反，李梦竹认为，家庭条件较差学生的自我教育期望

---

① Conger, R. D. & Donnellan, M. B. "An Interactionist Perspective on the Socioeconomic Context of Human Development." *Social Science Electronic Publishing* (2007) 1: 175-199; Mandleco, B. L. "An Organizational Framework for Conceptualizing Resilience in Children." *Journal of Child and Adolescent Psychiatric Nursing* (2000) 3: 99-112; Zou, R., Niu, G., Chen, W., et al. "Socioeconomic Inequality and Life Satisfaction in Late Childhood and Adolescence: A Moderated Mediation Model." *Social Indicators Research* (2018) 136: 305-318; 刘志侃、程利娜：《家庭经济地位、领悟社会支持对主观幸福感的影响》，《统计与决策》2019 年第 17 期，第 96~100 页。

② Coleman, J. S. "Equality of Educational Opportunity." *Integrated Education* (1968) 5: 19-28.

③ Lawson, G. M. & Farah, M. J. "Executive Function as a Mediator Between SES and Academic Achievement Throughout Childhood." *International Journal of Behavioral Development* (2017) 1: 194-104; 乔娜、张景焕、刘桂荣、林崇德：《家庭社会经济地位、父母参与对初中生学业成绩的影响：教师支持的调节作用》，《心理发展与教育》2013 年第 5 期，第 507~514 页；石雷山、陈英敏、侯秀、高峰强：《家庭社会经济地位与学习投入的关系：学业自我效能的中介作用》，《心理发展与教育》2013 年第 1 期，第 71~78 页。

④ 卢伟、褚宏启：《基于结构方程模型的随迁子女学业成绩影响因素研究：起点、条件、过程、结果的全纳视角》，《教育研究与实验》2019 年第 2 期，第 59~67 页。

⑤ Marini, M. M. & Greenberger, E. "Sex Differences in Educational Aspirations and Expectations." *American Educational Research Journal* (1978) 1: 67-79. Hanson, S. L. "Lost Talent: Unrealized Educational Aspirations and Expectations among US Youths." *Sociology of Education* (1994): 159-183; Feliciano, C. "Beyond the Family: The Influence of Premigration Group Status on the Educational Expectations of Immigrants Children." *Sociology of Education* (2006) 4: 281-303. Hill, N. E. & Tyson, D. F. "Parental Involvement in Middle School: A Meta-analytic Assessment of the Strategies that Promote Achievement." *Developmental Psychology* (2009) 3: 740-763.

⑥ 吴愈晓、黄超：《基础教育中的学校阶层分割与学生教育期望》，《中国社会科学》2016 年第 4 期，第 111~134、207~208 页。

反而高于家庭条件更好的学生。[①]

家庭投资理论提出，家庭社会经济地位高的父母可以通过购买更高质量的资源或服务来促进子女社会行为的健康发展。[②] 实证研究也表明，青少年群体中的偏差行为与其较低的家庭社会经济地位有关。[③] 但也有学者得出了与此相反的结论，Demanet 和 Van Houtte 提出，家庭社会经济地位较高的学生更容易出现学校偏差行为。[④] 同时，马皓苓研究指出，家庭社会经济地位与青少年的偏差行为之间的相关性并不显著，青春期特有的身心冲突才最有可能是青少年偏差行为激增的主要原因。[⑤]

二是家长参与。家长参与内涵丰富，一般指家长对孩子的学习参与和管教、亲子间沟通与交流等，研究中也可称为“父母参与”“父母教育卷入”。作为家庭环境中的重要因素之一，家长参与对儿童身心健康、学业表现、自我期望、行为表现的发展发挥重要作用。

相关研究表明，家长参与正向影响儿童身心健康。Darcy 指出，家长积极参与到孩子成长和教育过程中有助于儿童身心发展。在子女心理状态出现隐患时，家长参与能够及时有效地帮助孩子保持心理健康的平衡状态，对孩子适时开解，有利于塑造其健全人格。[⑥] Riebschleger 等也

---

① 李梦竹:《家庭经济地位与教育期望之间关系的实证研究》,《长安大学学报》（社会科学版）2017 年第 6 期，第 103~110 页。

② Conger, R. D. & Donnellan, M. B. “An Interactionist Perspective on the Socioeconomic Context of Human Development. ” *Social Science Electronic Publishing* (2007) 1: 175-199.

③ Piotrowska, P. J. , Stride, C. B. , Croft, S. E. , et al. “Socioeconomic Status and Antisocial Behaviour among Children and Adolescents: A Systematic Review and Meta-analysis. ” *Clinical Psychology Review* (2015) 35: 47-55.

④ Demanet, J. & Van Houtte, M. “Social-ethnic School Composition and Disengagement: An Inquiry into the Perceived Control Explanation. ” *The Social Science Journal* (2014) 4: 659-675.

⑤ 马皓苓:《家庭环境对青少年偏差行为的影响》,《青岛职业技术学院学报》2022 年第 1 期，第 58~63 页。

⑥ Darcy, H. “Parental Investment in Childhood and Educational Qualifications: Can Greater Parental Involvement Mediate the Effects of Socioeconomic Disadvantage?” *Social Science Research* (2007) 4: 1371-1390.

提出，提高父母对子女心理健康活动的参与度可有效提升儿童心理健康素养水平。[①]

Coleman 的社会资本理论（Social Capital Theory）表明，父母参与在家庭社会经济地位与学生成绩间起中介作用，父母更多地参与孩子的学习活动有利于提高子女的学业成绩。[②] 关于家长参与和儿童学业成绩关系的实证研究存在竞争性观点：一方面认为家长参与能有效提高儿童学业成绩，[③] 另一方面认为家长参与对儿童学业成绩有负向影响。[④]

儿童自我期望与家长参与具有显著相关性。父母更多地参与到孩子的生活和学习中，投入更多精力，可以传递给孩子更多积极的信号，从而增强他们对未来的信心、激发其更高的自我期望。[⑤] 周菲、程天君也提出家长参与会显著影响儿童的自我期望，家长对子女学习管教和沟通交流越多，学生的自我教育期望也就越高。[⑥]

---

① Riebschleger, J., Costello, S., Cavanaugh D. L., et al. "Mental Health Literacy of Youth that Have a Family Member with a Mental Illness: Outcomes from a New Program and Scale." *Front Psychiatry* (2019) 10: 21-29.

② Coleman, J. S. "Social Capital in the Creation of Human Capital." *American Journal of Sociology* (1988) 94: 95-120.

③ 魏勇、马欣：《中学生自我教育期望的影响因素研究——基于 CEPS 的实证分析》，《教育学术月刊》2017 年第 10 期，第 69~78 页；刘桂荣、滕秀芹：《父母参与对流动儿童学业成绩的影响：自主性动机的中介作用》，《心理学探新》2016 年第 5 期，第 433~438 页；卢伟、褚宏启：《基于结构方程模型的随迁子女学业成绩影响因素研究：起点、条件、过程、结果的全纳视角》，《教育研究与实验》2019 年第 2 期，第 59~67 页。

④ Xu, M., Kushner Benson, S. N., Mudrey-Camino, R., et al. "The Relationship Between Parental Involvement, Self-regulated Learning, and Reading Achievement of Fifth Graders: A Path Analysis Using the ECLS-K Database." *Social Psychology of Education* (2010) 13: 237-269; Dan, W. "Parental Influence on Chinese Students' Achievement: A Social Capital Perspective." *Asia Pacific Journal of Education* (2012) 2: 153-166; 郭筱琳、周寰、窦刚、刘春晖、罗良：《父母教育卷入与小学生学业成绩的关系——教育期望和学业自我效能感的共同调节作用》，《北京师范大学学报》（社会科学版）2017 年第 2 期，第 45~53 页。

⑤ 杨中超：《家庭背景与学生发展：父母参与和自我教育期望的中介作用》，《教育经济评论》2018 年第 3 期，第 61~82 页。

⑥ 周菲、程天君：《中学生教育期望的性别差异——父母教育卷入的影响效应分析》，《教育研究与实验》2016 年第 6 期，第 7~16 页。

家长参与同样影响儿童行为表现。Merrin 等指出父母的监管、教育、关怀可以抑制青少年的偏差行为、减少青少年的暴力行为。[①] 相关研究也证实了这一研究结果。李芳等[②]、田微微等[③]同样研究发现，随着父母监管强度的提升，子女的吸烟行为、攻击行为与违纪行为明显减少。

三是家长期望。家长期望是指父母对子女学业成就、行为表现以及未来发展等所寄予的期望。同样，家长期望在儿童发展过程中具有不可忽视的作用，是影响儿童身心健康、学业表现、自我期望、行为表现的重要家庭因素之一。

家长期望是影响儿童身心健康的重要因素。王丽指出父母的期望过高会造成孩子的压力过大、丧失自信，进而引发身心健康问题。[④] 任登峰、张淑婷对特殊学生群体进行研究，得出了家长对子女身心健康恰当的期望对促进特殊学生的心理健康发展具有重要意义的结论。[⑤]

关于家长期望与儿童学业表现之间的关系存在三种观点。一是家长期望正向影响儿童学业成绩。[⑥] 二是家长期望负向影响儿童学业成绩。[⑦]

---

① Merrin, G. J., Davis, J. P., Berry, D., et al. "Developmental Changes in Deviant and Violent Behaviors from Early to Late Adolescence: Associations with Parental Monitoring and Peer Deviance." *Psychology of Violence*(2018)2: 196-208.

② 李芳、龚洁、孙惠玲、李卫平、万俊、周敦金：《父母对青少年吸烟行为的影响》，《中国学校卫生》2011 年第 6 期，第 738~740 页。

③ 田微微、杨晨晨、孙丽萍、边玉芳：《父母冲突对初中生外显问题行为的影响：亲子关系和友谊质量的作用》，《中国临床心理学杂志》2018 年第 3 期，第 532~537 页。

④ 王丽：《中小学生焦虑状况与父母期望的调查与分析》，《中国健康心理学杂志》2010 年第 4 期，第 437~440 页。

⑤ 任登峰、张淑婷：《特殊学生家长对子女心理健康期望的研究》，《毕节学院学报》2013 年第 10 期，第 81~92 页。

⑥ 胡咏梅、杨素红：《学生学业成绩与教育期望关系研究——基于西部五省区农村小学的实证分析》，《天中学刊》2010 年第 6 期，第 125~129 页。

⑦ 李家成、王娟、陈忠贤、印婷婷、陈静：《可怜天下父母心——进城务工随迁子女家长教育理解、教育期待与教育参与的调查报告》，《教育科学研究》2015 年第 1 期，第 5~18 页。

三是综合前面两种观点，有学者提出了父母期望对子女的学业成绩既有正向影响也存在负面效应的观点。①

家长期望也影响儿童的自我期望。由于高等教育大众化，人们上大学的机会增多，因此家长对子女接受高等教育的愿望越来越强烈，家长对子女的教育期望普遍较高。② 同时，社会经济地位越高的父母对子女的期望越高，这种期望激励子女也产生上大学的期望，从而实现教育期望的代际传递。③ 父母的期望所具有的鞭策效应同样会减少青少年偏差行为。一项研究发现，若青少年深刻了解父母对其饮酒的担心和焦虑，会显著减少他们的饮酒行为。④

四是家庭关系。家庭是社会的基本单位，良好的家庭关系对个体道德、人格的塑造有着极其重要的作用，也影响着儿童的身心健康、学业成绩、自我期望与行为表现，是儿童全面发展的重要源泉之一。

良好的家庭关系对个体身心健康的塑造发挥重要作用。Mehrotra 等学者认为，家庭支持会影响儿童心理健康素养的形成，其中亲子关系是中介因素。⑤ 国内相关研究也指出，家庭关系是被频繁提及的决定青少年精神健康的几个最关键因素之一。⑥ 家庭成员之间的沟通交流会对儿

---

① 龚婧、卢正天、孟静怡：《父母期望越高，子女成绩越好吗——基于 CFPS（2016）数据的实证分析》，《上海教育科研》2018 年第 11 期，第 11~16 页。

② 俞家庆：《要研究引导社会教育期望》，《教育研究》2000 年第 4 期，第 5~6 页。李庆丰：《中国农村家庭义务教育现状调查与分析》，《西南师范大学学报》（人文社会科学版）2001 年第 6 期，第 66~73 页；程英：《福州市农村家庭教育的现状调查》，《闽江学院学报》2008 年第 4 期，第 54~58 页。

③ 王甫勤、时怡雯：《家庭背景、教育期望与大学教育获得基于上海市调查数据的实证研究》，《社会》2014 年第 1 期，第 175~195 页。

④ Simons-Morton, B. "Prospective Association of Peer Influence, School Engagement, Drinking Expectancies, and Parent Expectations with Drinking Initiation among Sixth Graders." *Addictive Behaviors*(2004)2: 299-309.

⑤ Mehrotra, K., Nautiyal, S. & Raguram, A. "Mental Health Literacy in Family Caregivers: A Comparative Analysis." *Asian Journal of Psychiatry* (2018) 31: 58-62.

⑥ Mehrotra, K., Nautiyal, S. & Raguram, A. "Mental Health Literacy in Family Caregivers: A Comparative Analysis." *Asian Journal of Psychiatry* (2018)31: 58-62.

童身心发展产生直接影响。父母对子女的信任是儿童心理发展的重要保护因素。[①]

良好的家庭关系对儿童学业表现具有正向影响。Teachman 和 Paasch 研究表明，亲子互动的方式以及家长对子女付出更多精力、重视子女的成长教育并积极参与子女的学习活动等行为对孩子的学业表现有极大的激励作用。[②] 国内的相关研究也证明了父母间不和谐的关系会显著影响孩子的学业情绪，使孩子无法完全集中注意力在学习上，家庭环境的亲密度是孩子考试焦虑的保护因子。[③]

家长和子女亲密度与家庭凝聚力的提升均能提升儿童自我教育期望。[④] 然而，有学者持相反观点。魏勇、马欣认为，在家庭成员情感关系变量中，父母间关系、亲子关系等不是中学生自我教育期望的显著预测变量。[⑤]

社会学习理论认为，不和谐的夫妻关系或亲子关系不利于孩子形成正确的人际交往认知，会加剧孩子偏差行为的发生。国外相关实证研究也表明，良好的家庭关系可以减少青少年的偏差行为，并且还可以在一

---

① 吴愈晓、王鹏、杜思佳：《变迁中的中国家庭结构与青少年发展》，《中国社会科学》2018 年第 2 期，第 98~120 页；李旭、李志、李霞：《家庭亲密关系影响留守儿童心理弹性的中介效应》，《中国健康心理学杂志》2021 年第 3 期，第 387~391 页。

② Teachman, J. D. & Paasch, K. "The Family and Educational Aspirations." *Journal of Marriage & Family*(1998)3: 704-714.

③ 王丽丽：《家庭因素对中学生考试焦虑的影响》，《淮阴师范学院学报》（自然科学版）2021 年第 4 期，第 344~346 页；沈调英、戴兴康、陈正平：《高考学生焦虑情绪特征及相关因素分析》，《浙江预防医学》2008 年第 8 期，第 16~17 页。

④ Hao, L. & Bonstead-Bruns, M. "Parent-child Differences in Educational Expectations and the Academic Achievement of Immigrant and Native Students." *Sociology of Education*(1998): 175-198. Garg, R., Melanson, S. & Levin, E. "Educational Aspirations of Male and Female Adolescents from Single-parent and Two Biological Parent Families: A Comparison of Influential Factors." *Journal of Youth and Adolescence*(2007)8: 1010-1023.

⑤ 魏勇、马欣：《中学生自我教育期望的影响因素研究——基于 CEPS 的实证分析》，《教育学术月刊》2017 年第 10 期，第 69~78 页。

定程度上弱化偏差同伴的影响效应。[①] 孙宏艳等发现，亲子关系不良是导致青少年偏差行为、网络成瘾的重要因素。[②]

五是家庭资产。美国社会学家迈克尔·谢若登强调资产积累能增强家庭成员面对未来的信心以及家庭抵御风险的能力。贫困对家庭有着相当深远的负面影响，直接影响家庭成员的人生发展与生活质量，这种消极影响在儿童身上体现得尤为明显。作为经济资源的要素之一，家庭资产对儿童的身心健康、学业表现、自我期望、行为表现具有显著性影响。

相关研究表明，家庭资产能正向影响儿童身心健康。Axinn 等学者研究美国 800 多个家庭的数据发现，父母提前为子女进行教育储蓄，孩子在 23 岁时自尊会显著增强，进而得出了对孩子进行资产积累有利于其身心健康发展的结论。[③] 而且，当一个家庭的资产规模越来越大、经济状况越来越好时，家庭成员的幸福感同样会越来越强。[④]

家庭的经济资源是促进儿童在学校教育上获得成功的重要因素。[⑤] Alwin 和 Thornton 对美国底特律市 1961 年出生的一群白人儿童进行研究，收集了他们各个时期的教育成果以及父母的原始收入和后期家庭资

---

① Daspe, M. V., Arbel, R., Ramos, M. C., et al. "Deviant Peers and Adolescent Risky Behaviors: The Protective Effect of Nonverbal Display of Parental Warmth." *Journal of Research on Adolescence*(2018)4: 863-878.

② 孙宏艳、杨守建、赵霞、陈卫东、王丽霞、朱松、郭开元、郗杰英、孙云晓：《关于未成年人网络成瘾状况及对策的调查研究》，《中国青年研究》2010 年第 6 期，第 5~29 页。

③ 参见方舒、苏苗苗《家庭资产建设与儿童福利发展：研究回顾与本土启示》，《华东理工大学学报》（社会科学版）2019 年第 2 期，第 28~35 页。

④ 陈斌开、李涛：《中国城镇居民家庭资产——负债现状与成因研究》，《经济研究》2011 年第 1 期，第 55~66 页；刘宏、赵阳、明瀚翔：《社区城市化水平对居民收入增长的影响——基于 1989~2009 年微观数据的实证分析》，《经济社会体制比较》2013 年第 6 期，第 60~70 页。

⑤ Shobe, M. & Page-Adams, D. "Assets, Future Orientation, and Well-being: Exploring and Extending Sherraden's Framework." *Journal of Sociology & Social Welfare*(2001)28: 109.

产的情况，结果表明家庭收入对儿童的教育成果具有显著影响。[①]

家庭资产投入也是影响儿童自我期望的重要原因。朱晓文等研究发现，家庭资产投入正向影响子女自我期望，家庭教育投入的经济、文化、社会资本使得儿童教育期望存在阶层差异，其中文化资本的影响最大。[②]

家庭的经济情况同样影响儿童的行为表现。Guo 等进行的一项研究表明，在控制了社会经济因素之后，拥有房产家庭的儿童在偏差行为、违纪行为等问题上的评分明显低于租房家庭的儿童，并且无论家庭收入是否高于收入贫困线，这样的效应都存在。[③]

2. 同辈群体因素

在儿童时期，除了家庭环境的影响外，同辈群体对儿童发展也有着不容忽视的影响。青少年日常生活的大部分时间在学校度过，与同学的相处时间长，因此，同辈群体发挥重要作用。[④] 国外学者从多角度进行研究发现，积极的同伴关系有助于儿童形成身心健康方面的正确认知，有利于其身心健康的良性发展。[⑤] 江波、沈倩倩也指出对流动儿童来说，父母无暇陪伴孩子，这时亲密的同伴关系可以促进其在新学校的适

---

① 迈克尔·谢若登：《资产与穷人——一项新的美国福利政策》，高鉴国译，商务印书馆，2005。

② 朱晓文、韩红、成昱萱：《青少年教育期望的阶层差异——基于家庭资本投入的微观机制研究》，《西安交通大学学报》（社会科学版）2019 年第 4 期，第 102～113 页。

③ Guo, B. , Huang, J. & Sherraden, M. "Dual Incentives and Dual Asset Building: Policy Implications of the Hutubi Rural Social Security Loan Programme in China. " *Journal of Social Policy*(2008)3: 453-470.

④ Crosnoe, R. "Friendships in Childhood and Adolescence: The Life Course and New Directions. " *Social Psychology Quarterly* (2000)4: 377-391.

⑤ Widnall, E. , Dodd, S. , Simmonds, R. , et al. "A Process Evaluation of a Peer Education Project to Improve Mental Health Literacy in Secondary School Students: Study Protocol. " *BMC Public Health* (2021)1: 1-7. Patalay, P. , Annis, J. , Sharpe, H. , et al. "A Pre-post Evaluation of Open Minds: A Sustainable Peer-led Mental Health Literacy Programme in Universities and Secondary Schools. " *Prevention Science*(2017)18: 995-1005.

应。积极的同辈群体关系也会正向影响儿童的自我期望。[①] 一所学校中上进的同辈会提高儿童的教育期望。[②] 国内也有研究显示，一个儿童辍学最终会引发 1.78~2.60 个儿童辍学。[③]

3. 环境因素

儿童所处的社区、学校等环境也是影响儿童发展的重要因素。国外相关研究表明，儿童居住在环境相对较差的社区会降低其社会资本、集体自尊，从而更容易出现偏差行为。社区对青少年采取有效管理有利于其心理健康素养的发展。[④] 学校的环境也会对儿童发展产生影响。吴愈晓、黄超研究发现，学校的阶层地位正向影响学生的自我期望，并且当学生的学业成绩较差时，学校阶层地位的提高会使他们的收益更大。[⑤]

4. 社会政策因素

相关的行政管理和政策同样影响儿童发展。很多国家高度重视儿童的发展问题，提出一系列针对儿童身心健康、教育成果等的相关政策，积极进行教育改革。同时，针对儿童心理疾病颁布国家层面文件对青少年整体素质的提升具有长期效应。[⑥] 学者们也针对儿童发展问题提出相

---

① 江波、沈倩倩：《同伴依恋对流动儿童学校适应的影响机制》，《苏州大学学报》（教育科学版）2019 年第 3 期，第 102~111 页。

② Alexander, K. L. & Eckland, B. K. "Sex Differences in the Educational Attainment Process." *American Sociological Review* (1974) 5: 668-682.

③ 李强：《同伴效应对农村义务教育儿童辍学的影响》，《教育与经济》2019 年第 4 期，第 36~44 页。

④ Gibbons, N., Harrison, E. & Stallard, P. "Assessing Recovery in Treatment as Usual Provided by Community Child and Adolescent Mental Health Services." *BJPsych Open* (2021) 3: 87; Copeland-Linder, N., Lambert, S. F. & Lalongo, N. S. "Community Violence Protective Factors and Adolescent Mental Health: A Profile Analysis." *Journal of Clinical Child and Adolescent Psychology* (2010) 2: 176-186; 王丽华、肖泽萍：《精神卫生服务的国际发展趋势及中国探索：专科医院-社区一体化、以复元为目标、重视家庭参与》，《中国卫生资源》2019 年第 4 期，第 315~320、325 页。

⑤ 吴愈晓、黄超：《基础教育中的学校阶层分割与学生教育期望》，《中国社会科学》2016 年第 4 期，第 111~134、207~208 页。

⑥ 张佳媛、秦仕达、周郁秋：《青少年心理健康素养研究进展》，《中国健康心理学杂志》2022 年第 9 期，第 1412~1418 页。

关政策建议。屈智勇等学者指出，我国可以更有效地联动医疗、教育和社会三大服务系统，加大对相关政策的投入力度。[①] 王毅杰、黄是知从宏观系统视角下考虑异地中考政策对随迁子女教育的影响。[②]

（三）小结

儿童发展是一个内涵丰富的概念，可划分为身心健康、学业表现、自我期望、行为表现四个维度，家庭以及家庭外的同辈群体、社区、学校环境乃至整个社会都直接或间接影响儿童发展。当前，学术界针对家庭因素对儿童发展的影响开展了大量实证研究，家庭社会经济地位、家长参与、家长期望、家庭关系、家庭资产等都会对儿童发展产生影响，且各因素综合作用于儿童发展的不同维度，相关研究成果为我国多维儿童福利体系的构建提供了有益借鉴。

三　儿童发展账户政策效应及其影响因素相关研究

儿童发展账户是一项通过津贴资助构建投资账户或储蓄账户，促进家庭为孩子长期发展积累资产财富的发展型社会政策。[③] 儿童发展账户的倡导者认为该政策应该是普遍性的（universal）、累进的（progressive）和终身的（life-long），可以实现全面包容的目标。[④] 这些特点也

---

① 屈智勇、郭帅、张维军、李梦园、袁嘉祺、王晓华：《实施科学对我国心理健康服务体系建设的启示》，《北京师范大学学报》（社会科学版）2017年第2期，第29~36页。

② 王毅杰、黄是知：《异地中考政策、父母教育参与和随迁子女教育期望》，《社会科学》2019年第7期，第67~80页。

③ Sherraden, M. *Assets and the Poor: A New American Welfare Policy* (New York: ME Sharpe, 1991). Sherraden, M., Johnson, L., Clancy, M., et al. "Asset Building: Toward Inclusive Policy." (CSD Working Papers No. 16-49, 2016). St. Louis: Washington University Center for Social Development.

④ Beverly, S. G., Elliott, W. & Sherraden, M. "Child Development Accounts and College Success: Accounts, Assets, Expectations, and Achievements." (CSD Perspective 13-27, 2013). St. Louis: Washington University Center for Social Development. Sherraden, M. "Asset Building Research and Policy: Pathways, Progress, and Potential of a Social Innovation." *The Assets Perspective: The Rise of Asset Building and Its Impact on Social Policy*(2014): 263-284.

使 CDA 与世界上大多数现有的资产建设政策和计划不同，因为这些政策和计划通常是倒退的，给富人带来更大的利益。儿童发展账户于 1991 年首次提出，目前已在美国一些州以及其他几个国家和地区进行了政策实践。同时，美国圣路易斯华盛顿大学社会发展中心（CSD）的研究以及其他学术和政策组织的研究为 CDA 政策制定提供了信息基础。本部分主要围绕儿童发展账户政策效应及影响因素展开综述，分析儿童发展账户对儿童发展、家庭发展乃至社会发展的影响，归纳影响儿童发展账户的制度性因素、家庭因素以及社会因素。关于当前主要国家和地区儿童发展账户的运行机制与模式比较，本书将在第四章进行详细阐述。

（一）儿童发展账户政策效应相关研究

自谢若登提出资产建设理论以来，不同国家和地区就自身情况展开了相应的儿童发展账户政策实验。国内外研究者亦对不同国家和地区的实施情况进行调研，分析儿童发展账户对儿童、家庭以及社会发展的多重效应。

1. 儿童发展账户对儿童发展的影响研究

基于资产建设理论的儿童发展账户因其直接与儿童自身挂钩的特质，可保障儿童发展权利，促进儿童全面发展，具体体现在教育结果、身心健康以及社会参与等方面。

第一，儿童发展账户对儿童教育结果的影响研究。儿童发展账户对儿童教育结果的影响主要表现在提高学业成绩、降低辍学率和增加接受高等教育机会等方面。一方面，儿童发展账户影响儿童学业表现。Elliott 使用 PSID 及 CDS 2002 年数据得出，儿童储蓄与儿童的数学成绩呈正相关。[①] Fang 等基于 CFPS 2014 年数据得出，家庭教育储蓄与儿童教

① Elliott, W., Jung, H. & Friedline, T. "Math Achievement and Children's Savings: Implications for Child Development Accounts." *Journal of Family and Economic Issues* (2010) 2: 171-184.

育成就呈正相关，父母的教育期望起部分中介作用。[①] 方舒和苏苗苗基于 CFPS 2016 年数据同样发现，家庭储蓄对儿童学业表现具有积极效应，其中教育储蓄相较于一般储蓄对儿童学业表现的影响更大。[②] 但也有研究者发现，儿童发展账户短期内对儿童学业表现无显著影响，需要更长的时间才能显现效果。[③] 另一方面，儿童教育储蓄可以提高学生的大学入学率。与没有儿童发展账户的儿童相比，有账户的儿童进入大学和从大学毕业的可能性分别高出几倍。[④] 即使是有少量教育储蓄的儿童，其入学和毕业的可能性也大大增加。[⑤] 有关研究进一步发现，儿童发展账户对学生大学入学率的影响程度受制于家庭收入，相较于高收入家庭，中低收入家庭儿童更易在账户的影响下进入大学并顺利毕业，[⑥] 而种族并不影响儿童发展账户的效应，不管种族如何，有教育储蓄的学生的大学入学率都会更高。[⑦]

此外，儿童发展账户也通过提高儿童自我教育期望和增强未来教育成就信心，进而影响儿童的教育获得和学业表现。Beer 等认为，儿童

---

① Fang, S. , Huang, J. , Curley, J. , et al. "Family Assets, Parental Expectations, and Children Educational Performance: An Empirical Examination from China. " *Children and Youth Services Review* (2018) 87: 60-68.

② 方舒、苏苗苗：《家庭资产建设对儿童学业表现的影响——基于 CFPS 2016 数据的实证分析》，《社会学评论》2019 年第 2 期，第 42~54 页。

③ Ansong, D. , Chowa, G. , Masa, R. , et al. "Effects of Youth Savings Accounts on School Attendance and Academic Performance: Evidence from a Youth Savings Experiment. " *Journal of Family and Economic Issues* (2019) 2: 269-281.

④ Elliott, W. "Small-dollar Children's Savings Accounts and College Outcomes. " (CSD Working Paper No. 13-05, 2013). St. Louis: Washington University Center for Social Development. Grinstein-Weiss, M. , Williams Shanks, T. R. & Beverly, S. G. "Family Assets and Child Outcomes: Evidence and Directions. " *The Future of Children* (2014) 1: 147-170.

⑤ Elliott, W. & Beverly, S. G. "The Role of Savings and Wealth in Reducing 'Wilt' Between Expectations and College Attendance. " *Journal of Children and Poverty* (2011) 2: 165-185.

⑥ Elliott, W. , Song, H. A. & Nam, I. "Small - dollar Accounts, Children's College Outcomes, and Wilt. " *Children and Youth Services Review* (2013) 3: 535-547.

⑦ Elliott, W. "Small-dollar Children's Savings Accounts and College Outcomes. " (CSD Working Paper No. 13-05, 2013). St. Louis: Washington University Center for Social Development.

储蓄账户可以成为儿童获得大学实际储蓄和建立获得大学学位预期的重要工具，帮助学生提高对大学的期望。[①] Curley 等基于 SUUBI 项目进行随机对照实验，发现儿童发展账户能够提升儿童尤其是女童实现教育计划的信心水平，帮助其改变自身教育期望。[②] Elliott 和 Beverly 进一步指出，只要以自己的名义拥有账户，孩子就可以体验到更高的教育期望和成就。[③] Han 使用样本（$N=22$）进行内容分析得出，CDA 教会孩子足够的储蓄知识、鼓励他们自愿储蓄，同时增强儿童获得高教育成就的信心、推动儿童进行未来规划。[④]

第二，儿童发展账户对儿童身心健康的影响研究。大量实证研究证明，儿童发展账户政策正向影响儿童的身心健康，具体表现为促进儿童社会情感发展、减轻儿童无助感、增强儿童自我效能感等。[⑤] Huang 和 Sherraden 等从俄克拉何马州 3 个月期间出生的所有婴儿中抽取了 7328 个概率样本进行随机对照实验，发现 CDA 对 4 岁儿童的社会情感发展有积极影响，且该影响对于低收入家庭等弱势群体似乎更明显。[⑥] Huang 等采用相同数据和方法进一步得出，CDA 减轻了约 50%的物质困难与儿童社会情感发展之间的负面关联，并可以通过影响育儿方式和

---

① Beer, A., Ajinkya, J. & Rist, C. "Better Together: Policies that Link Children's Savings Accounts with Access Initiatives to Pave the Way to College." Institute for Higher Education Policy, 2017.

② Curley, J., Ssewamala, F. M., Nabunya, P., et al. "Child Development Accounts (CDAs): An Asset-building Strategy to Empower Girls in Uganda." *International Social Work*(2016)1: 18-31.

③ Elliott, W. & Beverly, S. G. "The Role of Savings and Wealth in Reducing 'Wilt' Between Expectations and College Attendance." *Journal of Children and Poverty* (2011)2: 165-185.

④ Han, C. K. "A Qualitative Study on Participants' Perceptions of Child Development Accounts in Korea." *Asia Pacific Journal of Social Work and Development* (2019)1: 70-81.

⑤ 亓迪、张晓芸：《儿童发展账户对儿童发展影响效果的系统评价研究》，《人口与社会》2020 年第 2 期，第 56~65 页；Sun, S., Huang, J., Hudson, D. L., et al. "Cash Transfers and Health." *Annual Review of Public Health*(2021)42: 363-380.

⑥ Huang, J., Sherraden, M., Kim, Y., et al. "Effects of Child Development Accounts on Early Social-emotional Development: An Experimental Test." *JAMA Pediatrics*(2014)3: 265-271.

父母对子女的期望来改善儿童的发育。[①] 此外，Huang 等还发现，儿童发展账户对与未婚母亲生活在一起的儿童的社会情感发展具有显著的积极影响，并消除了与单身母亲和与已婚母亲生活在一起的儿童之间在社会情感发展方面的差异。[②] Ssewamala 等则从乌干达南部 10 所公立农村小学的 12~16 岁艾滋病孤儿中抽取样本进行随机对照实验，发现 CDA 对儿童的心理健康产生积极结果，包括减少孤儿的绝望、促进孤儿自我概念的改善。[③] Ssewamala 等使用来自乌干达西南部 48 所小学的数据进一步得出，在干预开始后 24 个月，参与储蓄的青少年在身体健康、心理健康、自我概念、自我效能和艾滋病病毒知识方面表现得比未参与储蓄的青少年更好，且不同水平的储蓄激励并未导致成本效益的巨大差异。[④] Tozan 等对乌干达的艾滋病孤儿进行了四年的随访，在得出 CDA 对健康、自我概念、艾滋病病毒知识等多方面产生积极影响的结论的同时，也发现较高的储蓄匹配率对多方面产生显著而持久的影响，而对接受较低匹配率的青少年的影响在同一时期逐渐消失。[⑤]

第三，儿童发展账户对儿童社会参与的影响研究。在儿童社会参与方面，儿童发展账户可以提高儿童的生涯规划能力、促进亲子沟通。当

---

① Huang, J. , Kim, Y. & Sherraden, M. "Material Hardship and Children's Social-emotional Development: Testing Mitigating Effects of Child Development Accounts in a Randomized Experiment." *Child: Care, Health and Development* (2016) 1: 89-96.

② Huang, J. , Kim, Y. , Sherraden, M. , et al. "Unmarried Mothers and Children's Social-emotional Development: The Role of Child Development Accounts." *Journal of Child and Family Studies* (2017) 1: 234-247.

③ Ssewamala, F. M. , Karimli, L. , Torsten, N. , et al. "Applying a Family-level Economic Strengthening Intervention to Improve Education and Health-related Outcomes of School-going AIDS-orphaned Children: Lessons from a Randomized Experiment in Southern Uganda." *Prevention Science* (2016) 1: 134-143.

④ Ssewamala, F. M. , Wang, J. S. H. , Neilands, T. B. , et al. "Cost-effectiveness of a Savings-led Economic Empowerment Intervention for AIDS-affected Adolescents in Uganda: Implications for Scale-up in Low-resource Communities." *Journal of Adolescent Health* (2018) 1: S29-S36.

⑤ Tozan, Y. , Sun, S. , Capasso, A. , et al. "Evaluation of a Savings-led Family-based Economic Empowerment Intervention for AIDS-affected Adolescents in Uganda: A Four-year Follow-up on Efficacy and Cost-effectiveness." *PLoS One* (2019) 12: e0226809.

前，关于儿童发展账户对儿童社会参与影响的研究相对较少。Chan 等对来自中国香港低收入家庭的 902 名青少年进行随机对照实验，发现与非参与者相比，参与者的社交、情感和行为问题更少，感知的社会支持水平更高，与社会功能相关的生活质量更好。[①] Huang 等基于 SEED OK 实验两轮调查的信息得出，CDA 通过改善育儿做法和减少惩罚性育儿，促进了家庭间亲子互动。[②] 邓锁基于项目的参与式评估研究发现，儿童发展账户正向影响儿童与家长之间的代际互动，家长与孩子共同制定发展规划和存款目标，促进了亲子沟通。[③] 总之，儿童发展账户扩大了青少年的个人网络，增强了他们的社会功能。

2. 儿童发展账户对家庭发展的影响研究

儿童发展账户作为一种在孩子幼儿期建立资产的政策工具，可以增强父母的经济安全感、改善父母的心理健康状况、增强父母对孩子长期发展的乐观情绪、增加父母积极的育儿方式，这些最终有助于孩子的长期发展。

第一，儿童发展账户对家庭资产建设的影响研究。儿童教育储蓄账户增加了个人拥有账户的持有率和储蓄率，对儿童未来发展的储蓄和资产积累具有积极影响，提高了家庭的资产积累与抵御风险的能力。[④] Beverly 等认为，CDA 为家庭提供了适当、可访问、负担得起且安全的

---

① Chan, K. L., Lo, C. K. M., Ho, F. K. W., et al. "The Longer-term Psychosocial Development of Adolescents: Child Development Accounts and the Role of Mentoring." *Frontiers in Pediatrics* (2018) 6: 147.

② Huang, J., Nam, Y., Sherraden, M., et al. "Impacts of Child Development Accounts on Parenting Practices: Evidence from a Randomised Statewide Experiment." *Asia Pacific Journal of Social Work and Development* (2019) 1: 34-47.

③ 邓锁：《资产建设与跨代干预：以“儿童发展账户”项目为例》，《社会建设》2018 年第 6 期，第 24~35 页。

④ 桑德拉·贝福利、玛格丽特·科蓝西、迈克尔·史乐山、郭葆荣、黄进、邹莉：《普适性的儿童发展账户：美国 SEEDOK 政策实验的早期研究经验》，《浙江工商大学学报》2015 年第 6 期，第 119~126 页；方舒、苏苗苗：《家庭资产建设与儿童福利发展：研究回顾与本土启示》，《华东理工大学学报》（社会科学版）2019 年第 2 期，第 28~35 页。

账户，鼓励、激励家庭储蓄，从而提高了父母和孩子的经济能力。[①] 邓锁基于项目的参与式评估研究发现，儿童发展账户为贫困儿童和家庭提供了一个资产积累的制度机会，儿童和家长学习储蓄以及理财的知识，促进了个人和家庭金融能力的提升。[②] Huang 等使用 SEED OK 实验的数据分析得出，CDA 政策为年轻母亲提供了应用金融知识和技能的机会，并可作为向她们提供有关金融能力服务的政策工具，对其金融能力产生了积极影响。[③] Sherraden 等进一步发现，CDA 增加了家庭对大学的财务准备，减轻了家庭的大学负担，强化了儿童和家庭上大学的期望和信心。此外，CDA 大大减少了账户持有率和资产持有率方面的所有种族/民族和社会经济地位差异，弱势家庭从中获益。[④]

第二，儿童发展账户对父母心理健康和父母期望的影响研究。实证研究表明，儿童发展账户可以增强父母的未来取向，减轻母亲的抑郁情绪。一方面，CDA 改变了父母对孩子未来的态度。桑德拉·贝福利等认为，持有账户和资产本身就让一些家长对孩子的未来产生积极的态度，这将有利于儿童教育发展。[⑤] Gray 等基于 SEED OK 实验中对 40 位母亲的半结构化访谈资料得出，SEED OK 账户和初始存款让父母对孩

---

① Beverly, S. G., Elliott, W. & Sherraden, M. "Child Development Accounts and College Success: Accounts, Assets, Expectations, and Achievements." (CSD Perspective 13-27, 2013). St. Louis: Washington University Center for Social Development.

② 邓锁：《资产建设与跨代干预：以"儿童发展账户"项目为例》，《社会建设》2018 年第 6 期，第 24~35 页。

③ Huang, J., Sherraden, M. S., Sherraden, M., et al. "Experimental Effects of Child Development Accounts on Financial Capability of Young Mothers." *Journal of Family and Economic Issues* (2022) 1: 36-50.

④ Sherraden, M., Clancy, M., Nam, Y., et al. "Universal and Progressive Child Development Accounts: A Policy Innovation to Reduce Educational Disparity." *Urban Education* (2018) 6: 806-833.

⑤ 桑德拉·贝福利、玛格丽特·科蓝西、迈克尔·史乐山、郭葆荣、黄进、邹莉：《普适性的儿童发展账户：美国 SEEDOK 政策实验的早期研究经验》，《浙江工商大学学报》2015 年第 6 期，第 119~126 页。

子的未来更加充满希望，并更加致力于支持子女的教育。[①] Kim 等亦分析了来自 SEED OK 的数据，发现 CDA 通过鼓励父母在孩子生命早期持有大学储蓄账户，保证了家庭拥有孩子进入中学后的教育资产，进而提升了父母对孩子的教育期望。[②] 另一方面，CDA 也影响父母的心理健康。Huang 等的研究发现，CDA 可以改善父母的心理健康，并部分通过儿童的社会情绪发展介导。[③] Clancy 等指出，来自 SEED OK 前两轮的实验证明了 CDA 对家庭的积极影响，包括改善了母亲的心理健康、养育方式和教育期望。[④] 此外，研究表明，CDA 对父母教育期望和抑郁症状的影响在一些弱势群体中更大，包括低收入母亲、受教育程度较低的母亲等。[⑤]

第三，儿童发展账户对父母教育参与和教育方式的影响研究。已有研究表明，儿童发展账户对育儿实践有积极影响。Nam 等关于 SEED OK 实验的早期研究表明，CDA 不会影响大多数人的育儿压力和育儿实践，仅降低了父母对孩子尖叫的倾向，对美洲印第安人的影响大于对其

① Gray, K., Clancy, M., Sherraden, M. S., et al. "Interviews with Mothers of Young Children in the SEED for Oklahoma Kids College Savings Experiment." (CSD Research Report No. 12-53, 2012). St. Louis: Washington University Center for Social Development.

② Kim, Y., Sherraden, M., Huang, J., et al. "Child Development Accounts and Parental Educational Expectations for Young Children: Early Evidence from a Statewide Social Experiment." *Social Service Review* (2015) 1: 99-137. Kim, Y., Huang, J., Sherraden, M., et al. "Child Development Accounts, Parental Savings, and Parental Educational Expectations: A Path Model." *Children and Youth Services Review* (2017) 79: 20-28.

③ Huang, J., Sherraden, M. & Purnell, J. Q. "Impacts of Child Development Accounts on Maternal Depressive Symptoms: Evidence from a Randomized Statewide Policy Experiment." *Social Science & Medicine* (2014) 112: 30-38.

④ Clancy, M. M., Sherraden, M. & Beverly, S. G. "SEED for Oklahoma Kids Wave 3: Extending Rigorous Research and a Successful Policy Model." (CSD Policy Brief 19-06, 2019). St. Louis: Washington University Center for Social Development.

⑤ Huang, J., Sherraden, M. & Purnell, J. Q. "Impacts of Child Development Accounts on Maternal Depressive Symptoms: Evidence from a Randomized Statewide Policy Experiment." *Social Science & Medicine* (2014) 112: 30-38. Clancy, M. M., Sherraden, M. & Beverly, S. G. "SEED for Oklahoma Kids Wave 3: Extending Rigorous Research and a Successful Policy Model." (CSD Policy Brief 19-06, 2019). St. Louis: Washington University Center for Social Development.

他少数群体的影响。[①] Huang 等的研究则发现，CDA 显著减少了母亲的惩罚性育儿实践，可以成为促进积极亲子互动的额外工具。[②] Huang 等进一步发现，CDA 对参与 TANF 或 Head Start 计划的弱势家庭的积极性和惩罚性育儿做法都有影响，经济脆弱的母亲更频繁地采取积极的养育方式，较少参与惩罚性育儿实践；对于积极的育儿实践，CDA 对经济弱势家庭的影响大于非经济弱势家庭。[③]

3. 儿童发展账户对社会发展的影响研究

儿童发展账户促进人力资本的积累发展。以资产为基础的儿童计划，如 CDA，是促进儿童教育发展和帮助家庭发展其经济能力的潜在政策工具，尤其是对低收入和弱势群体而言。CDA 通过干预推动儿童和家长金融知识的拓展和金融能力的提升，优化他们的投资方向，并通过促进人力资本的发展帮助下一代。[④]

儿童发展账户有利于实现经济包容。普遍和渐进的 CDA 可以实现全面包容的目标，减少生命早期的资产不平等，并改善儿童的早期发展。[⑤] 当前，阶层、种族贫富差距尚未缩小，甚至随着时间的推移而扩大。[⑥] 包

① Nam, Y. , Wikoff, N. & Sherraden, M. "Economic Intervention and Parenting: A Randomized Experiment of Statewide Child Development Accounts. " *Research on Social Work Practice* (2014)4: 339-349.

② Huang, J. , Nam, Y. , Sherraden, M. , et al. "Impacts of Child Development Accounts on Parenting Practices: Evidence from a Randomised Statewide Experiment. " *Asia Pacific Journal of Social Work and Development* (2019)1: 34-47.

③ Huang, J. , Beverly, S. G. , Kim, Y. , et al. "Exploring a Model for Integrating Child Development Accounts with Social Services for Vulnerable Families. " *Journal of Consumer Affairs* (2019)3: 770-795.

④ Fang, S. , Huang, J. , Curley, J. , et al. "Family Assets, Parental Expectations, and Children Educational Performance: An Empirical Examination from China. " *Children and Youth Services Review* (2018)87: 60-68.

⑤ Huang, J. , Sherraden, M. S. , Clancy, M. M. , et al. "Policy Recommendations for Meeting the Grand Challenge to Build Financial Capability and Assets for All. " (GCSW Policy Brief No. 11, 2017). American Academy of Social Work and Social Welfare.

⑥ Asante-Muhammed, D. , Collins, C. , Hoxie, J. , et al. *The Ever-growing Gap: Without Change, African-American and Latino Families Won't Match White Wealth for Centuries*(CFED & Institute for Policy Studies, 2016).

括 CDA 在内的资产建设政策可以通过为历史上被排除在金融主流之外的家庭提供储蓄平台和刺激措施来缩小这些差距。[①]

儿童发展账户推动多元化儿童社会福利体系的构建。儿童发展账户项目体现了一种以合作生产为特点的发展性社会服务模式，通过儿童、家长等多元福利主体之间的合作促进以使用者需求为中心的服务整合，并逐渐形成一个包容其他社会服务的政策平台，推动综合的、多渠道的儿童社会福利体系的构建。[②]

儿童发展账户有利于打破贫困代际传递。资产积累是消除长期贫困的重要途径，儿童发展是反贫困的关键。儿童发展账户从人生早期阶段帮助儿童进行资产积累，提升贫困儿童及其家庭对资产发展社会服务的可及性，这有助于打破贫困的代际传递，实现儿童的长期全面发展，进而促进整个贫困家庭的发展。[③]

（二）儿童发展账户影响因素相关研究

1. 制度性因素

体制结构在建立持续资产积累模式方面发挥重要作用，提供制度性的支持比金融知识、家庭收入等更能改变个体储蓄和积累资产的行为。[④] 谢若登及其同事提出了储蓄的制度理论，并确定了影响家庭储蓄

---

① Loya, R. , Garber, J. & Santos, J. "Levers for Success: Key Features and Outcomes of Children's Savings Account Programs: A Literature Review." Institute on Assets and Social Policy, 2017.

② 邓锁：《资产建设与跨代干预：以"儿童发展账户"项目为例》，《社会建设》2018 年第 6 期，第 24~35 页；黄进、邹莉、周玲：《以资产建设为平台整合社会服务：美国儿童发展账户的经验》，《社会建设》2021 年第 2 期，第 54~63 页。

③ 邓锁：《贫困代际传递与儿童发展政策的干预可行性研究——基于陕西省白水县的实证调研数据》，《浙江工商大学学报》2016 年第 2 期，第 118~128 页。

④ Sherraden, M. , Schreiner, M. & Beverly, S. "Income, Institutions, and Saving Performance in Individual Development Account." *Economic Development Quarterly* (2003) 1: 95-112; Huang, J. , Nam, Y. & Sherraden, M. M. "Financial Knowledge and Child Development Account Policy: A Test of Financial Capability." *Journal of Consumer Affairs* (2012) 1: 1-26；桑德拉·贝福利、玛格丽特·科蓝西、迈克尔·史乐山、郭葆荣、黄进、邹莉：《普适性的儿童发展账户：美国 SEED-OK 政策实验的早期研究经验》，《浙江工商大学学报》2015 年第 6 期，第 119~126 页。

行为的制度结构[①]，包括获得、信息、激励、便利、期望、限制和安全。相关研究表明，儿童发展账户的自动储蓄功能增加了家长对儿童中学后的教育储蓄，进而大大增加了儿童拥有未来教育资产的可能性，尤其是对弱势儿童而言。[②] 此外，收取非常低的费用、为家长存款提供所得税减免、使用小额罚款来阻止与教育无关的退学、让外部方匹配家长存款等政策特征对父母储蓄亦具有重要影响。[③]

2. **家庭因素**

在家庭特征中，家庭收入、家庭金融知识和能力以及父母开设意愿等因素影响儿童发展账户的开设。贝福利等认为，缺乏足够的经济资源会制约儿童发展账户的开设。[④] 邓锁则认为，农村家庭账户的开设意愿

---

① Sherraden, M. , Schreiner, M. & Beverly, S. “Income, Institutions, and Saving Performance in Individual Development Account.” *Economic Development Quarterly* (2003) 1: 95–112. Barr, M. S. & Sherraden, M. “Institutions and Inclusion in Saving Policy.” (Law & Economics Working Papers Archive: 2003–2009, 2005). University of Michigan Law School.

② Beverly, S. G. , Elliott, W. & Sherraden, M. “Child Development Accounts and College Success: Accounts, Assets, Expectations, and Achievements.” (CSD Perspective 13–27, 2013). St. Louis: Washington University Center for Social Development. Clancy, M. M. , Beverly, S. G. , Sherraden, M. , et al. “Testing Universal Child Development Accounts: Financial Effects in a Large Social Experiment.” *Social Service Review* (2016) 4: 683–708. Loya, R. , Garber, J. & Santos, J. “Levers for Success: Key Features and Outcomes of Children’s Savings Account Programs: A Literature Review.” Institute on Assets and Social Policy, 2017. Beverly, S. , Huang, J. , Clancy, M. M. , et al. “Policy Design for Child Development Accounts: Parents’ Perceptions.” (CSD Research Brief No. 22 – 03, 2022). St. Louis: Washington University Center for Social Development. Clancy, M. M. , Beverly, S. G. , Schreiner, M. , et al. “Financial Facts: SEED OK Child Development Accounts at Age 14.” (CSD Fact Sheet 22–20, 2022). St. Louis: Washington University Center for Social Development.

③ Beverly, S. G. , Elliott, W. & Sherraden, M. “Child Development Accounts and College Success: Accounts, Assets, Expectations, and Achievements.” (CSD Perspective 13–27, 2013). St. Louis: Washington University Center for Social Development. Loya, R. , Garber, J. & Santos, J. “Levers for Success: Key Features and Outcomes of Children’s Savings Account Programs: A Literature Review.” Institute on Assets and Social Policy, 2017. Beverly, S. , Huang, J. , Clancy, M. M. , et al. “Policy Design for Child Development Accounts: Parents’ Perceptions.” (CSD Research Brief No. 22–03, 2022). St. Louis: Washington University Center for Social Development.

④ 桑德拉·贝福利、玛格丽特·科蓝西、迈克尔·史乐山、郭葆荣、黄进、邹莉：《普适性的儿童发展账户：美国 SEEDOK 政策实验的早期研究经验》，《浙江工商大学学报》2015 年第 6 期，第 119~126 页。

并没有受到家庭经济水平、父母学历等因素的显著影响，家长对孩子未来发展的信心则是影响其账户开设意愿的重要因素。[①] Blumenthal 和 Shanks 进一步指出，父母和子女间的共同愿景和沟通影响家庭儿童发展账户的持有率和储蓄率。[②] 此外，较高的金融可及性以及较好的金融知识储备有助于开展儿童发展账户相关项目，[③] 短期的金融知识培训可以显著改善儿童和家庭的储蓄态度和行为。[④]

3. 社会因素

CDA 领域依赖于公共和慈善资金的支持。CDA 的独特价值在于项目对儿童的财政投资，以及使儿童和家庭经常接触有关规划、储蓄和对未来高期望的信息，这些信息被纳入学校教育和社区机构，在儿童的成长过程中不断加强。[⑤] 同时，儿童发展账户的设计也应该使储蓄与其他金融支持挂钩，与更广泛的金融和社会服务相结合，即使这些储蓄相对较少。[⑥] 总之，CDA 必须以建立信任和鼓励家庭持续参与的方式实施，并实施以家庭、学校和社区参与为重点的计划，否则这些福利将主要流

---

① 邓锁：《贫困代际传递与儿童发展政策的干预可行性研究——基于陕西省白水县的实证调研数据》，《浙江工商大学学报》2016 年第 2 期，第 118~128 页。

② Blumenthal, A. & Shanks, T. R. "Communication Matters: A Long-term Follow-up Study of Child Savings Account Program Participation." *Children and Youth Services Review* (2019) 100: 136-146.

③ 邓锁：《贫困代际传递与儿童发展政策的干预可行性研究——基于陕西省白水县的实证调研数据》，《浙江工商大学学报》2016 年第 2 期，第 118~128 页。

④ Supanantaroek, S. , Lensink, R. & Hansen, N. "The Impact of Social and Financial Education on Savings Attitudes and Behavior among Primary School Children in Uganda." *Evaluation Review* (2017) 6: 511-541. Copur, Z. & Gutter, M. S. "Economic, Sociological, and Psychological Factors of the Saving Behavior: Turkey Case." *Journal of Family and Economic Issues* (2019) 2: 305-322.

⑤ Sherraden, M. S. , Johnson, L. , Elliott Ⅲ, W. , et al. "School-based Children's Saving Accounts for College: The I Can Save Program." *Children and Youth Services Review* (2007) 3: 294-312. Blumenthal, A. & Shanks, T. R. "Communication Matters: A Long-term Follow-up Study of Child Savings Account Program Participation." *Children and Youth Services Review* (2019) 100: 136-146.

⑥ 邓锁：《资产建设与跨代干预：以"儿童发展账户"项目为例》，《社会建设》2018 年第 6 期，第 24~35 页；黄进、邹莉、周玲：《以资产建设为平台整合社会服务：美国儿童发展账户的经验》，《社会建设》2021 年第 2 期，第 54~63 页。

向那些能够在没有额外支持的情况下为子女未来储蓄和投资的人。[①]

（三）小结

儿童发展账户体现了“以资产为基础”的社会政策理念，已经应用在不同国家和地区的政策和项目中，并取得了丰富的经验与成效。但已有研究存在如下问题：第一，现有研究多是从国家和地区层面探讨儿童发展账户的实施效果，缺乏基于制度主义角度的类型学研究与模式比较；第二，儿童发展账户已在一些国家和地区被证明具有显著的积极效应，但仍需进一步运用我国本土化数据来验证其效果。

四 研究述评

综上所述，第一，社会福利政策理念与机制逐步由消费与收入为本的传统社会福利政策范式向资产为本的发展型社会福利政策范式转变，强调反贫困的系统复杂性与整体性，注重贫困者资产与能力建设的核心作用，由被动性向能促性转变。然而，国外相关研究没有对资产效应与资产建设效应进行明确区分，相关资产效应是否对中国情境同样适用有待基于中国经验数据的检验，资产为本的社会福利政策范式的理论基础还有待完善。第二，资产建设理论所倡导的个人发展账户因其鲜明的简洁性、可操作性、实用性以及有效性，已被越来越多的国家和地区采用。不同的国家和地区存在不同的做法，呈现不同的模式，学界对此缺乏系统比较和总结。第三，儿童发展账户对儿童发展、家庭发展以及社会发展具有重要的积极效应，不同国家和地区儿童发展账户的建构受到各自的体制结构、家庭特征、公共支持等因素的综合影响，为构建符合

---

① Beer, A., Ajinkya, J. & Rist, C. “Better Together: Policies that Link Children’s Savings Accounts with Access Initiatives to Pave the Way to College.” Institute for Higher Education Policy, 2017.

我国国情的儿童发展账户政策机制提供了相应的智识借鉴。第四，资产建设理论引入中国大陆十余载，相关研究较为薄弱，为数不多的研究主要是引介性与倡导性的，缺乏系统的专题探讨，尤其缺乏基于资产建设理论和具体国情的可行政策研究。无论从中国反贫困长效机制的制度创新维度，还是从中国儿童福利政策体系的变革与完善角度来看，中国贫困家庭儿童发展账户的创设都是不可或缺的，应尽早对其开展系统的前瞻性、基础性、创新性研究。

第二章

家庭资产建设对儿童发展的效应[①]

由谢若登创立的“资产为本的社会福利政策”范式是以资产效应理论为基础的，而学界忽略了资产效应与资产建设效应在理论与实践上的内在差异，往往导致相关理论与经验研究上的混淆。本章试图基于两种竞争性理论视角，运用CFPS 2018数据实证研究资产建设对儿童发展主要维度的具体效应及其影响路径，检验区分资产效应理论与资产建设效应理论的必要性与可行性。研究有以下几点发现。①资产建设行为对儿童身心健康、行为表现、学业表现以及自我期望等儿童发展的关键维度都具有显著的正效应，但对儿童发展不同维度的具体影响路径存在显著不同。从影响路径来看，资产建设行为对儿童身心健康、自我期望均具有直接的正效应，对身心健康也通过家庭关系、家长参与、家长期望产生积极的中介效应；对学业表现不具有直接的正效应，主要通过家庭关系、家长期望产生中介正效应，而通过家长参与产生了显著负效应；对儿童自我期望仅通过家长期望产生正效应。②家庭资产本身仅对儿童行为表现、学业表现以及自我期望具有正效应，而对儿童身心

① 本章主体部分作为阶段性成果以《家庭资产建设对儿童发展的具体效应及其影响路径》为题发表于《南通大学学报》（社会科学版）2023年第1期。

健康产生了负效应。从影响路径来看，家庭资产本身对儿童身心健康具有直接负效应，不仅如此，在中介效应通道中，通过家庭关系、家长参与对儿童身心健康也产生负效应。③就资产建设对儿童身心健康、行为表现的效应而言，资产建设效应与资产效应之间存在显著的差别，区分资产建设效应理论与资产效应理论不仅在理论上是必要的，而且在经验上是有效可行的。本章的研究发现为完善“资产为本的社会福利政策”理论基础以及促进与儿童发展相关的政策制定提供了智识借鉴。

一 问题的提出

由迈克尔·谢若登创立的资产为本的社会福利理论（social welfare theory based on assets）自 20 世纪 90 年代以来，因其突出的整合性、包容性、发展性特征，被学界普遍视为社会福利政策领域中的一场范式革命。[①] 该理论对以收入和消费为本的传统社会福利政策进行了系统的批判，强调其由于忽视了贫困内涵的复杂性以及贫困家庭的资产建设，只在一定程度上缓解贫困，没有实质性减少贫困或缩小贫富差距。传统的社会福利政策理念与实践把贫困狭隘地理解为收入与消费的匮乏，不鼓励甚至抑制贫困家庭进行资产积累。贫困不仅仅是收入与消费匮乏，更

---

① Hall, A. & Midgley, J. *Social Policy for Development* (London: Sage, 2004)；杨团：《资产社会政策——对社会政策范式的一场革命》，《中国社会保障》2005 年第 3 期，第 28～30 页；Han, C. K. & Sherraden, M. “Do Institutions Really Matter for Saving among Low-income Households? A Comparative Approach.” *The Journal of Socio-economics* (2009) 3: 475-483; Shanks T. R. W., Kim Y., Loke V. & Destin, M. “Assets and Child Well-being in Developed Countries.” *Children and Youth Services Review* (2010) 11: 1488-1496; 邓锁、迈克尔·谢若登、邹莉、王思斌、古学斌主编《资产建设：亚洲的策略与创新》，北京大学出版社，2014。

是资产或财富匮乏[①]、可行能力匮乏[②]、权利匮乏或社会排斥导致的脆弱性以及稀缺性思维模式的表征。[③] 基于对贫困现象复杂性理解的多维整合视野成为有效反贫困的内在要求。资产为本的社会福利政策不仅能够直接促进穷人进行资产积累，更重要的是，将会产生显著的“资产效应”：促进家庭的稳定；改变稀缺性思维模式；促进人力资本和社会资本的增加；增强专门化和专业化；提供承担风险的基础；提升个人效能、扩大社会影响与政治参与等。[④] 显然，资产为本的社会福利政策是建立在资产效应理论基础之上的，然而，资产效应理论所提出的九大效应命题还普遍缺乏相应系统的经验验证。[⑤] 更重要的是，作为静态结果的资产本身与作为活动、行为、过程的资产建设之间存在明显的差别——尽管二者也存在难以分割的内在联系，因此，资产效应并不等于资产建设效应，二者在理论逻辑与经验现实中都应有所区分。然而，谢若登所提出的资产效应理论倾向于模糊二者的区别，而不是明确区分二者的不同，在很大程度上其把资产建设效应包括在资产效应之内，但这样做实际上严重忽略了资产建设行为与过程相对于拥有资产本身所具有的能动效应。本章拟正式提出资产效应与资产建设效应是虽有关联但本质不同的两种效应，把资产建设效应理论从资产效应理论中区分出来，以期为资产建设福利政策提供更为坚实与直接的理论基础。

儿童发展关乎国家未来和民族希望，关系社会公平正义，促进儿童发展尤其是贫困家庭儿童全面发展是建立反贫困长效机制的内在要求，

---

① Sherraden, M. *Assets and the Poor: A New American Welfare Policy* (New York: ME Sharpe, 1991).

② Sen, A. *Commodities and Capabilities* (OUP Catalogue, 1999).

③ Mani, A., Mullainathan, S., Shafir, E., et al. "Poverty Impedes Cognitive Function." *Science* (2013) 6149: 976-980.

④ Sherraden, M. *Assets and the Poor: A New American Welfare Policy* (New York: ME Sharpe, 1991).

⑤ Sherraden, M. *Assets and the Poor: A New American Welfare Policy* (New York: ME Sharpe, 1991). Schreiner, M. & Sherraden, M. *Can the Poor Save? Saving & Asset Building in Individual Development Accounts* (New Brunswick, New Jersey: Transaction Publishers, 2007).

是切断贫困代际传递的根本途径。国内学界对儿童发展的相关探讨一直是近年来社会学领域的研究焦点。[①] 关于资产以及资产建设对儿童发展的效应及其内在机制的探讨基本上还停留在理论假说层面，国内相关的实证研究十分匮乏，个别相关研究依然停留在对相关关系的探讨上。[②] 进入 21 世纪以来，国外基于资产效应理论对儿童发展的相关经验研究日趋增多，开始从不同的角度验证探讨家庭资产对儿童学业成绩、行为表现、心理等方面的效应。[③] 这些基于不同国家或地区所开展的相关实证研究从不同的时空情境中验证了资产对儿童发展相应维度所具有的各种效应。然而，国外相关研究依然没有对资产效应与资产建设效应进行明确区分，相关资产效应是否对中国情境同样适用也有待基于中国经验

---

① 李忠路、邱泽奇：《家庭背景如何影响儿童学业成就？——义务教育阶段家庭社会经济地位影响差异分析》，《社会学研究》2016 年第 4 期，第 121~144、244~245 页；刘保中、张月云、李建新：《社会经济地位、文化观念与家庭教育期望》，《青年研究》2014 年第 6 期，第 46~55、92 页；刘保中、张月云、李建新：《家庭社会经济地位与青少年教育期望：父母参与的中介作用》，《北京大学教育评论》2015 年第 3 期，第 158~176、192 页；刘保中：《我国城乡家庭教育投入状况的比较研究——基于 CFPS 2014 数据的实证分析》，《中国青年研究》2017 年第 12 期，第 45~52 页；刘保中：《“鸿沟”与“鄙视链”：家庭教育投入的阶层差异——基于北上广特大城市的实证分析》，《北京工业大学学报》（社会科学版）2018 年第 2 期，第 8~16 页；刘保中：《“扩大中的鸿沟”：中国家庭子女教育投资状况与群体差异比较》，《北京工业大学学报》（社会科学版）2020 年第 2 期，第 16~24 页；张月云、谢宇：《低生育率背景下儿童的兄弟姐妹数、教育资源获得与学业成绩》，《人口研究》2015 年第 4 期，第 19~34 页；吴愈晓、黄超、刘浩：《基础教育中的学校阶层分割与学生教育期望》，《中国社会科学》（英文版）2017 年第 3 期，第 112~126 页；吴愈晓、王鹏、杜思佳：《变迁中的中国家庭结构与青少年发展》，《中国社会科学》2018 年第 2 期，第 98~120、206~207 页。

② 方舒、苏苗苗：《家庭资产建设对儿童学业表现的影响——基于 CFPS 2016 数据的实证分析》，《社会学评论》2019 年第 2 期，第 42~54 页。

③ Cairney, J. “Housing Tenure and Psychological Well-being During Adolescence.” *Environment and Behavior* (2005) 4: 552-564. Sherraden, M., Huang J., Frey, J. J., Birkenmaier, J., Callahan, C., Clancy, M. M. & Sherraden, M. “Financial Capability and Asset Building for All.” *American Academy of Social Work and Social Welfare* (2015) 1-29. Sherraden, M., Clancy, M., Nam, Y., Huang, J., Kim, Y., Beverly, S. & Purnell, J. Q. “Universal and Progressive Child Development Accounts: A Policy Innovation to Reduce Educational Disparity.” *Urban Education* (2018) 6: 806-833. Kafle, K., Jolliffe, D. & Winter-Nelson, A. “Do Different Types of Assets Have Differential Effects on Child Education? Evidence from Tanzania.” *World Development* (2018) 109: 14-28.

数据的检验。

基于上述理由，本章拟在区分资产效应理论与资产建设效应理论的基础上构建结构方程模型，运用 CFPS 2018 数据实证研究资产建设对儿童发展主要维度的具体效应及其影响路径，进而检验资产效应理论与资产建设效应理论在解释儿童发展主要维度变异上的各自能力。

二　资产效应、资产建设效应与儿童发展

（一）资产效应与资产建设效应

1991 年，谢若登在社会学、心理学和经济学的大量理论与经验研究的基础上提出了著名的“资产效应理论”，认为“资产具有各种重要的社会、心理和经济效应。人们在积累资产时会产生不同的思想和行为，社会也会对人们产生不同的回应。具体而言，资产改善经济稳定性；将人们与可行有望的未来相联系；刺激人力或其他资本的发展；促使人们专门化和专业化；提供承担风险的基础；产生个人、社会和政治奖赏；增加后代的福利”[①]。简言之，资产效应蕴含九个基本命题：“资产促进家庭稳定、创造未来取向、刺激其他资产的发展、促使专门化和专业化、提供承担风险的基础、增强个人效能、提高社会影响、增强政治参与以及增进后代福利。”[②] 资产效应理论是谢若登在社会政策界备受赞誉的“以资产为基础的福利理论”的前提，作为具有包容性的以

① 迈克尔·谢若登：《资产与穷人——一项新的美国福利政策》，高鉴国译，商务印书馆，2005，第 180 页。

② 迈克尔·谢若登：《资产与穷人——一项新的美国福利政策》，高鉴国译，商务印书馆，2005，第 180 页。

资产为基础的政策的主要原理,[①] 资产效应至关重要。[②]

然而，关于资产效应理论一直存在两个方面的基础问题。其一，资产效应理论蕴含的九个因果性命题还缺乏相应的经验验证，现有经验研究仅停留在对关联性（相关性）的探讨上。谢若登指出资产效应理论的九个命题中，“每一个命题都是基于已建立的理论和证据，然而，现在还没有专门确认每一个命题的真实程度、前提条件以及相互之间的可能联系……今后应当提出专门的经验性问题，并设计有针对性的研究来解答这些问题”[③]。“多项研究均发现，拥有资产与大量各种不同的积极结果之间存在正相关，但是缺乏对因果关系的证明……如果这些效应（资产的九大效应）存在，并且假设其收益大于政策成本的话，那么这将是针对所有人的资产建设政策的一个强有力的案例。遗憾的是，本章没有直接解决这些关键问题。”[④] 其二，资产效应理论强调了拥有“静态的”资产本身的重要性，忽视了“能动的”资产建设及其过程的重要性，并没有严格区分强调拥有资产本身的资产效应理论与注重行为与过程的资产建设效应理论。事实上，谢若登尽管注意到了“资产效应”概念与“资产积累”（资产建设）概念之间的区别，但并没有区分资产效应理论与资产建设效应理论之间的实质性差别，而是倾向于在修辞时

---

① 谢若登在 1991 年出版的《资产与穷人——一项新的美国福利政策》一书中，并没有区分“资产效应理论”与“以资产为基础的福利理论”，到了 2007 年其在《穷人能攒钱吗：个人发展账户中的储蓄与资产建设》中明确区分了“资产效应理论”与“以资产为基础的福利理论”，并把前者明确为后者的理论基础［参见 Sherraden, M. *Assets and the Poor: A New American Welfare Policy* (New York: ME Sharpe, 1991), p. 148. Schreiner, M. & Sherraden, M. *Can the Poor Save? Saving & Asset Building in Individual Development Accounts* (New Brunswick, New Jersey: Transaction Publishers, 2007), p. 7］。

② Schreiner, M. & Sherraden, M. *Can the Poor Save?: Saving & Asset Building in Individual Development Accounts*. (New Brunswick, New Jersey: Transaction Publishers, 2017).

③ 迈克尔·谢若登：《资产与穷人——一项新的美国福利政策》，高鉴国译，商务印书馆，2005。

④ Schreiner M., & Sherraden M. *Can the Poor Save?: Saving & Asset Building in Individual Development Accounts* (New Brunswick, New Jersey: Transaction Publishers, 2017).

把二者混同在一起，或者认为后者并不重要。[①]然而，二者之间的区别十分明显以致无须赘述。“资产效应”概念及其理论强调的是拥有资产的静态结果，而“资产建设”强调的是资产积累的行为与过程。为突出作为行为与过程的资产建设本身与作为静态的资产拥有之间的实质性差异，本章认为有必要明确提出“资产建设效应”概念以及“资产建设效应理论”，以区别于“资产效应”概念及“资产效应理论”。一个人或一个家庭一穷二白，但并不妨碍其开展资产建设或资产积累，而在这个行为或过程中所产生的资产建设效应并不比拥有资产本身所产生的各种效应弱。实际上，本章假设资产建设效应比资产效应更重要，谢若登所提出的资产效应九大命题，资产建设效应不仅基本具备，而且其本身更多地体现在资产建设或资产积累的行为与过程中。值得注意的是，

---

① 比如，谢若登在早期提出“资产效应理论”时把作为行为与过程的“资产建设”视为“资产效应理论”的一部分，“资产具有各种重要的社会、心理和经济效应。人们在积累资产时（注意：这里用了‘积累资产’这个活动、行为与过程意义上的概念）会产生不同的思想和行为，社会也会对人们产生不同的回应”（参见迈克尔·谢若登《资产与穷人——一项新的美国福利政策》，高鉴国译，商务印书馆，2005，第 180 页）。马克·施赖纳与迈克尔·谢若登合著的《穷人能攒钱吗：个人发展账户中的储蓄与资产建设》一书，在介绍“迈向资产效应的理论”部分中，再次强调“谢若登提出了资产效应的概念，并将其界定为资产所有权所产生的不同于使用资产的影响……资产效应是指拥有某项资产提高了预期的未来福祉，并在心理上提高了当前的福祉。不仅拥有资产者自己的思维发生变化，别人也会以不同的方式对待他们。资产所有权所产生的社会和政治效应甚至可能比个体的经济效应更重要”（参见马克·施赖纳、迈克尔·谢若登《穷人能攒钱吗：个人发展账户中的储蓄与资产建设》，孙艳艳译，商务印书馆，2017，第 6~7 页）。由此可见，谢若登的资产效应概念及其理论强调的是资产拥有本身或资产所有权本身，而并没有对资产建设行为与过程本身在资产效应理论中的功能地位给予应有的重视。但谢若登注意到了“拥有资产”与“积累资产”（资产建设）之间的不同，谢若登在讨论“对永久资产的预期”时提到，“事实上，如果人们有这种资产积累的预期，这些预期能影响行为，那么永久资产在决定资产积累的心理和行为效应中会比实际（有账）资产成为一个更有意义的理论概念。或者说，资产的福利效应可以发生于人们对未来资产积累的预期而不是他们对目前实际资产的预期。由此而言，资产积累过程可能比结果更为重要。从这些思路进一步说，如果资产积累被理解为一个动态的过程……这个概念刚听起来有些空想。这些延伸起来的概念是否在实际上能指导经济行为？或由谁和在什么条件下指导经济行为？现在还都远远没有被探讨和验证”（参见迈克尔·谢若登《资产与穷人——一项新的美国福利政策》，高鉴国译，商务印书馆，2005，第 206 页）。谢若登也注意到了拥有资产本身可能具有的各种负面效应。

资产效应与资产建设效应既有明确区别也存在内在的密切联系，除了个人或家庭继承或接受赠予的资产外，家庭资产基本属于家庭资产建设的结果，家庭资产建设效应在很大程度上体现了资产效应。为此，可把资产建设效应进行广义与狭义之分，广义的资产建设效应既包含资产建设过程与行为本身的效应，也包括资产效应——作为资产建设行为的结果或成果；狭义的资产建设效应仅指资产建设行为与过程所产生的各种效应。

（二）资产建设对儿童发展的效应研究

近二十年来，国内外学界越来越多的实证研究表明持有资产会以积极的方式改变一个人的态度和行为。① 其中资产对儿童发展的效应研究逐渐成为相关实证研究的焦点之一。这不难理解，儿童作为家庭、民族与国家的未来，也作为斩断代际贫困传递的关键，一直是资产建设效应研究关注的重点，同时，也因其可塑性强更易被用来验证资产建设效应命题。学界关于资产建设对儿童发展的效应研究主要集中在儿童受教育程度、学业成绩、心理健康、行为表现等方面。

梅叶尔发现，家庭投资额比家庭收入可以更好地解释儿童考试成绩差异；② 奥尔利用国家青年纵向调查数据发现，即使控制了父母教育、职业和家庭收入，资产对儿童考试成绩也有积极的影响。③ 更多的研究表明，金融资产、住房所有权与孩子的受教育程度、情绪和行为健康呈

---

① Sherraden, M. , Clancy, M. , Nam, Y. , Huang, J. , Kim, Y. , Beverly, S. & Purnell, J. Q. "Universal and Progressive Child Development Accounts: A Policy Innovation to Reduce Educational Disparity. " *Urban Education* (2018)6: 806-833.

② Mayer, S. E. & Leone, M. P. *What Money Can't Buy: Family Income and Children's Life Chances* (Harvard University Press, 1997).

③ Orr, A. J. "Black-white Differences in Achievement: The Importance of Wealth. " *Sociology of Education* (2003): 281-304.

正相关，至少部分孩子是因为资产改变了对未来的预期。[①] 家庭开展教育储蓄对儿童教育通常也具有显著的积极影响。艾利奥等的实证研究发现，儿童教育储蓄对儿童的数学成绩、大学升学率、大学毕业率等方面具有显著积极效用。[②] 一项来自乌干达的2000名初中生参与的教育储蓄实验结果表明，参与教育储蓄对于青年学生的入学率、学业成绩具有重要的积极效应。[③] 尽管许多实证研究发现家庭资产（财富）对儿童教育具有积极影响，但不同类型的家庭资产对儿童教育也具有不同的效应。有学者通过对坦桑尼亚具有全国代表性的面板数据的分析，发现虽然非生产性资产（如家庭耐用品和住房质量）与儿童教育成果呈正相关关

---

① Elliott, W. & Beverly, S. "Staying on Course: The Effects of Savings and Assets on the College Progress of Young Adults." *American Journal of Education* (2011) 3: 343-374. Huang, J., Sherraden, M., Kim, Y. & Clancy, M. "Effects of Child Development Accounts on Early Social-emotional Development: An Experimental Test." *JAMA Pediatrics* (2014) 3: 265-271. Kim, Y., Sherraden, M., Huang, J. & Clancy, M. "Child Development Accounts and Parental Educational Expectations for Young Children: Early Evidence from a Statewide Social Experiment." *Social Service Review* (2015) 1: 99-137. Nam, Y., Kim, Y., Clancy, M., Zager, R. & Sherraden, M. "Do Child Development Accounts Promote Account Holding, Saving, and Asset Accumulation for Children's Future? Evidence from a Statewide Randomized Experiment." *Journal of Policy Analysis and Management* (2013) 1: 6-33. Shanks, T. R. W., Kim, Y., Loke, V., & Destin, M. "Assets and Child Well-being in Developed Countries." *Children and Youth Services Review* (2010) 11: 1488-1496. Sherraden, M., Huang, J., Frey, J. J., Birkenmaier, J., Callahan, C., Clancy, M. M. & Sherraden M. "Financial Capability and Asset Building for All." *American Academy of Social Work and Social Welfare* (2015): 1-29. Sherraden, M., Clancy, M., Nam, Y., Huang, J., Kim, Y., Beverly, S. & Purnell, J. Q. "Universal and Progressive Child Development Accounts: A Policy Innovation to Reduce Educational Disparity." *Urban Education* (2018) 6: 806-833.

② Elliott, W., Jung, H. & Friedline, T. "Math Achievement and Children's Savings: Implications for Child Development Accounts." *Journal of Family and Economic Issues* (2010) 2: 171-184. Elliott, W. & Beverly, S. "Staying on Course: The Effects of Savings and Assets on the College Progress of Young Adults." *American Journal of Education* (2011) 3: 343-374. Elliott, W., Constance-Huggins, M. & Song, H. A. "Improving College Progress among Low-to Moderate-income (LMI) Young Adults: The Role of Assets." *Journal of Family and Economic Issues* (2013) 4: 382-399.

③ Ansong, D., Okumu, M., Hamilton, E. R., Chowa, G. A. & Eisensmith, S. R. "Perceived Family Economic Hardship and Student Engagement among Junior High Schoolers in Ghana." *Children and Youth Services Review* (2018) 85: 9-18. Ansong, D., Okumu, M., Kim, Y. K., Despard, M., Darfo-Oduro, R. & Small, E. "Effects of Education Savings Accounts on Student Engagement: Instrumental Variable Analysis." *Global Social Welfare* (2020) 2: 109-120.

系，但农业资产对儿童的学业成绩具有负面影响。[①]

除了资产建设对儿童学业成绩影响的相关实证研究，学界也日益重视资产建设对儿童心理和行为方面的效应探讨。凯尔尼运用加拿大统计局开展的全国人口健康调查数据（NPHS，1994～1995），研究发现住房形式的资产对青少年的心理健康具有重要影响，生活在租赁房屋的儿童心理困扰水平显著高于居住在自有住房的儿童，儿童抑郁症患病率也高出三倍。[②] 资产也被证明可以促进儿童的心理健康发展，埃辛和邓肯运用底特律大都市地区 867 个家庭的纵向研究数据发现，父母在子女一年级时为其大学预留金钱，子女 23 岁时的自尊指数会显著提高，这意味着资产可以促进儿童心理健康发展。[③] 目前有两种关于资产影响儿童心理健康的解释，一是家长存在经济压力，反过来向家人施压，破坏了家庭关系，导致幸福感减弱，影响孩子心理健康；二是经济资源影响后代社会经济地位，反过来又影响子女心理健康。[④] 也有学者注意到资产对儿童行为表现也具有影响。波义耳综合考察了儿童在社会参与过程中出现的反社会、注意力不集中、过度活跃、焦虑等反应，发现拥有房产的家庭的儿童问题评分明显低于租房家庭的儿童，且无论收入是否高于收入贫困线，这样的效应依然存在。[⑤]

关于资产建设对儿童教育、心理健康、行为表现等方面影响机制的

---

① Kafle, K., Jolliffe, D. & Winter-Nelson, A. "Do Different Types of Assets Have Differential Effects on Child Education? Evidence from Tanzania." *World Development* (2018) 109: 14-28.

② Cairney, J. "Housing Tenure and Psychological Well-being During Adolescence." *Environment and Behavior* (2005) 4: 552-564.

③ Guo, B., Huang, J. and Sherraden, M. "Dual Incentives and Dual Asset Building: Policy Implications of the Hutubi Rural Social Security Loan Programme in China." *Journal of Social Policy* (2008) 3: 111-132.

④ Sobolewski, J. M. & Amato, P. R. "Economic Hardship in the Family of Origin and Children's Psychological Well-being in Adulthood." *Journal of Marriage and Family* (2005) 1: 141-156.

⑤ Boyle, M. H. "Home Ownership and the Emotional and Behavioral Problems of Children and Youth." *Child Development* (2002) 3: 883-892.

探讨，目前学界主要从以下两个方面进行考量：一是认为资产建设对儿童教育、心理健康、行为表现等产生直接影响；[①] 二是资产建设对儿童发展方面的影响更多的是通过家长对孩子的教育期望、教育参与、教育机会以及家庭环境（包括家庭关系）等中介因素间接产生影响。[②] 然而，关于资产建设对儿童发展影响机制的研究主要局限在理论探讨层面，相关的实证研究或经验验证依然付之阙如。

三　因果模型与研究假设

本章主要目的是实证研究资产建设对儿童发展的具体效应及其影响机制，检验资产效应理论以及资产建设效应理论在儿童发展中的具体体现及其差异。基于上述文献探讨和研究便捷考量，本章把资产建设效应进行广义与狭义之分，广义的资产建设效应不仅包括作为行为与过程的资产建设效应，也包含作为资产建设结果以及家庭先赋资产积累结果的资产效应；狭义的资产建设效应仅指资产建设行为与过程所产生的各种

---

① Sherraden, M. *Assets and the Poor: A New American Welfare Policy* (New York: ME Sharpe, 1991). Haveman, R. & Wolfe, B. *Succeeding Generations: On the Effects of Investments in Children* (*New York Russell Sage Foundation,* 1994). Haveman, R. & Wolfe, B. "The Determinants of Children's Attainments: A Review of Methods and Findings." *Journal of Economic Literature* (1995)4: 1829–1878. Sherraden, M., Huang, J., Frey, J. J., Birkenmaier, J., Callahan, C., Clancy, M. M. & Sherraden, M. "Financial Capability and Asset Building for All." *American Academy of Social Work and Social Welfare* (2015): 1–29.

② Singh, K., Bickley, P. G., Keith, T. Z., Keith, P. B., Trivette, P & Anderson, E. "The Effects of Four Components of Parental Involvement on Eighth-grade Student Achievement: Structural Analysis of NELS-88 Data." *School Psychology Review* (1995)2: 299–317. Goyette, K. & Xie, Y. "Educational Expectations of Asian American youths: Determinants and Ethnic Differences." *Sociology of Education* (1999): 22–36. Davis-Kean, P. E. "The Influence of Parent Education and Family Income on Child Achievement: The Indirect Role of Parental Expectations and the Home Environment." *Journal of Family Psychology* (2005) 2: 294. Sherraden, M., Huang, J., Frey, J. J., Birkenmaier, J., Callahan, C., Clancy, M. M. & Sherraden, M. "Financial Capability and Asset Building for All." *American Academy of Social Work and Social Welfare* (2015): 1–29. Sherraden, M., Clancy, M., Nam, Y., Huang, J., Kim, Y., Beverly, S. & Purnell, J. Q. "Universal and Progressive Child Development Accounts: A policy Innovation to Reduce Educational Disparity." *Urban Education* (2018)6: 806–833.

影响，不包括资产本身的效应。儿童发展是一个多维概念，主要包括儿童身体维度、心理维度、行为维度、教育（学业）维度、信心维度等。本章主要从四个方面考察资产建设对儿童发展的影响，主要包括资产建设对儿童身心健康、儿童行为表现、儿童学业表现以及儿童自我期望的各自影响，这四个维度基本涵盖了儿童发展中的核心内容。资产建设对儿童发展的影响不仅是直接的，更多的是通过一系列中介机制完成的。谢若登的资产效应理论以及学界现有的实证研究表明，资产建设对儿童发展的影响主要是通过家庭关系、家长参与、家长期望、教育机会、学校质量等方面实现的。同时，相关研究与经验证据表明，家庭关系会对家长参与和家长期望产生影响，而家长参与也会对家长期望、教育机会以及学校质量产生影响。基于上述文献探讨与理论假设，本章对资产建设对儿童发展的影响分析提出如图 2-1 所示的因果模型。

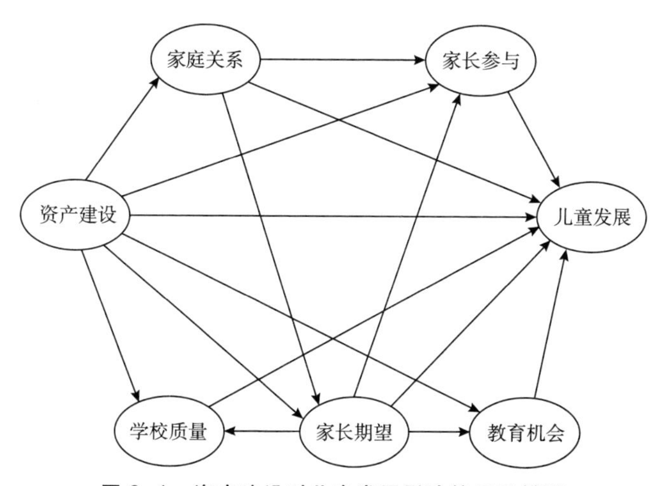

图 2-1　资产建设对儿童发展影响的因果模型

上述因果模型表明，本章关于资产建设对儿童发展影响的主要理论假设如下。

第一，资产建设对儿童发展（各个维度）不仅存在直接影响，而且通过家庭关系、家长参与、学校质量、家长期望以及教育机会分别产生间接影响。

第二，尽管资产建设对儿童发展的各个维度（身心健康、行为表现、学业表现、自我期望）的影响可能存在具体差异，但本章在模型建构上先不区分各自的具体差异，而是假设资产建设对儿童发展各个维度的影响路径基本是同构的。这样做一方面主要基于资产建设理论以及相关经验研究中针对不同的儿童发展维度的总体框架是稳定的；另一方面也是出于方便和简化模型的考量，在检验时方便比较资产建设对儿童发展的不同维度的影响路径差异。

第三，无论是广义的资产建设（包括资产与资产建设行为）还是狭义的资产建设（仅指资产建设行为），对儿童发展各个维度的因果机制基本是一致的，但具体效应会存在显著性差异，尤其是狭义的资产建设与资产本身对儿童发展各个维度的效应会存在明显差异。简言之，这是由资产效应理论与资产建设效应理论决定的。

基于资产建设对儿童发展影响的因果模型以及上述因果模型所蕴含的三个基本理论假设，本章提出以下一系列待检验的具体研究假设。

假设1：资产建设（广义与狭义）对儿童发展的各个维度（身心健康、行为表现、学业表现、自我期望）都产生显著的积极影响。

假设2：资产建设（广义与狭义）对家庭关系、家长参与、家长期望、学校质量与教育机会都具有显著的积极效应，且分别通过这些中介变量对儿童发展的各个维度（身心健康、行为表现、学业表现、自我期望）产生重要的正面效应。

假设3：家庭关系对家长期望、家长参与具有显著的积极效应，家长期望对家长参与、学校质量选择以及教育机会创造产生显著的正面效应，进而资产建设通过这些中介通道对儿童发展各个维度产生积极的效应。

四　数据、测量与方法

（一）数据

本章使用的数据主要来自北京大学中国社会科学调查中心的“中国家庭追踪调查”2018年追踪调查数据，个别匹配变量使用了2010年基线调查数据以来的历次追踪调查数据（CFPS 2012/2014/2016/2018）。CFPS 2018在中国25个省区市成功调查了约15000户家庭，并对每个样本家庭户进行了五份问卷调查：家庭经济问卷、家庭成员问卷、个人代答问卷、个人自答问卷（针对10岁及以上个人）和少儿家长代答问卷（针对0~15岁个人）。本章的研究对象是处于义务教育阶段且完成了个人自答问卷的小学与初中阶段的儿童（主要为10~15岁儿童，其中包括30个16岁处在初中阶段的儿童）。为了实现本章上述研究目标，本章把所需要的观测变量在不同数据库中进行了匹配处理，具体为把少儿家长代答问卷、家庭经济问卷、家庭成员问卷、个人代答问卷、个人自答问卷进行了配对，成功匹配2860个样本。后期数据标准化处理中个别省区市样本过少导致关键变量大量缺失，为此，经过逐一核查剔除了北京（5个）、天津（15个）、新疆（4个）、宁夏（2个）四个区市共计26个样本，其他样本中变量存在的部分缺失值经过插补处理，最终得到了2834个有效样本。[①]

（二）测量

1. 核心解释变量：广义资产建设与狭义资产建设

资产建设是本章的核心解释变量。根据上文探讨，本章把资产建设

① 本章数据先后进行了两轮插补。第一轮插补时，对定距变量采用EM插补方法，对定类变量采用热卡插补方法。数据插补后按照省区市和年级进行了标准化处理，由于标准化处理中部分变量的标准差为0，再次产生了缺失，因此进行了第二轮插补。第二轮插补时，标准化后的所有变量均为连续型变量，采用了EM插补方法进行插补。

分为广义资产建设与狭义资产建设，前者不仅包括资产建设行为与活动，而且包括家庭拥有的资产——资产建设的结果，后者仅仅包括资产建设行为与活动本身。狭义资产建设主要用以下三个变量进行测量。①是否为孩子教育存钱。在 CFPS 2018 问卷中对应的问题是 WD4：“您家是否已经开始为孩子的教育专门存钱，采用基金或保险的方式购买的教育基金也算？”这一问题同时存在于 CFPS 2010 少儿数据库、CFPS 2012 少儿数据库、CFPS 2016 少儿数据库、CFPS 2018 少儿数据库，通过样本编码“pid”变量匹配共有 2854 个原始样本数，将 2010~2018 年有 1 次及以上回答为是的样本设定为 1，将 2010~2018 年都回答为否的样本设定为 0。②是否有住房出租。在 CFPS 2018 问卷中对应的问题是 FR5：“过去 12 个月，您家拥有的房产中是否有部分用来有偿出租？”1 为是，0 为否。③是否进行金融投资。在 CFPS 2018 问卷中对应的问题是 FT200：“您家现在是否持有金融产品，如股票、基金、国债、信托产品、外汇产品等？”1 为是，0 为否。除此之外，广义资产建设还包括家庭已拥有的各种资产本身。④家庭现金及存款总额。在 CFPS 2018 问卷中对应的问题是 FT1：“您家目前所有家庭成员的现金及存款加起来大概有多少钱？”对这一变量进行了对数处理。⑤耐用消费品总值。家庭耐用消费品不仅是消费品，而且具有直接提高家务劳动效率的功能，具有长期的生产性效应，属于家庭重要的资产。[①]在 CFPS 2018 问卷中对应的问题是 FS6V：“不包括租用或借用的，您家里拥有的所有耐用消费品，如汽车、电脑、家电、电视、首饰、古董、高档乐器等，当前总价值为多少元？”对该变量进行了对数处理。⑥家庭净资产。这一变量来自家庭经济数据库，将家庭净资产这一变量进行了对数处理。

---

① Sherraden M., Huang J., Frey, J. J., Birkenmaier, J., Callahan, C., Clancy, M. M. & Sherraden, M. “Financial Capability and Asset Building for All.” *American Academy of Social Work and Social Welfare* (2015): 1-29.

2. 主要被解释变量：身心健康、行为表现、学业表现、自我期望

儿童发展的主要维度包括身心健康、行为表现、学业表现、自我期望等，本章主要从这四个维度来探讨资产建设对儿童发展的具体影响。

身心健康，主要包括身体健康和心理状况两部分。身体健康在CF-PS 2018中对应的问题是“健康状况”，心理状况对应抑郁程度量表（CESD）得分。①健康状况，连续型变量。在CFPS 2018问卷中对应的问题是WZ202“受访者的健康状况”，该变量从很差到很好分为七个选项，本章将选项依次赋值为1~7，数值越大表示儿童身体健康状况越好。②CESD得分，CESD得分在CFPS 2018问卷中对应的问题是N4A“请根据您的实际情况，指出在过去一周内各种感受或行为的发生频率”，在CFPS中包含“我感到情绪低落”、“我觉得做任何事都很费劲”、“我的睡眠不好”、“我感到愉快”、“我感到孤独”、“我生活快乐”、“我感到悲伤难过”和“我觉得生活无法继续”八个问题。八个问题的选项均为：没有（不到一天）、有些时候（1~2天）、经常有（3~4天）、大多数时候有（5~7天）。CFPS将选项依次赋值为1~4，数值越大表示该感受或行为的发生频率越高。其得分为CESD构建分数，为连续型变量。用主成分分析法对八个问题进行因子分析，得到CESD20SC变量。CESD20SC构建分数的取值范围为22~72，数值越大表示儿童心理健康状况越差。

行为表现，主要包括生活行为与学习行为两部分。①生活行为。生活行为指标包含“孩子做事时注意力集中”、“孩子遵规守纪”、“一旦开始就必须完成”和“孩子喜欢把物品摆放整齐”四个变量。“孩子做事时注意力集中”，连续型变量，在CFPS 2018问卷中的对应问题是WF804“孩子做事时注意力集中”，选项为：十分不同意、不同意、同意、十分同意、既不同意也不反对（不读出）。CFPS将选项依次赋值为1~5，数值越大表示儿童做事时注意力越集中。“孩子遵规守纪”，连续型变量，在 CFPS 2018 问卷中的对应问题是 WF805 “孩子遵规守纪”，选项为：十分不同意、不同意、同意、十分同意、既不同意也不反对（不读出）。CFPS 将选项依次赋值为 1~5，数值越大表示儿童遵规守纪程度越高。“一旦开始就必须完成”，连续型变量，在 CFPS 2018 问卷中的对应问题是 WF806 “一旦开始就必须完成”，选项为：十分不同意、不同意、同意、十分同意、既不同意也不反对（不读出）。CFPS 将选项依次赋值为 1~5，数值越大表示儿童一旦开始就必须完成的倾向程度越高。“孩子喜欢把物品摆放整齐”，连续型变量，在 CFPS 2018 问卷中的对应问题是 WF807 “孩子喜欢把物品摆放整齐”，选项为：十分不同意、不同意、同意、十分同意、既不同意也不反对（不读出）。CFPS 将选项依次赋值为 1~5，数值越大表示孩子喜欢把物品摆放整齐的倾向程度越高。②学习行为。学习行为指标包含“孩子学习很努力”、“孩子完成作业后会检查”和“孩子完成作业后才玩”三个变量。“孩子学习很努力”，连续型变量，在 CFPS 2018 问卷中对应的问题是 WF801 “孩子学习很努力”，选项为：十分不同意、不同意、同意、十分同意、既不同意也不反对（不读出）。CFPS 将选项依次赋值为 1~5，数值越大表示儿童学习行为表现越好。“孩子完成作业后会检查”，连续型变量，在 CFPS 2018 问卷中对应的问题是 WF802 “孩子完成作业后会检查”，选项为：十分不同意、不同意、同意、十分同意、既不同意也不反对（不读出）。CFPS 将选项依次赋值为 1~5，数值越大表示儿童学习行为表现越好。“孩子完成作业后才玩”，连续型变量，在 CFPS 2018 问卷中对应的问题是 WF803 “孩子完成作业后才玩”，选项为：十分不同意、不同意、同意、十分同意、既不同意也不反对（不读出）。CFPS 将选项依次赋值为 1~5，数值越大表示儿童学习行为表现越好。

学业表现，主要用主观学业评价和客观测试表现两个方面来测量儿童的学业表现。①主观学业评价：主观学业评价指标包含“语文成绩评价”和“数学成绩评价”两个变量。语文成绩评价，连续型变量，在 CFPS 2018 问卷中对应的问题是 WF501“据您所知，孩子上学期平时的语文成绩处在优、良、中、差哪个水平?”，选项为：优、良、中、差。本章将选项进行重新编码：将“差”设定为 1、“中”设定为 2、“良”设定为 3、“优”设定为 4。数值越大表示家长对儿童语文成绩的总体评价越高。数学成绩评价，连续型变量，在 CFPS 2018 问卷中对应的问题是 WF502“据您所知，孩子上学期平时的数学成绩处在优、良、中、差哪个水平?”，选项为：优、良、中、差。本章对其进行重新编码：将“差”设定为 1、“中”设定为 2、“良”设定为 3、“优”设定为 4。数值越大表示家长对儿童数学成绩的总体评价越高。②客观测试表现：客观测试表现指标包含“词组测试得分”、“数学测试得分”和“班级排名”三个变量。词组测试得分，连续型变量。这一变量来自 CFPS 2018 个人数据库，CFPS 2018 年追踪调查使用了一组识字题来测试和评估所有需要自答个人问卷的受访者（10~15 岁少儿与所有成人）的认知水平。评分的基本规则是：受访者的答题初始起点依然由其受教育程度决定，但在初始点的第一道问题就回答错误时，起点下调到更低一级，直至退到初始起点。数学测试得分，连续型变量。这一变量来自 CFPS 2018 个人数据库，CFPS 2018 年追踪调查使用了一组数学题来测试和评估所有需要自答个人问卷的受访者（10~15 岁少儿与所有成人）的认知水平。评分的基本规则是：受访者的答题初始起点依然由其受教育程度决定，但在初始点的第一道问题就回答错误时，起点下调到更低一级，直至退到初始起点。班级排名，连续型变量，在 CFPS 2018 问卷中对应的问题是 KR425“最近一次大考（期中或期末）中，你/您在班级的排名大约为?”，选项为：前 10%、11%~25%、26%~50%、51%~75%、后 25%、学校不公布排名。对 CFPS 问题选项编码进行修改，将

“前10%”赋值为“5”，“11%~25%”赋值为4，“26%~50%”赋值为“3”，“51%~75%”赋值为“2”，“后25%”赋值为1。

自我期望，自我期望是儿童发展的重要内容，具体包括自我职业期望、自我教育期望以及优秀程度自我评价三个变量。①自我职业期望，连续型变量，在CFPS 2018问卷中对应的问题是QS801“你/您将来最希望从事的具体职业是什么呢?”。CFPS 2018年追踪调查的职业分类采用的是国家标准职业分类（Chinese Standard Classification of Occupations，CSCO）的代码体系（GB/T 6565—2009），为了给用户提供方便，CFPS还依据国际标准职业分类（International Standard Classification of Occupations，ISCO-88）代码建构了国际标准职业社会经济地位指数（International Social-Economic Index of Occupational Status，ISEI)。②自我教育期望，连续型变量，在CFPS 2018问卷中对应的问题是QC201“认为自己最少应该念到哪种受教育程度?”，选项为：小学、初中、高中/中专/技校/职高、大专、大学本科、硕士、博士、不必念书。参照CFPS研究设计，依据各受教育程度对应的受教育年限对该变量重新赋值，赋值过程是：将“不必念书”赋值为0，“小学”赋值为6年，“初中”赋值为9年，“高中/中专/技校/职高”赋值为12年，“大专”赋值为15年，“大学本科”赋值为16年，“硕士”赋值为19年，“博士”赋值为22年。赋值后，得到一个取值范围在0~22的连续型变量，数值越大表示期望的受教育年限越长。③优秀程度自我评价，连续型变量，在CFPS 2018问卷中对应的问题是QS503“‘1’表示非常差，‘5’表示非常优秀，你/您认为自己有多优秀?”。从非常差到非常优秀分为五个选项，CFPS将选项依次赋值为1~5，数值越大表示对优秀程度的自我评价越高。

3. 主要中介变量：家长期望、家长参与、家庭关系、学校质量、教育机会

家长期望，具体包括家长对孩子的教育期望和期望孩子的成绩分数两个方面。①家长对孩子的教育期望，连续型变量。在 CFPS 2018 问卷中对应的问题是 WD2a“您希望‘加载少儿名字’念书最少念完哪一程度?”，选项为：小学、初中、高中/中专/技校/职高、大专、大学本科、硕士、博士、不必念书。参照 CFPS 研究设计，依据各受教育程度对应的受教育年限对该变量重新赋值，赋值过程是：将“不必念书”赋值为 0，“小学”赋值为 6 年，“初中”赋值为 9 年，“高中/中专/技校/职高”赋值为 12 年，“大专”赋值为 15 年，“大学本科”赋值为 16 年，“硕士”赋值为 19 年，“博士”赋值为 22 年。赋值后，得到取值范围在 0~22 的连续型变量，数值越大表示家长期望的受教育年限越长。②期望孩子的成绩分数，连续型变量，在 CFPS 2018 问卷中对应的问题是 WF701“如果满分是 100 分，您期望孩子本学期/下学期的平均成绩是多少?”，取值为 0~100，数值越大表示家长期望的成绩越高。

家长参与，具体包括为孩子学习放弃看电视、常与孩子谈学校里的事、要求孩子完成作业、检查孩子作业四个变量。①为孩子学习放弃看电视，连续型变量，在 CFPS 2018 问卷中对应的问题是 WF601m“当看电视与孩子学习冲突时，您放弃看自己喜欢的电视节目以免影响其学习发生的频率如何?”，选项为：从不、很少（每月 1 次）、偶尔（每周 1 次）、经常（每周 2~4 次）、很经常（每周 5~7 次）。CFPS 将选项依次赋值为 1~5，取值越大表示为孩子学习放弃看电视的频率越高。②常与孩子谈学校里的事，连续型变量，在 CFPS 2018 问卷中对应的问题是 WF602m“本学期/目前您和这个孩子讨论学校里的事情的频率如何?”，选项为：从不、很少（每月 1 次）、偶尔（每周 1 次）、经常（每周 2~4 次）、很经常（每周 5~7 次）。CFPS 将选项依次赋值为 1~5，取值越

大表示常与孩子谈学校里事的频率越高。③要求孩子完成作业，连续型变量，在 CFPS 2018 问卷中对应的问题是 WF603m“本学期/目前您要求这个孩子完成家庭作业的频率如何?”，选项为：从不、很少（每月 1 次）、偶尔（每周 1 次）、经常（每周 2~4 次）、很经常（每周 5~7 次）。CFPS 将选项依次赋值为 1~5，取值越大表示要求孩子完成作业的频率越高。④检查孩子作业，连续型变量，在 CFPS 2018 问卷中对应的问题是 WF604m“本学期/目前您检查这个孩子的家庭作业的频率如何?”，选项为：从不、很少（每月 1 次）、偶尔（每周 1 次）、经常（每周 2~4 次）、很经常（每周 5~7 次）。本章将选项依次赋值为 1~5，取值越大表示家长检查孩子作业的频率越高。

家庭关系，具体包括“婚姻/同居”生活满意度、与配偶关系亲密度、家庭美满和睦程度三个变量。①“婚姻/同居”生活满意度，连续型变量，在 CFPS 2018 问卷中对应的问题是 QM801“总的来说，您对您当前的‘婚姻/同居’生活有多满意?”，这一问题的选项设置为：1~5 五个数字，“1”表示非常不满意，“5”表示非常满意，数字越大，表示越满意。②与配偶关系亲密度，连续型变量，在 CFPS 2018 问卷中对应的问题是 QM504 对“与配偶关系亲密”重要性的判断，选项设置为：1~5 五个数字，“1”表示不重要，“5”表示非常重要，数字越大，表示越重要。③家庭美满和睦程度，连续型变量，这一变量的测量对应 CFPS 2018 问卷中 QM508 对“家庭美满、和睦”重要性的判断，选项设置为：1~5 五个数字，“1”表示不重要，“5”表示非常重要，数字越大，表示越重要。

学校质量，主要参照了李忠路、邱泽奇的相关研究设计，[①] 依据 CFPS 数据库，采用四个观测变量对学校质量这一潜变量进行测量：对

① 李忠路、邱泽奇：《家庭背景如何影响儿童学业成就？——义务教育阶段家庭社会经济地位影响差异分析》，《社会学研究》2016 年第 4 期，第 121~144、244~245 页。

学校的满意程度、对班主任的满意程度、对语文老师的满意程度以及对数学老师的满意程度。①对学校的满意程度，为连续型变量。在 CFPS 2018 问卷中对应的问题是 QS701“‘你/您’对自己的学校满意吗?”，选项设置为：1~5 五个数字，“1”表示非常不满意，“5”表示非常满意，数字越大，表示越满意。②对班主任的满意程度，为连续型变量。在 CFPS 2018 问卷中对应的问题是 QS703“‘你/您’对自己的语文老师满意吗?”，选项设置为：1~5 五个数字，“1”表示非常不满意，“5”表示非常满意，数字越大，表示越满意。③对语文老师的满意程度，为连续型变量。在 CFPS 2018 问卷中对应的问题是 QS703“‘你/您’对自己的语文老师满意吗?”，选项设置为：1~5 五个数字，“1”表示非常不满意，“5”表示非常满意，数字越大，表示越满意。④对数学老师的满意程度，为连续型变量。在 CFPS 2018 问卷中对应的问题是 QS704“‘你/您’对自己的数学老师满意吗?”，选项设置为：1~5 五个数字，“1”表示非常不满意，“5”表示非常满意，数字越大，表示越满意。

教育机会，主要采用两个指标对教育机会进行测量：孩子是否参加辅导班、过去 12 个月教育总支出（元）。①孩子是否参加辅导班，为虚拟变量。在 CFPS 2018 问卷中这一变量同时存在于 CFPS 少儿代答数据和个人数据，考虑到本问题涉及金融数量，家长对这一问题的回答较之儿童效度更高，因此这一变量来自少儿代答数据，在 CFPS 中对应的问题是 WT1“孩子是否参加辅导班”。选项将“是”设为 1，“否”设为 5。本章将这一变量重新编码并转换成虚拟变量，将“是”设为 1，“否”设为 0。②过去 12 个月教育总支出（元），为连续型变量。在 CFPS 2018 问卷中这一变量对应的问题是 WD5TOTAL_M“过去 12 个月，包括交给学校的各种费用和用在学校以外的课后学习费用，您家为孩子支付的教育总支出约为多少钱?”，最后对变量进行了对数处理。

4. **主要控制变量**

本章所选择的主要控制变量为省份、年级、就读阶段、性别、民族、城乡和家庭社会经济地位。对于儿童学业表现而言，省份与年级之间的差异是实质性的，学生学业表现的比较在中国只有在同一省份、年级内进行比较才有实际意义。为了使学业表现具有可比性，并基于对省份、年级控制的简洁性考量，本章借鉴李忠路、邱泽奇的处理思路，通过对包括儿童学业表现在内的主要被解释变量、解释变量等进行省份与年级的分组标准化操作，实现统计控制省份与年级的目的。[①] 此外，本章的控制变量还包括就读阶段、性别、民族、城乡及家庭社会经济地位等。

（1）省份

在家庭资产建设与儿童发展的研究中，省份是重要的控制变量。2019 年中国城镇居民家庭资产负债情况调查结果显示，区域间的家庭资产分布差异显著。同时，儿童的受教育机会与发展也是地域性的，因此无论是家庭资产建设的影响，还是儿童发展的测量，都应在某一地域内进行比较。因此，需要加入省份这一变量来控制两者的区域差异。依据 CFPS 2018 的研究设计，省份变量为一个定类变量，将省份变量编码为 11～65，分别对应 25 个不同的省份。这一变量的原始样本量共有 2858 个，省份变量插补结果正常，通过正态性检验。为了抑制区域的影响，根据省份对主要变量进行了标准化处理。

（2）年级

在家庭资产建设与儿童发展的研究中，年级是重要的控制变量。作为定类变量，年级在 CFPS 2018 问卷中对应的问题是 WC5_B_2“上几年级”（1～6 年级）。本章在数据处理过程中，为了抑制年级的影响，根据年级对主要变量进行了标准化处理。

---

① 李忠路、邱泽奇：《家庭背景如何影响儿童学业成就？——义务教育阶段家庭社会经济地位影响差异分析》，《社会学研究》2016 年第 4 期，第 121～144、244～245 页。

(3) 就读阶段

在家庭资产建设与儿童发展的研究中，就读阶段也是重要的控制变量。作为虚拟变量，就读阶段在 CFPS 2018 问卷中对应的问题是 QC3“现在上哪个阶段”。选项设置为：托儿所，幼儿园/学前班，小学，初中，高中/中专/技校/职高，大专，大学本科，硕士，博士。由于研究对象为义务教育阶段的儿童，因此将“托儿所，幼儿园/学前班，高中/中专/技校/职高，大专，大学本科，硕士，博士”这几个选项作为缺失值处理，只保留小学与初中选项，共获得 2747 个原始样本。最后对“小学”“初中”两个选项进行重新编码：小学设为 1，初中设为 0。

(4) 性别

家庭资产建设与儿童发展两个变量可能存在性别差异，因此需要将性别变量进行控制。作为虚拟变量，性别来自 CFPS 2018 年度跨年数据库的 gender“性别-跨年清理版”。CFPS 对其问题选项进行了编码：将男孩设为 1，女孩设为 0。

(5) 民族

家庭资产建设与儿童发展两个变量也存在民族差异，因此需要将民族变量进行控制。作为虚拟变量，民族来自 CFPS 2018 年度跨年数据库的 ethnicity“民族-跨年整合版”。将获得的原始数据进行重新编码并转化为虚拟变量，将汉族设为 1，少数民族设为 0。

(6) 城乡

家庭资产建设与儿童发展也可能会存在城乡差异，因此也需要将城乡变量进行控制。作为虚拟变量，城乡来自 CFPS 2018 年度跨年数据库中的 urban18“基于国家统计局资料的城乡分类变量（2018）”。CFPS 对城乡变量进行了编码，将城镇设为 1，农村设为 0。

(7) 家庭社会经济地位（F-SES）

家庭社会经济地位既是本章的重要控制变量，同时也是核心分组变量。家庭社会经济地位主要根据父母受教育程度、父母职业威望以及家庭人均纯收入三个指标进行测量。①父母受教育程度，连续型变量，在 CFPS 2018 家庭关系数据库中对应的变量是 tb4_a18_f“父亲最高学历”和 tb4_a18_m“母亲最高学历”，通过 pid“个人样本编码”与少儿家长代答数据库进行了匹配。选项设置为：文盲/半文盲，小学，初中，高中/中专/技校/职高，大专，大学本科，硕士，博士，从未上过学。选取“父亲最高学历”和“母亲最高学历”中的较高学历，构建父母受教育程度变量。依据各教育阶段相对应的受教育年限对该变量重新赋值，赋值过程是：“文盲/半文盲”和“从未上过学”赋值为 0 年；“小学”赋值为 6 年；“初中”赋值为 9 年；“高中/中专/技校/职高”赋值为 12 年；“大专”赋值为 15 年；“大学本科”赋值为 16 年；“硕士”赋值为 19 年；“博士”赋值为 22 年。赋值后，得到一个取值范围在 0~22 的连续型变量，数值越大表示父母受教育年限越长。②父母职业威望，连续型变量，在 CFPS 2018 问卷中对应的问题来自个人问卷“EGC102 正确的工作单位名称是?”。CFPS 2018 年追踪调查的职业分类采用的是国家标准职业分类（CSCO）的代码体系（GB/T 6565-2009），为了给用户提供方便，CFPS 还依据国际标准职业分类（ISCO-88）代码建构了国际标准职业社会经济地位指数（ISEI）。在 CFPS 2018 的个人数据库中，存在已经转换为国际标准职业社会经济地位指数的 qg303code_isei“QG303 职业威望：ISEI Code”，因此分别将少儿家长代答数据库中的 pid_a_f“父亲样本编码”与 pid_a_m“母亲样本编码”与个人数据库中的 pid“个人样本编码”进行匹配，得到“父亲职业威望”和“母亲职业威望”两个变量。同样选取“父亲职业威望”和“母亲职业威望”中的较高数值，构建父母职业威望变量。③家庭人均纯收入，连续型变量，这一变量来自 CFPS 2018 年度家庭经济数据库 fincome1_per“家庭人均纯收入”，通过 pid“个人样本编码”与少儿家长代答数据库进行匹配，匹配后对这一变量进行了对数处理。④家庭社会经济地位（0~1标准化），连续型变量。将父母受教育程度、父母职业威望以及家庭人均纯收入三个指标进行主成分分析，将系统自动计算的因子得分进行0~1标准化并乘以100，得到一个取值在0~100的变量作为家庭社会经济地位指数，数值越大，表示家庭社会经济地位越高。⑤家庭社会经济地位（二分），为了在分区组分析部分便于解释，本章还构建了家庭社会经济地位（二分）这一虚拟变量。这一变量的构建是根据家庭社会经济地位指数进行分层，将位于家庭社会经济地位指数均值之下的归为低社会经济地位层，位于家庭社会经济地位指数均值之上的归为高社会经济地位层。另外，将低社会经济地位层设为0，高社会经济地位层设为1。

在本章研究的样本分布中，男生样本比例为54.0%，女生样本比例为46.0%；城市样本占42.0%，农村样本占58.0%；就读于小学阶段的儿童占60.0%，就读于初中阶段的儿童占40.0%；汉族样本比例为87.0%，少数民族样本比例为13.0%。表2-1报告了上述主要变量的描述性统计情况。

表2-1　主要变量的描述性统计（N=2834）

潜变量	观测变量	均值/比例	标准差	最小值	最大值
身心健康	Y1 受访者的健康状况（1~7）	5.72	1.106	1	7
	Y2 CESD20SC 构建分数	30.04	5.883	22	72
	Y2.1 CESD8 分数（替代变量）	11.97	2.984	8	32
生活行为	Y3 孩子做事时注意力集中（1~5）	2.87	0.767	1	5
	Y4 孩子遵规守纪（1~5）	3.13	0.571	1	5
	Y5 一旦开始就必须完成（1~5）	2.95	0.699	1	5
	Y6 孩子喜欢把物品摆放整齐（1~5）	2.80	0.777	1	5
学习行为	Y7 孩子学习很努力（1~5）	2.97	0.781	1	5
	Y8 孩子完成作业后会检查（1~5）	2.79	0.816	1	5
	Y9 孩子完成作业后才玩（1~5）	2.95	0.670	1	5

续表

潜变量	观测变量	均值/比例	标准差	最小值	最大值
客观测试表现	Y10 词组测试得分	23.50	6.005	0	41
	Y11 数学测试得分	11.42	3.979	0	24
	Y12 班级排名（1~5）	3.47	1.097	1	5
主观学业评价	Y13 语文成绩评价（1~4）	2.66	0.967	1	4
	Y14 数学成绩评价（1~4）	2.60	1.053	1	4
自我期望	Y15 自我职业期望	66.04	11.416	23	85
	Y16 自我教育期望	14.61	2.976	0	22
	Y17 优秀程度自我评价（1~5）	3.13	0.799	1	5
家长期望	718 家长对孩子的教育期望	15.65	2.534	0	22
	Y19 期望孩子的成绩分数	89.66	9.855	40	100
家长参与	Y20 为孩子学习放弃看电视（1~5）	3.23	1.291	1	5
	Y21 常与孩子谈学校里的事（1~5）	3.08	1.159	1	5
	Y22 要求孩子完成作业（1~5）	3.83	1.096	1	5
	Y23 检查孩子作业（1~5）	2.94	1.384	1	5
家庭关系	Y24“婚姻/同居”生活满意度（1~5）	4.419	0.712	1	5
	Y25 与配偶关系亲密度（1~5）	4.33	0.806	1	5
	Y26 家庭美满和睦程度（1~5）	4.59	0.742	1	5
学校质量	Y27 对学校的满意程度（1~5）	4.13	0.942	1	5
	Y28 对班主任的满意程度（1~5）	4.33	0.953	1	5
	Y29 对语文老师的满意程度（1~5）	4.49	3.567	1	5
	Y30 对数学老师的满意程度（1~5）	4.44	3.283	1	5
教育机会	Y31 过去 12 个月教育总支出（元）的对数	7.55	1.358	0	12.61
	Y32 孩子是否参加辅导班（1=是，0=否）	0.19	0.391	0	1
资产建设	X1 是否为孩子教育存钱（1=是，0=否）	0.14	0.352	0	1
	X1.1 2010~2018 年是否为孩子教育存钱（1=是，0=否）	0.51	0.500	0	1
	X2 是否进行金融投资（1=是，0=否）	0.04	0.201	0	1
	X3 是否有住房出租（1=是，0=否）	0.06	0.229	0	1

续表

潜变量	观测变量	均值/比例	标准差	最小值	最大值
家庭资产	X4 家庭现金及存款总额（元）的对数	9.58	1.669	1.61	15.42
	X5 家庭净资产（元）的对数	12.58	1.214	5.52	17.73
	X6 耐用消费品总值（元）的对数	9.36	1.715	1.61	14.51
家庭社会经济地位	X7 家庭社会经济地位	45.21	9.226	1.75	96.51
	X7.1 家庭社会经济地位（1=高社会经济地位层，0=低社会经济地位层）	0.47	0.499	0	1
	X7.2 父母受教育程度	8.85	3.844	0	19
	X7.3 父母职业威望	35.91	13.741	12	88
	X7.4 家庭人均纯收入的对数	9.38	0.928	5.20	14.44
人口学变量	X8 2018 年省国标码	41.12	14.188	13	62
	X9 就读阶段（1=小学，0=初中）	0.60	0.491	0	1
	X10 年级（1-6）	3.52	1.741	1	6
	X11 性别（1=男孩，0=女孩）	0.54	0.499	0	1
	X12 民族（1=汉族，0=少数民族）	0.87	0.339	0	1
	X13 城乡（1=城镇，0=农村）	0.42	0.494	0	1

（三）研究方法：结构方程模型

由于本章主要研究潜变量与潜变量之间的因果关系以及估计观测变量与潜变量之间的关系，因此需要采取结构方程模型（SEM）来估计变量间的关系。所运用到的分析软件分别为 Amos 16.0 与 Stata 15.0。基于上述理论模型与变量测量描述，本章对结构方程模型（包含测量模型与结构模型）分别进行了如下设定。潜变量和观测变量的对应关系请参照表 2-1。具体而言，本章分别设定了如图 2-2 至图 2-5 所示的结构方程模型。

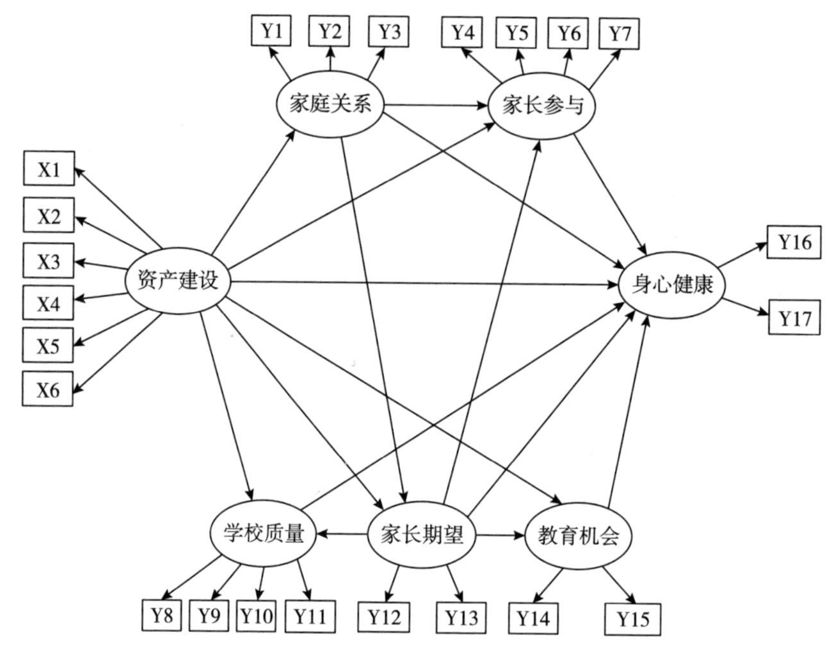

图 2-2　资产建设对儿童身心健康影响的结构方程模型（M1）

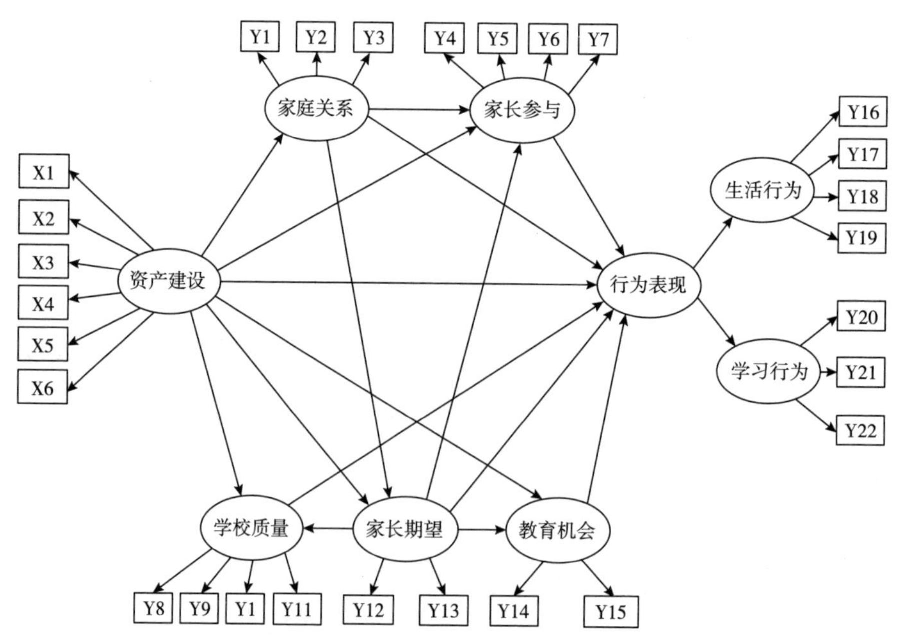

图 2-3　资产建设对儿童行为表现影响的结构方程模型（M2）

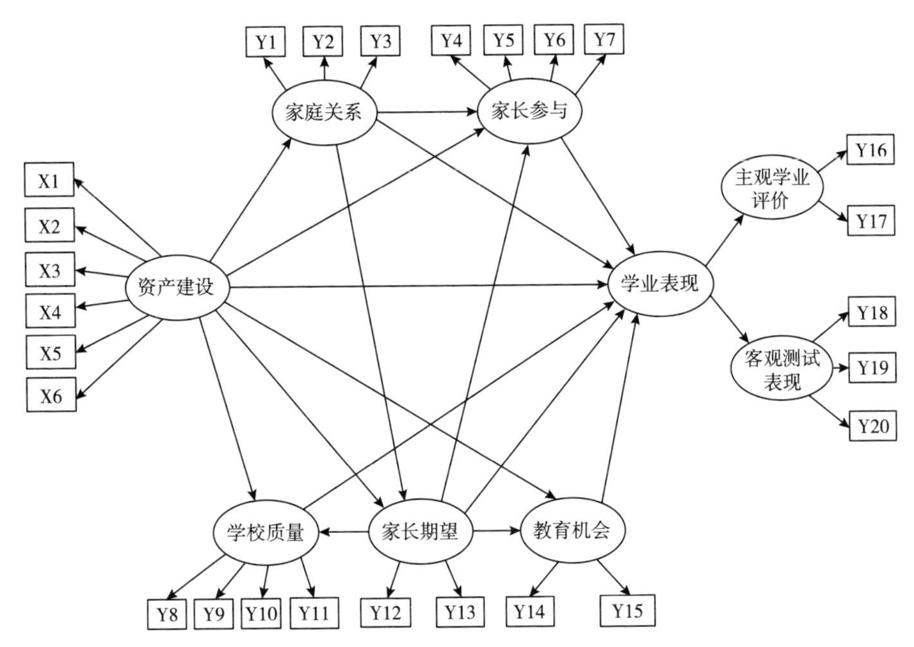

图 2-4　资产建设对儿童学业表现影响的结构方程模型（M3）

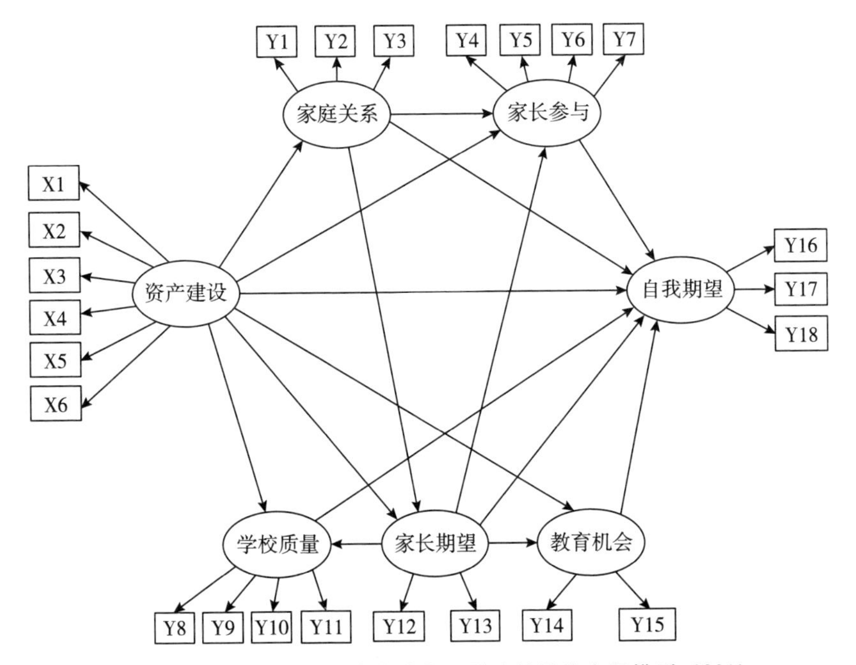

图 2-5　资产建设对儿童自我期望影响的结构方程模型（M4）

在上述模型中，除了依照上文理论模型与研究假设设定外，还假定了测量指标的误差项之间暂不存在相关性，个别测量指标的误差项之间的相关性届时根据具体模型修正指标与理论解释的合理性进行调整。当然，在模型的设定中，将变量之间的关系均假设为线性关系，这也是结构方程模型的基本要求。另外，在行为表现与学业表现所在的模型中，运用了高阶潜变量模型设定，分别用生活行为与学习行为两个潜变量估计行为表现，分别用客观测试表现与主观学业评价两个潜变量估计学业表现。最后需要说明的是，针对外生潜变量资产建设，本章还分别用广义资产建设（标识为“资产建设”）、狭义资产建设（标识为“资产建设1”）以及资产本身（标识为“资产建设2”）进行依次替换，进而在同一模型结构假定下比较资产效应理论与资产建设效应理论在儿童发展各个维度上的差异。

五　数据分析

（一）模型拟合度评价

模型拟合度评价是解释测量模型和潜变量之间关系的前提，通常采用的拟合优度指标有绝对拟合优度指标和相对拟合度指标。下面将逐一汇报模型的各项拟合度指标的检验结果。

1. 绝对拟合优度指标

绝对拟合优度指标包括四类拟合指标，规范性卡方值、近似误差均方根、标准化均方根残差和拟合优度指标。规范性卡方值（NC或CMIN/DF）可以用来检验模型的拟合效果，参考现有研究，如果1<NC<2/3/5，表示模型拟合效果较好。本章12个模型的规范性卡方值均在1~5，从数值来看，模型与数据的配合程度较好。但本章的样本容量为2834，属于大样本数据，因此仅根据规范性卡方值衡量模型拟合效果不

具有太大的参考意义。

近似误差均方根（RMSEA）是检验结构方程模型拟合优度的最重要参考标准。RMSEA<0.05 时，模型拟合效果很好。在本章中，表 2-2 中 12 个模型输出的近似误差均方根值均小于 0.05，模型拟合效果很好。

根据既往研究，标准化均方根残差 SRMR<0.05，也表示模型拟合效果良好。本章通过计算得到 12 个模型的标准化均方根残差 SRMR 均小于 0.05，可以认为本章的预设模型的拟合效果良好。

拟合优度指标（GFI）和调整后拟合优度指标（AGFI）越接近于 1 表示模型拟合效果越好，GFI>0.90 和 AGFI>0.90 即认为模型的拟合效果很好。表 2-2 结果显示 12 个模型的 GFI 值均大于或接近 0.95，AGFI 值均大于或接近 0.95，表示模型的拟合效果很好。

2. 相对拟合优度指标

在对结构方程模型进行检验与评价时，除了绝对拟合优度指标外，NFI、NNFI/TLI、IFI、CFI 等相对拟合优度指标也可以用来检验模型的拟合程度。

规范化拟合优度指标（NFI）的取值越大，表示模型与数据的拟合程度越高。根据既往研究，NFI>0.90，表示模型拟合效果很好。在表 2-2 中，模型 M2、模型 M2.1、模型 M2.2、模型 M3、模型 M3.2 这 5 个模型的 NFI 均在 0.87~0.90，由此可见，这 5 个研究模型的拟合效果一般；其余 7 个模型的 NFI 均大于 0.90，其拟合效果很好。

非规范化拟合优度指标（NNFI/TLI）越接近于 1，表示数据拟合模型的效果越好。根据既往研究，NNFI/TLI>0.90，表示模型拟合效果很好。在表 2-2 中，模型 M2、模型 M2.1、模型 M2.2 这 3 个模型的 TLI 在 0.89~0.90，由此可见，这 3 个研究模型的拟合效果一般；其余 9 个模型的 TLI 均大于 0.90，其拟合效果很好。

增量适合度指标（IFI）和比较适合度指标（CFI）的值均在 0~1。

根据既往研究，IFI 和 CFI 的值大于 0.90，表示模型拟合效果很好，在表 2-2 中，12 个模型的 IFI 和 CFI 均大于 0.90，由此可见，研究模型的拟合效果很好。

3. 拟合度综合说明

上文已论述评价模型优劣的各类拟合度指标，包括绝对拟合优度指标和相对拟合优度指标，本部分对预设模型的绝对拟合优度指标和相对拟合优度指标进行综合说明。

绝对拟合优度指标包括 CMIN、CMIN/DF、RMSEA、GFI、AGFI、SRMR。其中，CMIN/DF 的值在 1～5 表示模型配适度很好；RMSEA 和 SRMR 的值小于 0.05 时，模型拟合效果很好；GFI 和 AGFI 的值大于 0.90 表示模型通过检验。相对拟合优度指标包括 NFI、IFI、NNFI/TLI、CFI。相对拟合优度指标大于 0.90，并且越接近于 1 代表模型的拟合效果越好。

本章模型评价结果显示，在绝对拟合优度指标中，12 个模型的 CMIN/DF 的值均在 1～5，模型的配适度较好；RMSEA 和 SRMR 的值均小于 0.05，模型拟合效果很好；GFI 和 AGFI 的值均大于或接近 0.95，表示模型通过检验。在相对拟合或接近度指标中，12 个模型的各相对拟合或接近度指标基本上大于 0.90，仅模型 M2、模型 M2.1、模型 M2.2 的 NFI 和 TLI 指标小于 0.90，模型 M3 和模型 M3.2 的 NFI 指标小于 0.90，但这些模型的指标也均接近 0.90，近似可看作通过了检验。综合各项模型拟合指标的结果来看，均符合标准，可以认为最终模型拟合效果很好。模型最终输出的拟合优度如表 2-2 所示。

4. 测量变量拟合情况

（1）资产建设-身心健康模型

在资产建设-身心健康模型的测量模型中，大多数因子载荷系数达到 0.5。这说明观测变量具有较高效度，较好地测量了潜变量。但是需

表 2-2　结构模型适配度指标（N=2834）

	指标	模型 M1：资产建设-身心健康	模型 M1.1：资产建设 1-身心健康	模型 M1.2：资产建设 2-身心健康	模型 M2：资产建设-行为表现	模型 M2.1：资产建设 1-行为表现	模型 M2.2：资产建设 2-行为表现	结论
绝对拟合优度指标	CMIN/DF	3.759	3.125	3.698	4.323	3.806	4.466	通过
	RMSEA	0.031	0.027	0.031	0.034	0.031	0.035	通过
	SRMR	0.0331	0.0309	0.0327	0.0369	0.035	0.0365	通过
	GFI	0.970	0.978	0.975	0.959	0.968	0.963	通过
	AGFI	0.963	0.972	0.968	0.951	0.961	0.955	通过
相对拟合优度指标	NFI	0.903	0.908	0.919	0.877	0.882	0.890	通过
	IFI	0.927	0.936	0.939	0.903	0.911	0.912	通过
	TLI	0.915	0.924	0.928	0.890	0.897	0.899	通过
	CFI	0.926	0.935	0.939	0.903	0.910	0.912	通过
	指标	模型 M3：资产建设-学业表现	模型 M3.1：资产建设 1-学业表现	模型 M3.2：资产建设 2-学业表现	模型 M4：资产建设-自我期望	模型 M4.1：资产建设 1-自我期望	模型 M4.2：资产建设 2-自我期望	结论
绝对拟合优度指标	CMIN/DF	4.738	4.965	4.410	3.778	3.752	3.276	通过
	RMSEA	0.036	0.037	0.035	0.031	0.031	0.028	通过
	SRMR	0.0389	0.0396	0.0376	0.0336	0.0332	0.0316	通过
	GFI	0.957	0.961	0.964	0.968	0.973	0.976	通过
	AGFI	0.948	0.951	0.956	0.961	0.965	0.969	通过
相对拟合优度指标	NFI	0.891	0.903	0.895	0.900	0.915	0.903	通过
	IFI	0.912	0.921	0.917	0.925	0.936	0.931	通过
	TLI	0.900	0.908	0.904	0.913	0.925	0.918	通过
	CFI	0.912	0.920	0.917	0.924	0.936	0.930	通过

要注意的是，在测量模型中，“受访者的健康状况”和“CESD20SC 构建分数”这两个测量指标的因子载荷分别是 0.245 和-0.243，都小于 0.5，表明这两个指标测量身心健康存在一定的瑕疵；“期望孩子的成绩分数”测量指标的因子载荷是 0.354，表明“期望孩子的成绩分数”测量家长期望存在瑕疵；“为孩子学习放弃看电视”测量指标的因子载荷是 0.383，表明“为孩子学习放弃看电视”测量家长参与存在瑕疵；

虽然“2010~2018年是否为孩子教育存钱”、“是否进行金融投资”和“是否有住房出租”测量指标的因子载荷均小于0.5，但是作为外生观测变量，因子载荷系数并不是反映该指标在多大程度上测量了资产建设潜变量，而是表明2010~2018年是否为孩子教育存钱、是否进行金融投资、是否有住房出租可以在多大程度上解释资产建设潜变量，并且这三个测量指标也是本章理论解释所需要的，因此不是本章聚焦的测量问题（见表2-3）。①

表2-3 测量模型情况（资产建设-身心健康）（N=2834）

潜变量	观测变量	标准化因子载荷	复相关系数
身心健康	Y1 受访者的健康状况	0.245	0.06
	Y2 CESD20SC 构建分数	-0.243***	0.059
家长期望	Y19 期望孩子的成绩分数	0.354	0.125
	Y18 家长对孩子的教育期望	0.725***	0.526
家长参与	Y20 为孩子学习放弃看电视	0.383	0.147
	Y21 常与孩子谈学校里的事	0.559***	0.313
	Y22 要求孩子完成作业	0.505***	0.255
	Y23 检查孩子作业	0.640***	0.410
家庭关系	Y26 家庭美满和睦程度	0.511	0.262
	Y25 与配偶关系亲密度	0.849***	0.721
	Y24“婚姻/同居”生活满意度	0.623***	0.388
学校质量	Y27 对学校的满意程度	0.574	0.330
	Y28 对班主任的满意程度	0.806***	0.650
	Y29 对语文老师的满意程度	0.730***	0.533
	Y30 对数学老师的满意程度	0.580***	0.336
教育机会	Y32 孩子是否参加辅导班	0.594	0.353
	Y31 过去12个月教育总支出（元）的对数	0.638***	0.407

① 李忠路、邱泽奇：《家庭背景如何影响儿童学业成就？——义务教育阶段家庭社会经济地位影响差异分析》，《社会学研究》2016年第4期，第121~144、244~245页。

续表

潜变量	观测变量	标准化因子载荷	复相关系数
资产建设	X5 家庭净资产（元）的对数	0.822	0.676
	X2 是否进行金融投资	0.407***	0.166
	X3 是否有住房出租	0.370***	0.137
	X1 2010~2018 年是否为孩子教育存钱	0.212***	0.045
	X4 家庭现金及存款总额（元）的对数	0.677***	0.458
	X6 耐用消费品总值（元）的对数	0.662***	0.438

注：(1) 潜变量的第一个指标为参照尺度；(2) 限于篇幅原因，“资产建设 1-身心健康”模型和“资产建设 2-身心健康”模型的测量模型情况未予呈现。*** $p<0.01$。

(2) 资产建设-行为表现模型

在资产建设-行为表现模型的测量模型中，大多数因子载荷系数达到0.5，仅“孩子遵规守纪”测量指标的因子载荷是0.425，“孩子完成作业后才玩”测量指标的因子载荷是0.492，“为孩子学习放弃看电视”测量指标的因子载荷是0.381，小于0.5（见表2-4），说明在测量上存在瑕疵。

表 2-4　测量模型情况（资产建设-行为表现）（*N*=2834）

潜变量	观测变量	标准化因子载荷	复相关系数
生活行为	Y4 孩子遵规守纪	0.425	0.181
	Y3 孩子做事时注意力集中	0.621***	0.386
	Y5 一旦开始就必须完成	0.642***	0.412
	Y6 孩子喜欢把物品摆放整齐	0.582***	0.339
学习行为	Y7 孩子学习很努力	0.683	0.466
	Y8 孩子完成作业后会检查	0.552***	0.305
	Y9 孩子完成作业后才玩	0.492***	0.242
家长期望	Y19 期望孩子的成绩分数	0.505	0.255
	Y18 家长对孩子的教育期望	0.511***	0.261

续表

潜变量	观测变量	标准化因子载荷	复相关系数
家长参与	Y20 为孩子学习放弃看电视	0.381	0.145
	Y21 常与孩子谈学校里的事	0.541 ***	0.293
	Y22 要求孩子完成作业	0.521 ***	0.271
	Y23 检查孩子作业	0.638 ***	0.407
家庭关系	Y26 家庭美满和睦程度	0.509	0.259
	Y25 与配偶关系亲密度	0.852 ***	0.726
	Y24“婚姻/同居”生活满意度	0.621 ***	0.386
学校质量	Y27 对学校的满意程度	0.578	0.334
	Y28 对班主任的满意程度	0.813 ***	0.661
	Y29 对语文老师的满意程度	0.724 ***	0.524
	Y30 对数学老师的满意程度	0.579 ***	0.335
教育机会	Y32 孩子是否参加辅导班	0.600	0.360
	Y31 过去 12 个月教育总支出（元）的对数	0.637 ***	0.406
资产建设	X5 家庭净资产（元）的对数	0.822	0.676
	X2 是否进行金融投资	0.407 ***	0.166
	X3 是否有住房出租	0.373 ***	0.139
	X1 2010~2018 年是否为孩子教育存钱	0.211 ***	0.045
	X4 家庭现金及存款总额（元）的对数	0.678 ***	0.460
	X6 耐用消费品总值（元）的对数	0.656 ***	0.430

注：（1）潜变量的第一个指标为参照尺度；（2）限于篇幅原因，“资产建设 1-行为表现”模型和“资产建设 2-行为表现”模型的测量模型情况未予呈现。*** $p<0.01$。

（3）资产建设-学业表现模型

在资产建设-学业表现模型的测量模型中，大多数因子载荷系数达到 0.5，这说明观测变量具有较高效度，较好地测量了潜变量；但在测量模型中，“班级排名”测量指标的因子载荷是 0.334，“家长对孩子的教育期望”测量指标的因子载荷是 0.479，“为孩子学习放弃看电视”测量指标的因子载荷是 0.387，小于 0.5（见表 2-5），说明在测量效度上存在一定的问题。

表 2-5　测量模型情况（资产建设-学业表现）（N=2834）

潜变量	观测变量	标准化因子载荷	复相关系数
客观测试表现	Y10 词组测试得分	0.715	0.511
	Y11 数学测试得分	0.790***	0.624
	Y12 班级排名	0.334***	0.111
主观学业评价	Y13 语文成绩评价	0.751	0.562
	Y14 数学成绩评价	0.801***	0.641
家长期望	Y19 期望孩子的成绩分数	0.537	0.288
	Y18 家长对孩子的教育期望	0.479***	0.230
家长参与	Y20 为孩子学习放弃看电视	0.387	0.150
	Y21 常与孩子谈学校里的事	0.548***	0.300
	Y22 要求孩子完成作业	0.516***	0.266
	Y23 检查孩子作业	0.639***	0.409
家庭关系	Y26 家庭美满和睦程度	0.508	0.258
	Y25 与配偶关系亲密度	0.855***	0.732
	Y24“婚姻/同居”生活满意度	0.619***	0.383
学校质量	Y27 对学校的满意程度	0.573	0.328
	Y28 对班主任的满意程度	0.806***	0.650
	Y29 对语文老师的满意程度	0.730***	0.533
	Y30 对数学老师的满意程度	0.582***	0.338
教育机会	Y32 孩子是否参加辅导班	0.583	0.340
	Y31 过去 12 个月教育总支出（元）的对数	0.655***	0.429
资产建设	X5 家庭净资产（元）的对数	0.821	0.673
	X2 是否进行金融投资	0.409***	0.167
	X3 是否有住房出租	0.373***	0.139
	X1 2010~2018 年是否为孩子教育存钱	0.214***	0.046
	X4 家庭现金及存款总额（元）的对数	0.676***	0.457
	X6 耐用消费品总值（元）的对数	0.659***	0.435

注：（1）潜变量的第一个指标为参照尺度；（2）限于篇幅原因，“资产建设 1-学业表现”模型和“资产建设 2-学业表现”模型的测量模型情况未予呈现。*** $p<0.01$。

(4) 资产建设-自我期望模型

在资产建设-自我期望模型的测量模型中，大多数因子载荷系数同样达到0.5的标准，然而在测量模型中，“优秀程度自我评价”“自我职业期望”这两个测量指标的因子载荷分别是0.346和0.243，“期望孩子的成绩分数”测量指标的因子载荷是0.394，“为孩子学习放弃看电视”测量指标的因子载荷是0.388（见表2-6），说明在测量效度上存在一定的问题。

表2-6 测量模型情况（资产建设-自我期望）（*N*=2834）

潜变量	观测变量	标准化因子载荷	复相关系数
自我期望	Y17 优秀程度自我评价	0.346	0.120
	Y16 自我教育期望	0.648	0.420
	Y15 自我职业期望	0.243	0.059
家长期望	Y19 期望孩子的成绩分数	0.394	0.155
	Y18 家长对孩子的教育期望	0.651***	0.424
家长参与	Y20 为孩子学习放弃看电视	0.388	0.151
	Y21 常与孩子谈学校里的事	0.555***	0.308
	Y22 要求孩子完成作业	0.510***	0.260
	Y23 检查孩子作业	0.636***	0.404
家庭关系	Y26 家庭美满和睦程度	0.509	0.259
	Y25 与配偶关系亲密度	0.854***	0.729
	Y24“婚姻/同居”生活满意度	0.620***	0.384
学校质量	Y27 对学校的满意程度	0.574	0.329
	Y28 对班主任的满意程度	0.808***	0.653
	Y29 对语文老师的满意程度	0.728***	0.530
	Y30 对数学老师的满意程度	0.580***	0.336
教育机会	Y32 孩子是否参加辅导班	0.598	0.358
	Y31 过去12个月教育总支出（元）的对数	0.634***	0.402

续表

潜变量	观测变量	标准化因子载荷	复相关系数
资产建设	X5 家庭净资产（元）的对数	0.821	0.673
	X2 是否进行金融投资	0.406***	0.165
	X3 是否有住房出租	0.372***	0.138
	X1 2010~2018 年是否为孩子教育存钱	0.214***	0.046
	X4 家庭现金及存款总额（元）的对数	0.676***	0.457
	X6 耐用消费品总值（元）的对数	0.66***	0.436

注：（1）潜变量的第一个指标为参照尺度；（2）限于篇幅原因，“资产建设 1-自我期望”模型和“资产建设 2-自我期望”模型的测量模型情况未予呈现。*** $p<0.01$。

（二）资产建设影响儿童身心健康的路径分析

关于资产建设对儿童身心健康的影响涉及三个结构方程模型，分别是广义资产建设（记为资产建设）对儿童身心健康的影响模型（记为M1），狭义资产建设（记为资产建设 1）对儿童身心健康的影响模型（记为 M1.1），以及家庭资产（记为资产建设 2）对儿童身心健康的影响模型（记为 M1.2）。图 2-6-1、图 2-6-2、图 2-6-3 和表 2-7 报告了结构模型 M1、M1.1 以及 M1.2 潜变量之间关系的结构路径、路径系数的检验结果及解释力。

结构模型 M1、M1.1、M1.2 分别解释了儿童身心健康差异的 88.1%、90.1%、87.0%，均具有极高的解释力，其中核心解释变量广义资产建设、狭义资产建设以及家庭资产对儿童身心健康变异的解释力分别为 57.3%、37.3%、51.9%，均具有较高的解释力。

广义资产建设（资产建设）对儿童身心健康既具有直接的显著正效应，也通过家庭关系、家长参与、家长期望产生间接的显著正效应。狭义资产建设（资产建设 1）对儿童身心健康不仅具有直接的显著正效应，而且也通过家庭关系、家长参与、家长期望产生间接的显著正效应。

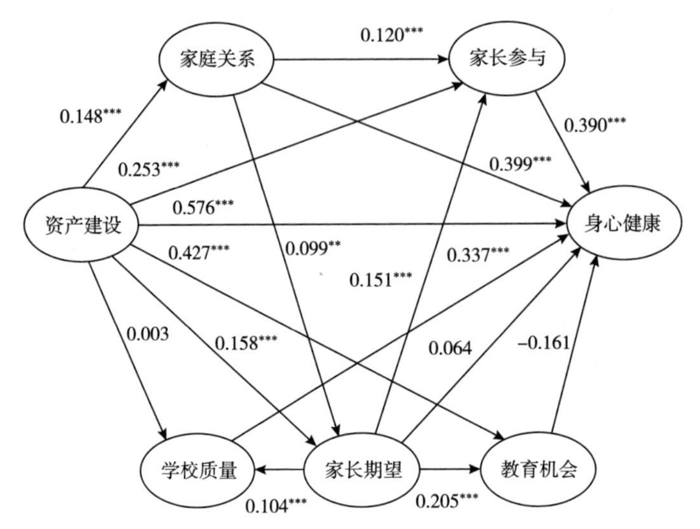

图 2-6-1　资产建设对儿童身心健康影响的路径（M1）

* $p<0.05$, ** $p<0.01$, *** $p<0.001$。下同。

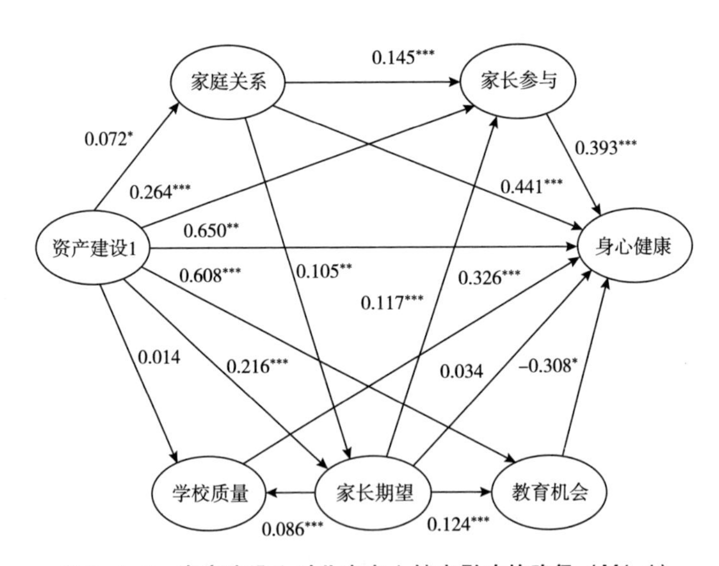

图 2-6-2　资产建设 1 对儿童身心健康影响的路径（M1.1）

值得强调的是，家庭资产（资产建设 2）对儿童的身心健康却产生了显著的负效应，不仅如此，在中介效应通道中，通过家庭关系、家长参与也对儿童身心健康产生显著负效应。

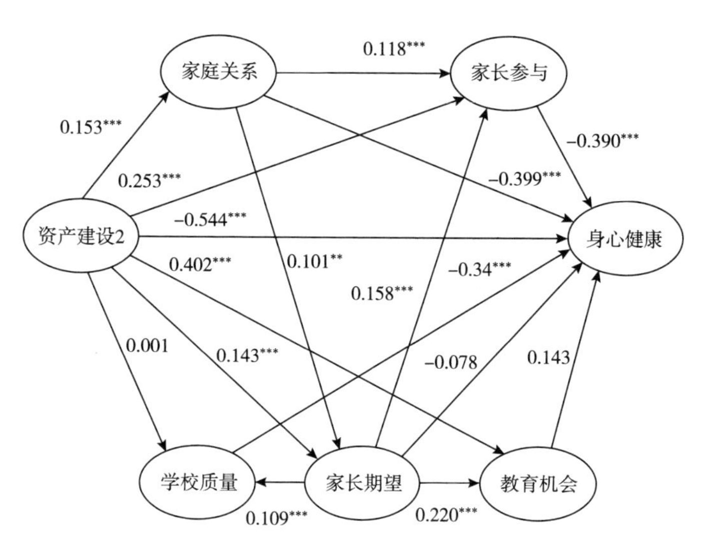

图 2-6-3　资产建设 2 对儿童身心健康影响的路径（M1.2）

表 2-7　资产建设对儿童身心健康影响的路径系数（N=2834）

	家庭关系	家长期望	学校质量	教育机会	家长参与	身心健康
M1　资产建设	0.148*** (0.015)	0.158*** (0.016)	0.003 (0.017)	0.427*** (0.023)	0.253*** (0.014)	0.576*** (0.032)
M1.1 资产建设 1	0.072* (0.062)	0.216*** (0.078)	0.014 (0.070)	0.608*** (0.187)	0.264*** (0.072)	0.650** (0.226)
M1.2 资产建设 2	0.153*** (0.015)	0.143*** (0.016)	0.001 (0.017)	0.402*** (0.023)	0.253*** (0.014)	-0.544*** (0.032)
M1　家庭关系		0.099** (0.023)			0.120*** (0.021)	0.399*** (0.033)
M1.1 家庭关系		0.105** (0.022)			0.145*** (0.022)	0.441*** (0.035)
M1.2 家庭关系		0.101** (0.023)			0.118*** (0.021)	-0.397*** (0.034)
M1　家长期望			0.104*** (0.048)	0.205*** (0.059)	0.151*** (0.037)	0.064 (0.056)
M1.1 家长期望			0.086** (0.050)	0.124*** (0.063)	0.117*** (0.039)	0.034 (0.057)

续表

	家庭关系	家长期望	学校质量	教育机会	家长参与	身心健康
M1.2 家长期望			0.109*** (0.048)	0.220*** (0.059)	0.158*** (0.037)	-0.078 (0.057)
M1　学校质量						0.337*** (0.028)
M1.1 学校质量						0.326*** (0.028)
M1.2 学校质量						-0.342*** (0.028)
M1　教育机会						-0.161 (0.040)
M1.1 教育机会						-0.308* (0.056)
M1.2 教育机会						0.143 (0.040)
M1　家长参与						0.390*** (0.053)
M1.1 家长参与						0.393*** (0.055)
M1.2 家长参与						-0.386*** (0.053)
M1 结构方程解释占比（%）	2.2	3.9	1.1	25.5	12.8	88.1
M1.1 结构方程解释占比（%）	0.5	6.1	0.8	41.8	12.8	90.1
M1.2 结构方程解释占比（%）	2.3	3.5	1.2	23.8	12.9	87.0
M1 简化方程解释占比（%）	2.2	3	0.04	21.3	8.8	57.3

续表

	家庭关系	家长期望	学校质量	教育机会	家长参与	身心健康
M1.1 简化方程解释占比（%）	0.5	5.0	0.04	40.4	9.0	37.3
M1.2 简化方程解释占比（%）	2.3	2.5	0.03	19.1	8.8	51.9

注：（1）行为自变量，列为因变量；（2）括号内为标准误。* $p<0.05$，** $p<0.01$，*** $p<0.001$。

（三）资产建设影响儿童行为表现的路径分析

关于资产建设对儿童行为表现的影响涉及三个结构方程模型，分别是广义资产建设（记为资产建设）对儿童行为表现的影响模型（记为M2），狭义资产建设（记为资产建设 1）对儿童行为表现的影响模型（记为 M2.1），以及家庭资产（记为资产建设 2）对儿童行为表现的影响模型（记为 M2.2）。图 2-7-1、图 2-7-2、图 2-7-3 和表 2-8 报告了结构模型 M2、M2.1 以及 M2.2 潜变量之间关系的结构路径、路径系数的检验结果及解释力。

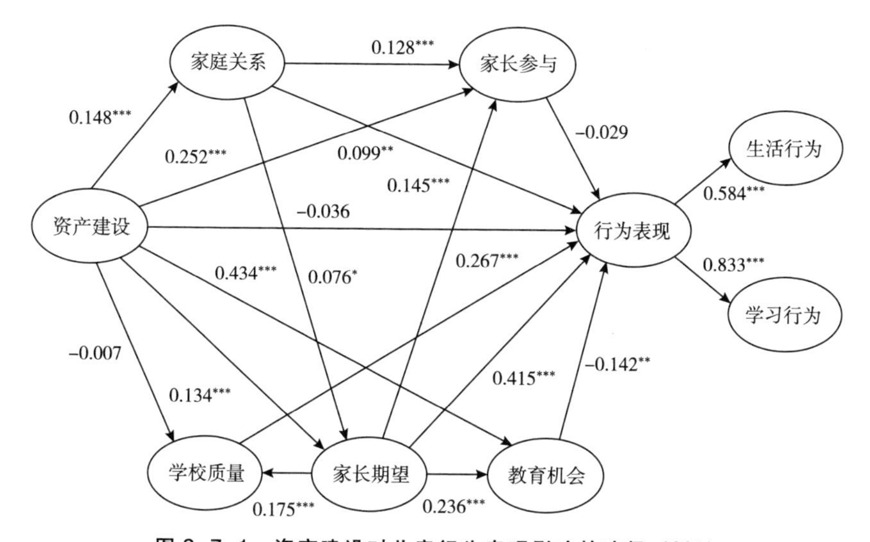

图 2-7-1　资产建设对儿童行为表现影响的路径（M2）

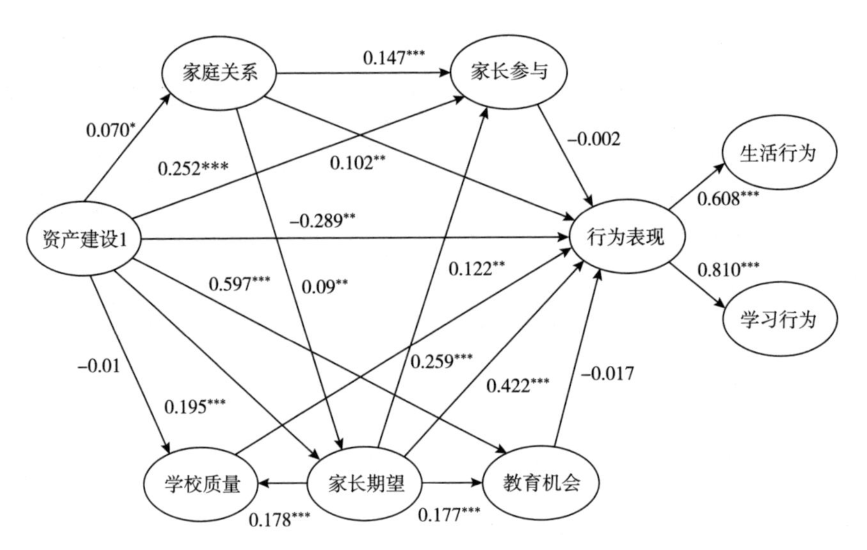

图 2-7-2　资产建设 1 对儿童行为表现影响的路径（M2.1）

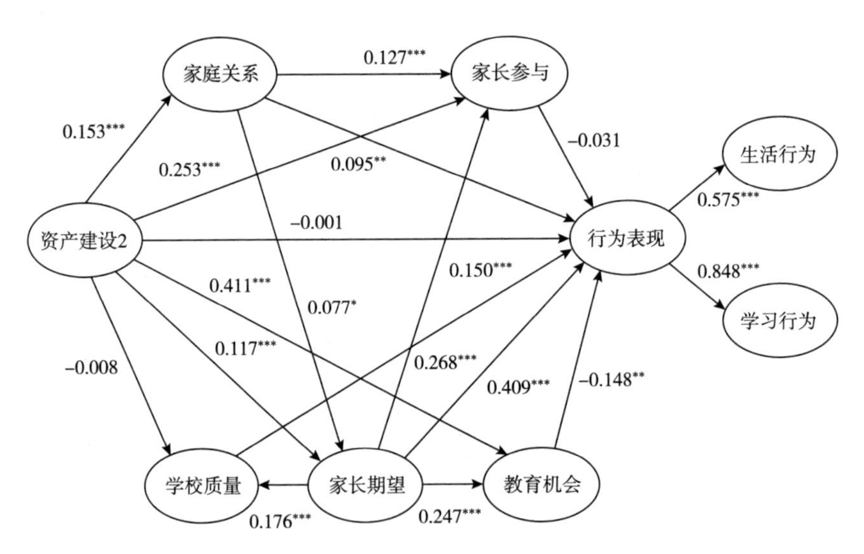

图 2-7-3　资产建设 2 对儿童行为表现影响的路径（M2.2）

结构模型 M2、M2.1、M2.2 分别解释了儿童行为表现变异的 29.7%、34.1%、29.0%，解释力均一般，其中核心解释变量广义资产建设、狭义资产建设以及家庭资产对儿童行为表现变异的解释力分别为 0.023%、3.5%、0.006%，除了狭义资产建设外，广义资产建设与家庭资产本身对儿童行为表现差异的解释力可忽略不计。

从路径系数及其检验来看，广义资产建设（资产建设）以及家庭资产（资产建设2）均对儿童行为表现不存在直接的显著性影响，而狭义资产建设（资产建设1）则对儿童行为表现具有直接的显著负效应。一方面可能主要反映了家庭资产建设行为挤压了对儿童生活行为与学习行为培养所需要投入的时间与精力的现实状况，另一方面反映了家庭社会经济地位对儿童行为表现的负面影响。李忠路、邱泽奇的研究发现家庭社会经济地位对儿童学习行为具有显著负效应（路径系数为-0.15），尽管家庭社会经济地位变量与家庭资产建设变量有很大差异，但二者也具有较强的相关性，这在很大程度上表明家庭环境较好的儿童在学习行为表现上往往不如家庭环境较差的儿童。①

虽然狭义资产建设（资产建设1）对儿童行为表现的直接效应为显著负相关，广义资产建设（资产建设）、家庭资产（资产建设2）对儿童行为表现的直接效应不存在，但三个模型对儿童行为表现的间接效应是存在的，均通过家庭关系、家长期望对儿童行为表现产生积极的正效应。

资产建设行为与资产本身对儿童行为表现的效应差异（尤其是直接效应差异）再次验证了资产建设效应与资产效应之间存在显著的差别，也再次表明资产建设效应理论与资产效应理论在解释儿童行为表现方面具有完全不同的解释能力。

表2-8　资产建设对儿童行为表现影响的路径系数（N=2834）

	家庭关系	家长参与	家长期望	学校质量	教育机会	行为表现	生活行为	学习行为
M2 资产建设	0.148*** (0.015)	0.252*** (0.014)	0.134*** (0.021)	-0.007 (0.017)	0.434*** (0.023)	-0.036 (0.015)		
M2.1 资产建设1	0.070* (0.039)	0.257*** (0.040)	0.195*** (0.058)	-0.010 (0.046)	0.597*** (0.087)	-0.289** (0.070)		

① 李忠路、邱泽奇：《家庭背景如何影响儿童学业成就？——义务教育阶段家庭社会经济地位影响差异分析》，《社会学研究》2016年第4期，第121~144、244~245页。

续表

	家庭关系	家长参与	家长期望	学校质量	教育机会	行为表现	生活行为	学习行为
M2.2 资产建设 2	0.153*** (0.015)	0.253*** (0.014)	0.117*** (0.021)	-0.008 (0.017)	0.411*** (0.023)	-0.001 (0.014)		
M2 家庭关系		0.128*** (0.021)	0.076* (0.033)			0.099** (0.015)		
M2.1 家庭关系		0.090*** (0.033)	0.147*** (0.022)			0.102** (0.016)		
M2.2 家庭关系		0.077* (0.033)	0.127*** (0.021)			0.095** (0.015)		
M2 家长期望		0.145*** (0.029)		0.175*** (0.041)	0.236*** (0.049)	0.415*** (0.033)		
M2.1 家长期望		0.122** (0.031)		0.178*** (0.043)	0.177*** (0.051)	0.422*** (0.034)		
M2.2 家长期望		0.150*** (0.029)		0.176*** (0.040)	0.247*** (0.049)	0.409*** (0.032)		
M2 学校质量						0.267*** (0.016)		
M2.1 学校质量						0.259*** (0.017)		
M2.2 学校质量						0.268*** (0.016)		
M2 教育机会						-0.142** (0.021)		
M2.1 教育机会						-0.017 (0.028)		
M2.2 教育机会						-0.148** (0.020)		
M2 家长参与						-0.029 (0.024)		

续表

	家庭关系	家长参与	家长期望	学校质量	教育机会	行为表现	生活行为	学习行为
M2.1 家长参与						-0.002 (0.026)		
M2.2 家长参与						-0.031 (0.024)		
M2 行为表现							0.584*** (0.047)	0.833*** (0.248)
M2.1 行为表现							0.608*** (0.049)	0.810*** (0.219)
M2.2 行为表现							0.575*** (0.046)	0.848*** (0.259)
M2 结构方程解释占比（%）	2.2	12.5	2.7	3.0	27.4	29.7	34.1	69.4
M2.1 结构方程解释占比（%）	0.5	12.5	4.9	3.1	43.1	34.1	37.0	65.7
M2.2 结构方程解释占比（%）	2.3	12.6	2.2	3.1	25.6	29.0	33.0	71.8
M2 简化方程解释占比（%）	2.2	8.5	2.1	0.06	21.7	0.023	34.1	69.4
M2.1 简化方程解释占比（%）	0.5	8.5	4.1	0.13	39.9	3.5	37.0	65.7
M2.2 简化方程解释占比（%）	2.3	8.5	1.7	0.05	19.6	0.006	33.0	71.8

注：（1）行为自变量，列为因变量；（2）括号内为标准误。* $p<0.05$，** $p<0.01$，*** $p<0.001$。

（四）资产建设影响儿童学业表现的路径分析

关于资产建设对儿童学业表现的效应也包括三个结构方程模型，分别是广义资产建设（记为资产建设）对儿童学业表现的影响模型（记为 M3），狭义资产建设（记为资产建设 1）对儿童学业表现的影响模型（记为 M3.1），以及家庭资产（记为资产建设 2）对儿童学业表现的影响模型（记为 M3.2）。图 2-8-1、图 2-8-2、图 2-8-3 和表 2-9 报告了结构模型 M3、M3.1 以及 M3.2 潜变量之间关系的结构路径、路径系数的检验结果及解释力。

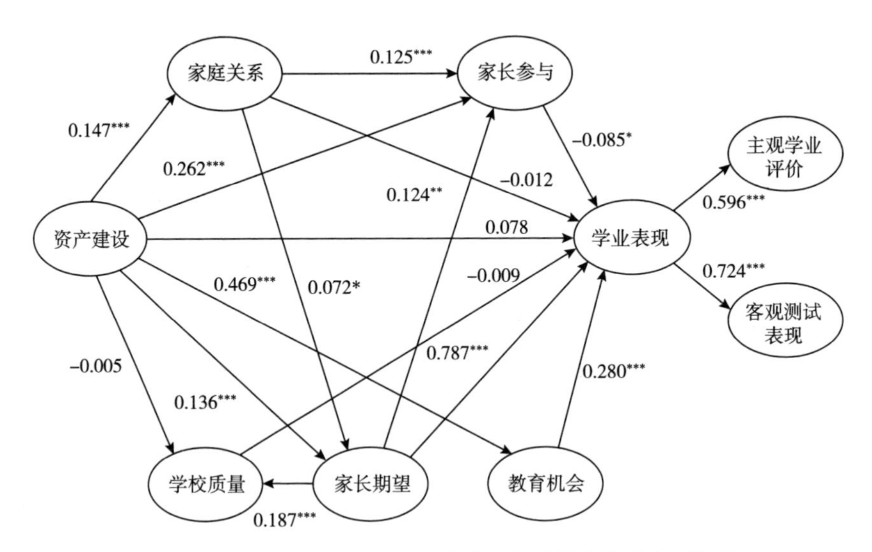

图 2-8-1　广义资产建设对儿童学业表现影响的路径（M3）

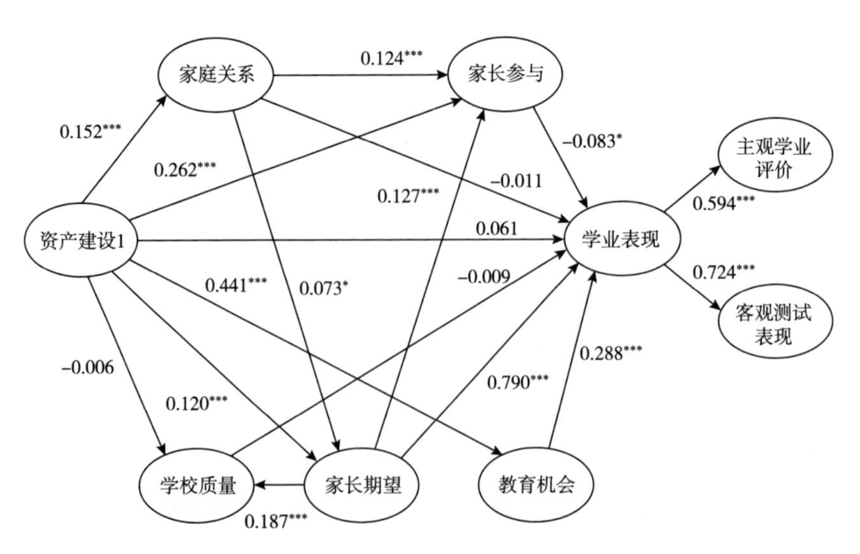

图 2-8-2　资产建设 1 对儿童学业表现影响的路径（M3.1）

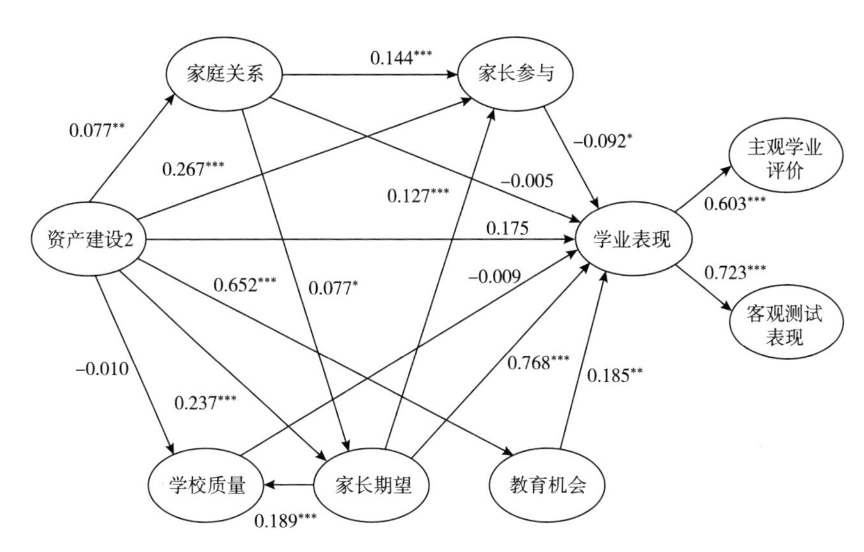

图 2-8-3　资产建设 2 对儿童学业表现影响的路径（M3.2）

结构模型 M3、M3.1、M3.2 分别解释了儿童学业表现变异的 96.4%、96.3%、97.0%，均具有极高的解释力，其中核心解释变量广义资产建设、狭义资产建设以及家庭资产对儿童学业表现变异的解释力分别为 4.9%、4.2%、7.8%。

从路径系数及其检验来看，广义资产建设（资产建设）、狭义资产建设（资产建设 1）、家庭资产（资产建设 2）均对儿童学业表现不存在直接的显著性效应，各自对儿童学业表现的显著性效应都是通过中介渠道实现的。

具体而言，资产建设对儿童学业表现的显著性效应均是通过家庭关系、家长期望、教育机会、家长参与来实现的。需要注意的是，其中通过家庭关系、家长期望与教育机会中介渠道实现显著性正效应，而通过家长参与中介渠道实现显著性负效应。这可能是因为资产建设实质性影响到家长参与的方式与内容，也可能是因为家长参与对儿童学业表现的影响模型并不是线性的，而是非线性的，不当或过度的家长参与会使儿童尤其是刚刚进入青春期的儿童产生强烈的逆反心理，进而影响学业表现。无独有偶，另一项利用 CEPS 数据所开展的相关研究也表明家长参与对儿童学业成绩具有显著负效应。①

资产建设行为与资产本身对儿童学业表现的效应完全同构，无论是直接路径还是间接路径均不存在显著性差异。在对儿童学业表现的影响上，资产建设效应理论与资产效应理论在解释力方面没有差别。

表 2-9　资产建设对儿童学业表现影响的路径系数（N=2834）

	家庭关系	教育机会	家长期望	学校质量	家长参与	学业表现	主观学业评价	客观测试表现
M3 资产建设	0.147*** (0.015)	0.469*** (0.023)	0.136*** (0.021)	-0.005 (0.017)	0.262*** (0.014)	0.078 (0.025)		
M3.1 资产建设 1	0.152*** (0.015)	0.441*** (0.023)	0.120*** (0.021)	-0.006 (0.016)	0.262*** (0.014)	0.061 (0.024)		
M3.2 资产建设 2	0.077** (0.034)	0.652*** (0.071)	0.237*** (0.051)	-0.010 (0.041)	0.267*** (0.036)	0.175 (0.097)		
M3 家庭关系			0.072* (0.035)		0.125*** (0.021)	-0.012 (0.026)		
M3.1 家庭关系			0.073* (0.035)		0.124*** (0.021)	-0.011 (0.026)		
M3.2 家庭关系			0.077* (0.034)		0.144*** (0.022)	0.077* (0.034)		
M3 家长期望				0.187*** (0.038)	0.124*** (0.027)	0.787*** (0.060)		
M3.1 家长期望				0.187*** (0.038)	0.127*** (0.027)	0.790*** (0.060)		
M3.2 家长期望				0.189*** (0.040)	0.100* (0.029)	0.768*** (0.062)		

① 陈俊言：《义务教育阶段家长教育期望对子女学业成绩影响的实证研究》，硕士学位论文，济南大学，2021。

续表

	家庭关系	教育机会	家长期望	学校质量	家长参与	学业表现	主观学业评价	客观测试表现
M3 学校质量						-0.009 (0.024)		
M3.1 学校质量						-0.009 (0.024)		
M3.2 学校质量						-0.009 (0.024)		
M3 教育机会						0.280*** (0.031)		
M3.1 教育机会						0.288*** (0.031)		
M3.2 教育机会						0.185** (0.043)		
M3 家长参与						-0.085* (0.042)		
M3.1 家长参与						-0.083* (0.042)		
M3.2 家长参与						-0.092* (0.043)		
M3 学业表现							0.596*** (0.056)	0.724*** (0.077)
M3.1 学业表现							0.594*** (0.056)	0.724*** (0.078)
M3.2 学业表现							0.603*** (0.055)	0.723*** (0.076)
M3 结构方程解释占比（%）	2.2	22.0	2.6	3.5	12.1	96.4	23.3	52.4
M3.1 结构方程解释占比（%）	2.3	19.5	2.3	3.5	12.1	96.3	23.2	52.5

续表

	家庭关系	教育机会	家长期望	学校质量	家长参与	学业表现	主观学业评价	客观测试表现
M3.2 结构方程解释占比（%）	0.6	42.5	6.5	3.5	12.4	97.0	23.8	52.3
M3 简化方程解释占比（%）	2.2	22.0	2.2	0.08	8.9	4.9	23.3	52.4
M3.1 简化方程解释占比（%）	2.3	19.5	1.7	0.06	8.9	4.2	23.2	52.5
M3.2 简化方程解释占比（%）	0.6	42.5	5.9	0.21	9.14	7.8	23.8	52.3

注：（1）行为自变量，列为因变量；（2）括号内为标准误。* $p<0.05$，** $p<0.01$，*** $p<0.001$。

（五）资产建设影响儿童自我期望的路径分析

关于资产建设对儿童自我期望的效应同样包括三个结构方程模型，分别是广义资产建设（记为资产建设）对儿童自我期望的影响模型（记为 M4），狭义资产建设（记为资产建设 1）对儿童自我期望的影响模型（记为 M4.1），以及家庭资产（记为资产建设 2）对儿童自我期望的影响模型（记为 M4.2）。图 2-9-1、图 2-9-2、图 2-9-3 和表 2-10 报告了结构模型 M4、M4.1 以及 M4.2 潜变量之间关系的结构路径、路径系数的检验结果及解释力情况。

结构模型 M4、M4.1、M4.2 分别解释了儿童自我期望变异的 64.8%、65.0%、64.6%，均具有较高的解释力，其中核心解释变量广义资产建设、狭义资产建设以及家庭资产对儿童自我期望变异的解释力分别为 9.5%、8.9%、1.6%。

从路径系数及其检验来看，广义资产建设（资产建设）、狭义资产

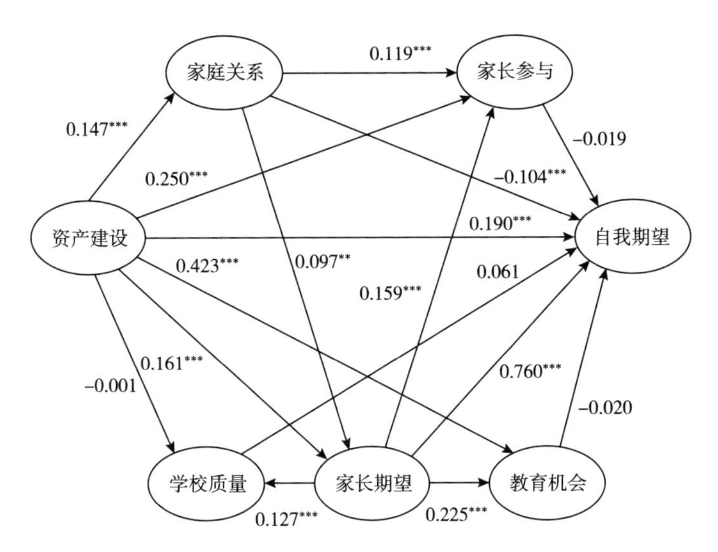

图 2-9-1　资产建设对儿童自我期望影响的路径（M4）

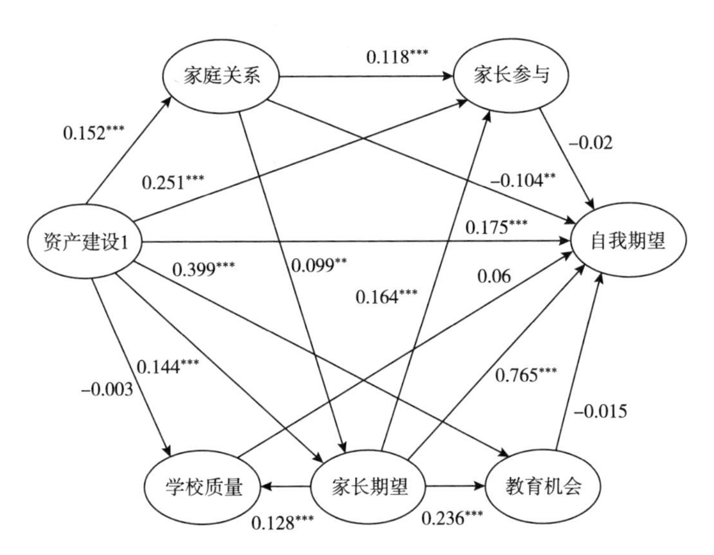

图 2-9-2　资产建设 1 对自我期望影响的路径（M4.1）

建设（资产建设 1）、家庭资产（资产建设 2）均对儿童自我期望既存在直接的显著性影响，也存在显著的间接影响。

就中介机制而言，资产建设主要通过家长期望对儿童自我期望产生显著正效应，通过家长参与、教育机会、学校质量中介通道均对儿童自我期望不具有显著性影响，而通过家庭关系对儿童自我期望具有显著负

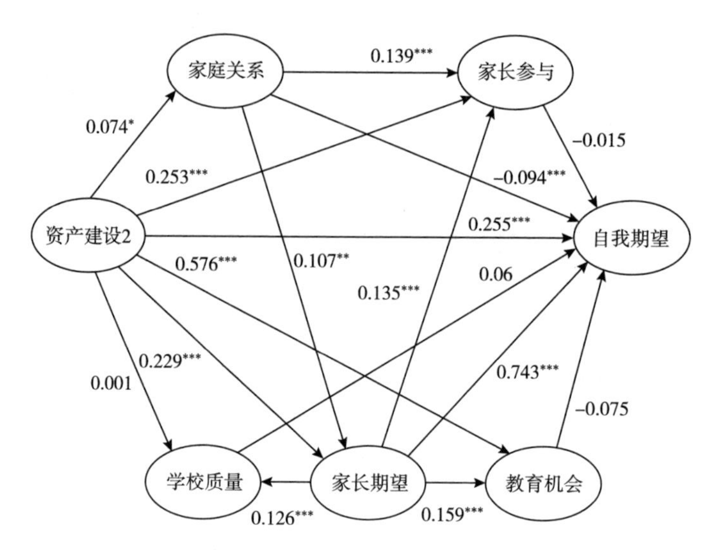

图 2-9-3　资产建设 2 对自我期望影响的路径（M4.2）

效应。这可能反映了现实中家庭关系越好对儿童自我期望的提升越具有显著的抑制效应，也可能反映出家庭关系与儿童自我期望并非模型所设定的线性关系。

资产建设行为与资产本身对儿童自我期望的效应也基本同构，无论是直接路径还是间接路径效应的方向、大小及其显著性状况基本一致。在对儿童自我期望的影响上，资产建设效应理论与资产效应理论在解释力方面同样没有差别。

表 2-10　资产建设对儿童自我期望影响的路径系数（N=2834）

	家庭关系	家长期望	学校质量	教育机会	家长参与	自我期望
M4 资产建设	0.147*** (0.015)	0.161*** (0.015)	0.250*** (0.014)	-0.001 (0.017)	0.423*** (0.023)	0.190*** (0.021)
M4.1 资产建设 1	0.152*** (0.015)	0.144*** (0.015)	0.251*** (0.014)	-0.003 (0.017)	0.399*** (0.023)	0.175*** (0.021)
M4.2 资产建设 2	0.074* (0.061)	0.229*** (0.074)	0.253*** (0.071)	0.001 (0.070)	0.576*** (0.174)	0.255*** (0.133)

续表

	家庭关系	家长期望	学校质量	教育机会	家长参与	自我期望
M4 家庭关系		0.097** (0.024)	0.119*** (0.021)			-0.104** (0.022)
M4.1 家庭关系		0.099** (0.024)	0.118*** (0.021)			-0.104** (0.022)
M4.2 家庭关系		0.107*** (0.024)	0.139*** (0.022)			-0.094** (0.022)
M4 家长期望			0.159*** (0.036)	0.127*** (0.046)	0.225*** (0.057)	0.760*** (0.076)
M4.1 家长期望			0.164*** (0.036)	0.128*** (0.046)	0.236*** (0.057)	0.765*** (0.077)
M4.2 家长期望			0.135*** (0.038)	0.126*** (0.048)	0.159*** (0.059)	0.743*** (0.075)
M4 学校质量						0.061 (0.019)
M4.1 学校质量						0.060 (0.019)
M4.2 学校质量						0.060 (0.018)
M4 教育机会						-0.020 (0.029)
M4.1 教育机会						-0.015 (0.029)
M4.2 教育机会						-0.075 (0.036)
M4 家长参与						-0.019 (0.035)
M4.1 家长参与						-0.020 (0.035)
M4.2 家长参与						-0.015 (0.034)

续表

	家庭关系	家长期望	学校质量	教育机会	家长参与	自我期望
M4 结构方程解释占比（%）	20.2	40.0	12.9	1.6	26.3	64.8
M4.1 结构方程解释占比（%）	2.3	3.5	13.0	1.6	24.5	65.0
M4.2 结构方程解释占比（%）	0.6	6.8	12.8	1.6	40.1	64.6
M4 简化方程解释占比（%）	2.2	3.1	8.7	0.05	21.4	9.5
M4.1 简化方程解释占比（%）	2.3	2.5	8.7	0.04	19.1	8.9
M4.2 简化方程解释占比（%）	0.6	5.6	8.7	0.09	37.7	1.6

注：（1）行为自变量，列为因变量；（2）括号内为标准误。* $p<0.05$，** $p<0.01$，*** $p<0.001$。

小 结

本章试图在资产效应理论与资产建设效应理论的基础上构建结构方程模型，运用 CFPS 2018 数据实证研究资产建设对儿童发展主要维度的具体效应及其影响路径，进而检验资产效应理论与资产建设效应理论在解释儿童发展主要维度变异上的各自能力。本章主要研究发现概述如下。

第一，资产建设对儿童身心健康、行为表现、学业表现以及自我期望等儿童发展的关键维度都具有显著的正效应，而家庭资产也（只）对儿童行为表现、学业成绩以及自我期望具有显著的正效应。不仅如此，广义资产建设、狭义资产建设以及家庭资产本身对家庭关系、家长参与、家长期望也都具有显著正效应。这在一定程度上验证了资产效应理论与资产建设效应理论中“促进家庭稳定”“创造未来取向”“增进后代福利”等关键命题。

①资产建设行为对儿童身心健康、行为表现、学业成绩以及自我期望等儿童发展的关键维度都具有显著的正效应，但儿童发展不同维度的具体影响路径存在显著不同。资产建设行为对儿童身心健康、自我期望均具有直接的正效应，对身心健康也通过家庭关系、家长参与、家长期望产生积极的中介效应；对学业表现不具有直接的正效应，主要通过家庭关系、家长期望、教育机会产生正效应，而通过家长参与产生了显著负效应；对儿童自我期望仅通过家长期望产生正效应。②家庭资产本身仅对儿童行为表现、学业表现以及自我期望产生正效应，而对儿童身心健康产生了负效应。家庭资产本身对儿童身心健康产生直接负效应，不仅如此，在中介效应通道中，通过家庭关系、家长参与对儿童身心健康也产生负效应。③就资产建设对儿童身心健康、行为表现的效应而言，资产建设效应与资产效应之间存在显著的差别，区分资产建设效应与资产效应是有效的。家庭资产本身仅对行为表现、学业成绩以及自我期望产生显著正效应，而对家庭资产本身以及区分资产效应与资产建设效应具有重要的理论与政策意涵。

第二，资产建设对儿童发展主要维度效应的具体路径存在显著的不同。具体而言，①广义资产建设与狭义资产建设对儿童身心健康存在直接的正效应，也通过家庭关系、家长参与、家长期望产生间接的正效应。②广义资产建设与家庭资产本身对儿童行为表现不存在直接效应，主要是通过家庭关系、家长参与、家长期望对儿童行为表现产生间接的正效应，而狭义资产建设则不仅对儿童行为表现具有直接的正效应，而且也通过家庭关系、家长参与、家长期望对儿童行为表现产生间接的正效应。③无论是广义资产建设，还是狭义资产建设，抑或是家庭资产本身对儿童学业表现都不存在直接效应，而均是通过家庭关系、家长参与、家长期望对儿童学业表现产生影响。④广义资产建设、狭义资产建设以及家庭资产本身对儿童自我期望的影响不仅具有显著的直接正效应，而且也通过家长期望对儿童自我期望产生正效应，但通过家长参与则对儿童自我期望产生显著负效应。

第三，就资产建设对儿童身心健康、行为表现的效应而言，资产建设效应与资产效应之间存在显著的差别，区分资产建设效应与资产效应是有效的。值得注意的是，广义资产建设与狭义资产建设对儿童身心健康、行为表现都具有显著的正效应，也通过家庭关系、家长参与、家长期望中介机制发挥积极效应；而家庭资产本身对儿童身心健康具有显著的直接负效应，不仅如此，在中介效应通道中，通过家庭关系、家长参与对儿童身心健康也产生显著负效应。这说明资产建设对儿童身心健康的积极效应主要是由狭义资产建设贡献的，家庭资产本身并没有对儿童身心健康产生预期的积极效应，相反，还产生了显著的负效应。另外，狭义资产建设尽管对儿童行为表现总体上具有显著的正效应，但在直接效应通道中具有显著负效应，而家庭资产本身对儿童行为表现的直接效应不显著。资产建设行为与资产本身对儿童身心健康、行为表现产生的效应的差异（尤其是直接效应差异）验证了资产建设效应与资产效应之间存在显著的差别，也表明资产建设效应理论与资产效应理论在解释儿童行为表现方面并不具有相同的解释能力，在解释儿童身心健康、行为表现方面具有完全不同的解释路径。就资产建设对儿童身心健康、行为表现的效应而言，有充分的理由区分资产建设效应与资产效应概念，进一步区分资产建设效应理论与资产效应理论。

第四，需要进一步改进的方面至少有以下几点。①个别测量指标有瑕疵，具体参考测量变量拟合情况说明部分。②结构方程模型预设了各变量间的关系为线性，从理论与实证结果来看，家长参与对儿童学业表现的显著负效应可能表明家长参与对儿童学业表现的因果模型不是线性的。③通过截面数据来探讨因果效应有自身的局限性，主要是理论所确定的因果模型利用截面数据只能进行一定程度的检验，难以确定具体因果效应。从截面观测数据中进行因果效应探讨，可进一步采取“Do演算”（Do-Caculus）、“反事实算法”（Counterfactual Algorithm）等“因果革命”（Causal Revolution）新思维、新思路、新方法进行相应演算与验证，[1] 以求更精确地探讨资产建设对儿童发展的具体效应。④对资产效应理论与资产建设效应理论的验证及其对儿童发展效应的探讨，应拓展到其他相应经验数据中展开，以求多方对比交叉验证。

---

① Judea Pearl & Dana Mackenzie. *The Book of Why: The New Science of Cause and Effect* (New York: Basic Books, 2018).

第三章
贫困家庭儿童发展账户参与意愿和参与能力

本章主要通过问卷调查法与结构式访谈法，实证研究贫困家庭儿童发展账户参与意愿、参与能力状况及其主要影响因素，为构建符合我国国情的贫困家庭儿童发展账户政策机制奠定实证基础，为科学合理设定儿童发展账户政策模拟参数提供参考依据。

一　问题的提出

儿童发展账户的参与意愿和参与能力通常受到多种因素的影响。国外相关研究表明，政策制度因素本身会对人们参与儿童发展账户的意愿与能力产生深远影响。政策制度在塑造持续资产积累模式方面发挥重要作用，提供制度性的支持比金融知识、家庭收入等更能改变个体储蓄和积累资产的行为。[①] 同时，儿童发展账户的设计模式会显著影响家庭尤

① Sherraden, M., Schreiner, M. & Beverly, S. "Income, Institutions, and Saving Performance in Individual Development Account." *Economic Development Quarterly* (2003) 1: 95 – 112; Huang, J., Nam, Y. & Sherraden, M. "Financial Knowledge and Child Development Account Policy: A Test of Financial Capability." *Journal of Consumer Affairs* (2012) 1: 1 – 26; 桑德拉·贝福利、玛格丽特·科蓝西、迈克尔·史乐山、郭葆荣、黄进、邹莉：《普适性的儿童发展账户：美国 SEED-OK 政策实验的早期研究经验》，《浙江工商大学学报》2015 年第 6 期，第 119~126 页。

其是贫困家庭参与儿童发展账户的意愿与能力。有研究表明，儿童发展账户的自动储蓄功能增加了家长对儿童中学后的教育储蓄，进而大大增加了儿童拥有未来教育资产的可能性，尤其是对弱势儿童而言。[①]除了政策制度因素外，家庭因素也是影响儿童发展账户参与意愿与能力的关键因素。在家庭特征中，家庭收入、家庭金融知识和能力等因素显著影响儿童发展账户的参与。有研究指出，缺乏足够的经济资源会制约儿童发展账户的开设。[②] 也有研究发现，农村家庭儿童发展账户的开设意愿并没有受到家庭经济水平、父母学历等因素的显著影响，家长对孩子未来发展的信心是影响其账户开设意愿的重要因素。[③] Blumenthal 和 Shanks 进一步指出，父母和子女间的共同愿景和沟通影响家庭儿童发展账户的持有率和储蓄率。[④] 此外，较高的金融可及性以及较好的金融知识储备有助于开展儿童发展账户相关项目，[⑤] 短期的金融知识培训可以

---

① Beverly, S. G. , Elliott, W. & Sherraden, M. "Child Development Accounts and College Success: Accounts, Assets, Expectations, and Achievements." (CSD Perspective 13-27, 2013). St. Louis: Washington University Center for Social Development. Clancy, M. M. , Beverly, S. G. , Sherraden, M. , et al. "Testing Universal Child Development Accounts: Financial Effects in A Large Social Experiment." *Social Service Review* (2016)4: 683-708. Loya, R. , Garber, J. & Santos, J. "Levers for Success: Key Features and Outcomes of Children's Savings Account Programs: A Literature Review." Institute on Assets and Social Policy, 2017. Beverly, S. , Huang, J. , Clancy, M. M. , et al. "Policy Design for Child Development Accounts: Parents' Perceptions." (CSD Research Brief No. 22 - 03, 2022). St. Louis: Washington University Center for Social Development. Clancy, M. M. , Beverly, S. G. , Schreiner, M. , et al. "Financial Facts: SEED OK Child Development Accounts at Age 14." (CSD Fact Sheet 22-20, 2022). St. Louis: Washington University Center for Social Development.

② 桑德拉·贝福利、玛格丽特·科蓝西、迈克尔·史乐山、郭葆荣、黄进、邹莉：《普适性的儿童发展账户：美国 SEEDOK 政策实验的早期研究经验》，《浙江工商大学学报》2015 年第 6 期，第 119~126 页。

③ 邓锁：《贫困代际传递与儿童发展政策的干预可行性研究——基于陕西省白水县的实证调研数据》，《浙江工商大学学报》2016 年第 2 期，第 118~128 页。

④ Blumenthal, A. & Shanks, T. R. "Communication Matters: A Long-term Follow-up Study of Child Savings Account Program Participation." *Children and Youth Services Review* (2019) 100: 136-146.

⑤ 邓锁：《贫困代际传递与儿童发展政策的干预可行性研究——基于陕西省白水县的实证调研数据》，《浙江工商大学学报》2016 年第 2 期，第 118~128 页。

显著改善儿童和家庭的储蓄态度和行为。[①] 另外，社会支持性因素是影响家庭参与儿童发展账户的重要变量。儿童发展账户的独特价值在于项目对儿童的财政投资，以及使儿童和家庭经常接触有关规划、储蓄和对未来高期望的信息，这些信息被纳入学校教育和社区机构，在儿童的成长过程中不断强化。[②] 同时，儿童发展账户的设计也应该使储蓄与其他金融支持挂钩，与更广泛的金融和社会服务相结合，即使这些储蓄相对较少。[③] 儿童发展账户政策必须以建立信任和鼓励家庭持续参与的方式实施，并实施以家庭、学校和社区参与为重点的计划，否则这些福利将主要流向那些能够在没有额外支持的情况下为子女未来储蓄和投资的人。[④]

既有相关研究表明政策制度设计本身、家庭特征以及社会支持性因素等通常会显著影响家庭尤其是贫困家庭参与儿童发展账户的意愿与能力。但既有研究大多局限于国外学者基于各自国家的本土经验所开展的实证研究，针对我国儿童发展账户尤其是贫困家庭儿童发展账户参与意愿与能力及其相关因素的专题研究仍然十分匮乏。在贫困家庭儿童发展账户建构研究中，我们迫切需要在实证调查研究的基础上深入探讨贫困家庭儿童发展账户的参与意愿、参与能力及其相关影响因素，为我国贫

---

① Supanantaroek, S., Lensink, R. & Hansen, N. "The Impact of Social and Financial Education on Savings Attitudes and Behavior among Primary School Children in Uganda." *Evaluation Review* (2017) 6: 511-541. Copur, Z. & Gutter, M. S. "Economic, Sociological, and Psychological Factors of the Saving Behavior: Turkey Case." *Journal of Family and Economic Issues* (2019) 2: 305-322.

② Sherraden, M. S., Johnson, L., Elliott Ⅲ, W., et al. "School-based Children's Saving Accounts for College: The I Can Save Program." *Children and Youth Services Review* (2007) 3: 294-312. Blumenthal, A. & Shanks, T. R. "Communication Matters: A Long-term Follow-up Study of Child Savings Account Program Participation." *Children and Youth Services Review* (2019) 100: 136-146.

③ 邓锁：《资产建设与跨代干预：以“儿童发展账户”项目为例》，《社会建设》2018 年第 6 期，第 24~35 页；黄进、邹莉、周玲：《以资产建设为平台整合社会服务：美国儿童发展账户的经验》，《社会建设》2021 年第 2 期，第 54~63 页。

④ Beer, A., Ajinkya, J. & Rist, C. "Better Together: Policies That Link Children's Savings Accounts with Access Initiatives to Pave the Way to College." Institute for Higher Education Policy, 2017.

困家庭儿童发展账户构建提供重要的实证基础，为相关政策模拟参数提供必要的经验依据。

二　研究方法

针对上述研究目的与问题，本章主要综合使用质性研究方法与量化研究方法相融合的混合研究方法来深入探讨我国儿童发展账户的参与意愿、参与能力及其相关影响因素。具体而言，针对质性研究方法，主要采取结构式访谈法收集一手资料开展质性研究，所运用的质性分析软件为 Nvivo 10.0；针对量化研究方法，主要通过问卷调查法收集一手数据开展统计分析，所使用的统计分析软件为 Stata 15.0。

（一）结构式访谈法

本章主要使用结构式访谈法收集质性资料，在对访谈样本的选择上，主要基于家庭收入、家庭成员职业以及家庭结构类型等因素进行分类立意抽取，访谈样本的数量主要基于信息饱和原则，尽可能多地收集丰富深入的一手数据。本研究于 2018 年 2~7 月、2019 年 5~9 月先后在济南、泰安、聊城、菏泽等地深入访谈了 78 户有儿童的贫困家庭，最终整理出近百万字的访谈逐字稿，获得了丰富的一手访谈资料，为全面深入地把握贫困家庭儿童教育发展状况尤其是贫困家庭儿童发展账户的参与意愿和参与能力及其影响因素奠定了坚实的质性研究资料基础。被访者及其家庭成员信息如表 3-1 所示。

从家庭基本人口统计学特征来看，受访的 78 户家庭中，有 67 户在婚家庭、4 户离异家庭；有 53 个核心家庭、14 个主干家庭；有 40 个一孩家庭、38 个二孩家庭；有 50 个有女性儿童的家庭、68 个有男性儿童的家庭。

表 3–1 被访者及其家庭成员信息

家庭编号	家庭成员编号	被访家庭成员关系（以儿童为基准）	性别	年龄（岁）	学历	家庭编号	家庭成员编号	被访家庭成员关系（以儿童为基准）	性别	年龄（岁）	学历
01（DL01）	（01）	本人	男	14	小学	08（DL10）	（01）	本人	男	14	初中
	02	妈妈	女	41	大专		（02）	妈妈	女	43	大专
	03	奶奶	女	72	—	09（DL11）	（01）	本人	男	12	小学
	（04）	爷爷	男	68	—		（02）	爸爸	男	45	高中
02（DL02）	（01）	本人	男	11	小学		03	妈妈	女	38	初中
	02	妈妈	女	42	高中	10（DL13）	（01）	本人	男	11	小学
	（03）	爸爸	男	40	大专		02	爸爸	男	47	小学
03（DL04）	（01）	本人	男	11	小学		（03）	妈妈	女	46	小学
	02	爸爸	男	52	高中	11（DL14）	（01）	本人	男	11	小学
	（03）	妈妈	女	49	小学		02	妈妈	女	51	本科
	（04）	奶奶	女	85	—		（03）	爸爸	男	55	本科
04（DL05）	（01）	本人	女	12	小学	12（HPL01）	（01）	本人	女	11	小学
	（02）	妈妈	女	44	初中		02	妈妈	女	42	初中
05（DL07）	（01）	本人	男	10	小学		（03）	爸爸	男	42	初中
	02	爸爸	男	45	中专	13（HPL02）	（01）	本人	男	10	小学
	（03）	妈妈	女	40	初中		02	爸爸	男	50	中专
	（04）	爷爷	男	80	—		（03）	妈妈	女	47	初中
06（DL08）	（01）	本人	女	7	小学	14（HPL03）	（01）	本人	男	11	初中
	02	妈妈	女	38	大专		02	爷爷	男	66	大专
	（03）	姥爷	男	66	—		（03）	奶奶	女	67	初中
	（04）	姥姥	女	68	—		（04）	姐姐	女	14	初中
07（DL09）	（01）	本人	男	9	小学	15（HPL04）	（01）	本人	女	8	小学
	02	爸爸	男	41	本科		02	妈妈	女	38	自考本
	（03）	妈妈	女	39	研究生		（03）	弟弟	男	3	无

续表

家庭编号	家庭成员编号	被访家庭成员关系（以儿童为基准）	性别	年龄（岁）	学历
16（HPL05）	（01）	本人	男	14	初中
	02	妈妈	女	43	中专
	（03）	妹妹	女	5	幼儿园
	（04）	爸爸	男	47	中专
17（HPL06）	（01）	本人	男	9	小学
	02	姥姥	女	65	初中
	（03）	妈妈	女	36	本科
	（04）	爸爸	男	44	大专
	（05）	姥爷	男	65	大专
18（HPL07）	（01）	本人	女	9	小学
	02	妈妈	女	37	专科
	（03）	爸爸	男	41	本科
19（HPL08）	（01）	本人	男	10	小学
	02	妈妈	女	44	本科
	（03）	姥姥	女	74	小学
20（HPL10）	（01）	本人	女	13	初中
	02	爸爸	男	45	大专
	（03）	妈妈	女	40	职高
21（HPL11）	（01）	本人	男	7	小学
	（02）	妈妈	女	48	初中
22（HPL12）	（01）	本人	男	7	小学
	02	妈妈	女	35	大专
	（03）	姥爷	男	64	高中
	（04）	姥姥	女	59	高中
	（05）	弟弟	男	1	无
23（HPL13）	（01）	本人	女	13	初中
	02	爸爸	男	43	大学
	（03）	妈妈	女	40	中专
24（HPL14）	（01）	本人	男	4	—
	02	妈妈	女	33	研究生
	（03）	爸爸	男	37	大学
25（HPL15）	（01）	本人	男	10	小学
	02	姥姥	女	65	高中
	（03）	姥爷	男	70	小学
26（HPL16）	（01）	本人	女	13	初中
	02	妈妈	女	41	初中
	（03）	爸爸	男	40	初中
	（04）	爷爷	男	—	—
	（05）	妹妹	女	10	小学
27（HPL17）	（01）	本人	男	9	小学
	02	妈妈	女	36	高中
	（03）	爸爸	男	43	大专
	（04）	弟弟	男	6	无
28（HPL18）	（01）	本人	女	6.5	小学
	02	妈妈	女	40	本科
	（03）	爸爸	男	43	大专
29（HPL19）	（01）	本人	女	10	小学
	02	妈妈	女	38	本科
	（03）	爸爸	男	42	研究生
	（04）	妹妹	女	5	幼儿园
30（HPL20）	（01）	本人	女	11	小学
	02	妈妈	女	45	大专
	（03）	爸爸	男	48	大专

续表

家庭编号	家庭成员编号	被访家庭成员关系（以儿童为基准）	性别	年龄（岁）	学历
31（HPL21）	（01）	本人	女	9	小学
	02	妈妈	女	42	大专
	（03）	爸爸	男	62	大专
32（HPL22）	（01）	本人	男	10	小学
	02	妈妈	女	32	大专
	（03）	爸爸	男	33	初中
	（04）	弟弟	男	3个月	无
33（HPL23）	（01）	本人	男	8	小学
	02	妈妈	女	28	小学
	（03）	爸爸	男	32	小学
	（04）	弟弟	男	11个月	无
34（HPL24）	（01）	本人	男	12	初中
	02	爸爸	男	50	初中
	（03）	妈妈	女	44	小学
	（04）	姐姐	女	16	中专
35（HPL25）	（01）	本人	男	12	小学
	02	妈妈	女	32	无
	（03）	爸爸	男	33	小学
	（04）	弟弟	男	4	幼儿园
	（05）	爷爷	男	68	无
	（06）	奶奶	女	60	无
36（HPL26）	（01）	本人	男	14	初中
	02	妈妈	女	40	小学
	（03）	爸爸	男	48	小学
37（HPL27）	（01）	本人	男	14	初中
	02	爸爸	男	60	无
	（03）	妈妈	女	50	大专
38（SLLH01）	（01）	本人	男	10	小学
	02	姥姥	女	72	—
	03	舅舅	男	—	—
	（04）	妈妈	女	46	初中
	（05）	爸爸	男	—	—
39（SLLH02）	（01）	本人	女	11	小学
	02	妈妈	女	39	初中
	03	爸爸	男	40	初中
	（04）	弟弟	男	3	—
40（SLLH03）	（01）	本人	女	11	小学
	02	姥姥	女	68	高中
	03	姥爷	男	69	初中
	04	妈妈	女	35	中专
	（05）	爸爸	男	42	初中
41（SLLH04）	（01）	本人	男	12	小学
	02	妈妈	女	39	小学
	（03）	爸爸	男	38	初中
42（SLLH05）	（01）	本人	男	10	小学
	02	爸爸	男	39	初中
	（03）	妈妈	女	40	本科

续表

家庭编号	家庭成员编号	被访家庭成员关系（以儿童为基准）	性别	年龄（岁）	学历	家庭编号	家庭成员编号	被访家庭成员关系（以儿童为基准）	性别	年龄（岁）	学历
43（SLLH06）	（01）	本人	女	9	小学	49（SLLH12）	（01）	本人	男	10	小学
	02	妈妈	女	32	初中		02	妈妈	女	36	大专
	（03）	爸爸	男	34	初中		（03）	爸爸	男	37	大专
	（04）	弟弟	男	4	幼儿园		（04）	妹妹	女	3	幼儿园
44（SLLH07）	（01）	本人	男	9	小学	50（SLLH13）	（01）	本人	男	9	小学
	02	妈妈	女	41	高中		02	爸爸	男	32	初中
	（03）	爸爸	男	43	高中		（03）	妈妈	女	34	初中
	（04）	姐姐	女	15	初中	51（SLLH14）	（01）	本人	男	10	小学
45（SLLH08）	（01）	本人	男	9	小学		02	姑姑	女	26	高中
	02	妈妈	女	37	小学		（03）	爷爷	男	50	初中
	（03）	爸爸	男	44	初中		（04）	奶奶	女	52	初中
	（04）	哥哥	男	20	大学		（05）	爸爸	男	28	初中
46（SLLH09）	（01）	本人	女	11	小学		（06）	妈妈	女	29	初中
	02	妈妈	女	35	小学		（07）	弟弟	男	8	小学
	03	爸爸	男	35	初中	52（SLLH15）	（01）	本人	男	11	小学
	（04）	弟弟	男	4	幼儿园		02	妈妈	女	33	小学
47（SLLH10）	（01）	本人	男	9	小学		（03）	爸爸	男	36	初中
	02	妈妈	女	39	中专	53（SLLH16）	（01）	本人	女	9	小学
	（03）	爸爸	男	38	高中		02	妈妈	女	37	中专
	（04）	弟弟	男	1	无		（03）	弟弟	男	3	无
48（SLLH11）	（01）	本人	女	10	小学		（04）	爸爸	男	35	初中
	02	妈妈	女	35	初中						
	（03）	爸爸	男	34	高中						
	（04）	弟弟	男	4	无						

续表

家庭编号	家庭成员编号	被访家庭成员关系（以儿童为基准）	性别	年龄（岁）	学历
54（SLLH17）	（01）	本人	男	11	小学
	02	妈妈	女	40	初中
	（03）	爸爸	男	43	初中
	（04）	姐姐	女	17	高中
55（SLLH18）	（01）	本人	男	10	小学
	02	妈妈	女	36	高中
	（03）	爸爸	男	39	高中
56（SLLH19）	（01）	本人	女	9	小学
	02	妈妈	女	40	初中
	（03）	爸爸	男	42	初中
	（04）	姐姐	女	15	初中
57（SLLH20）	（01）	本人	男	9	小学
	02	妈妈	女	46	初中
	（03）	爸爸	男	48	中专
	（04）	姐姐	女	18	初中
58（SLLH21）	（01）	本人	女	10	小学
	02	妈妈	女	46	初中
	03	弟弟	男	8	小学
	（04）	爸爸	男	31	初中
	（05）	爷爷	男	60	小学
	（06）	奶奶	女	58	无
59（SLLH22）	（01）	本人	女	11	小学
	02	妈妈	女	45	小学
	（03）	爸爸	男	50	小学
	（04）	爷爷	男	80	大专
	（05）	哥哥	男	18	大专
60（SLLH23）	（01）	本人	男	12	小学
	02	妈妈	女	40	初中
	（03）	爸爸	男	40	初中
	（04）	姐姐	女	18	—
61（SLLH24）	（01）	本人	男	9	小学
	02	妈妈	女	31	初中
	（03）	爸爸	男	33	初中
62（SLLH25）	（01）	本人	男	8	小学
	02	妈妈	女	40	初中
	（03）	姐姐	女	14	初中
63（SLLH26）	（01）	本人	女	8	小学
	02	妈妈	女	36	初中
	（03）	爸爸	男	33	高中
	（04）	妹妹	女	5	幼儿园
64（SLLH27）	（01）	本人	男	12	小学
	02	妈妈	女	40	中专
	（03）	爸爸	男	40	大专
	（04）	妹妹	女	4	幼儿园

续表

家庭编号	家庭成员编号	被访家庭成员关系（以儿童为基准）	性别	年龄（岁）	学历
65（SLLH28）	（01）	本人	女	7	小学
	02	妈妈	女	34	中专
	（03）	爸爸	男	35	大专
	（04）	爷爷	男	57	初中
	（05）	奶奶	女	58	初中
66（SLLH29）	（01）	本人	男	10	小学
	02	妈妈	女	39	本科
	（03）	爸爸	男	40	大专
	（04）	爷爷	男	62	初中
	（05）	奶奶	女	61	—
67（SLLH30）	（01）	本人	女	11	小学
	02	妈妈	女	35	大专
	（03）	爸爸	男	36	大专
68（SLLH31）	（01）	本人	女	10	小学
	02	妈妈	女	32	高中
	（03）	爸爸	男	35	高中
69（SLLH32）	（01）	本人	男	11	小学
	02	妈妈	女	37	中专
	（03）	爸爸	男	39	中专
70（SLLH33）	（01）	本人	男	10	小学
	02	妈妈	女	40	小学
	（03）	爸爸	男	41	高中
	（04）	哥哥	男	15	初中
71（SLLH34）	（01）	本人	女	8	小学
	02	妈妈	女	32	高中
	（03）	爸爸	男	43	本科
	（04）	弟弟	男	2	无
72（SLLH35）	（01）	本人	女	9	小学
	02	妈妈	女	33	中专
	（03）	爸爸	男	37	中专
	（04）	妹妹	女	3	无
73（SLLH36）	（01）	本人	女	10	小学
	02	妈妈	女	37	高中
	（03）	爸爸	男	37	初中
	（04）	姐姐	女	10	小学
74（SLLH37）	（01）	本人	女	9	小学
	02	妈妈	女	36	初中
	（03）	爸爸	男	38	初中
	（04）	弟弟	男	7	小学
75（SLLH38）	（01）	本人	男	7	小学
	02	妈妈	女	32	小学
	（03）	爸爸	男	34	初中
	（04）	弟弟	男	16个月	无
76（SLLH39）	（01）	本人	男	8	小学
	02	奶奶	女	64	无
	03	妈妈	女	31	小学
	（04）	爸爸	男	33	初中
	（05）	爷爷	男	62	小学
	（06）	弟弟	男	9个月	无

续表

家庭编号	家庭成员编号	被访家庭成员关系（以儿童为基准）	性别	年龄（岁）	学历	家庭编号	家庭成员编号	被访家庭成员关系（以儿童为基准）	性别	年龄（岁）	学历
77（SLLH40）	（01）	本人	女	10	小学	78（SLLH41）	（01）	本人	男	11	小学
	02	妈妈	女	45	初中		（02）	妈妈	女	39	小学
	（03）	爸爸	男	47	初中						

注：家庭成员编号一栏中，括号内为被访者。限于篇幅，此处未呈现描述统计表的全部信息内容，被访者及其家庭成员的健康状况、所患疾病、工作状况（具体）及家庭类型等信息被隐藏，没有全部呈现，详细见“附录3”。

从家庭社会经济地位方面来看，受访家庭的恩格尔系数平均值为38.33%，远高于全国居民恩格尔系数的平均值。受访家庭中无高收入家庭，以中等偏低收入家庭为主。在能够享受低保的家庭中，患病家庭居多，这些家庭中仅有少部分享有医疗补助金。从受访家庭的受教育水平来看，78个家庭中，仅有少量家长拥有本科及以上学历，少部分家长接受过大专教育，部分家长接受了初中以上的教育，大部分的家长有初中学历，部分家长仅是小学学历，因此不难发现，大多数家长学历水平不高，以中等偏低的学历为主。而家长从事的职业以销售人员、服务人员、维修工人、装修工人等为主，平均工作时间较长。

从家庭对儿童的教育投入方面来看，大部分家长高度重视孩子的教育，大多愿意对孩子教育进行长期投资。但在实际的教育储蓄方面，仅有少数家庭对孩子进行过教育储蓄，并且超过半数的家庭从来没有考虑过为孩子上大学进行专门的教育储蓄，仅有少部分家庭重视对孩子未来教育的储蓄，并为孩子上大学专门进行存款。

（二）问卷调查法

本章主要使用问卷调查法收集一手数据。在具体抽样方法上，主要采取了多阶段抽样法，在济南、泰安、聊城、菏泽四个地级市随机抽取了 12 个区县 26 个乡镇与街道（10 个乡镇、16 个街道），共计完成 1200 户有儿童的相对贫困家庭调查，有效样本为 1180 户，问卷有效率为 98.33%。本次问卷调查的有效样本分布中，济南、泰安、聊城、菏泽被调查样本分别占总样本的 42.12%（497 户）、27.29%（322 户）、11.44%（135 户）、19.15%（226 户）；男性比例为 57.0%，女性比例为 43.0%；低保家庭的比例为 6.5%，非低保家庭的比例为 93.5%；病患家庭的比例为 32.8%，非病患家庭的比例为 67.2%；单亲家庭的比例为 8.0%，非单亲家庭的比例为 92.0%；平均家庭月收入（包括工资性收入、经营性收入、财产性收入以及转移性收入等）为 9525.24 元，平均家庭月支出为 4806.87 元；过去一年家庭用于儿童的平均支出为 9992.60 元。

三　参与意愿及其影响因素

本部分主要讨论儿童发展账户参与意愿及其影响因素。首先，基于质性资料对贫困家庭参与儿童发展账户的意愿及其主要影响因素进行总结与深描，重点概括总结贫困家庭儿童发展账户参与意愿的主要影响因素。其次，在质性研究结论的基础上，基于大规模抽样调查数据，进一步探讨贫困家庭儿童发展账户参与意愿的相关影响因素。质性资料与量化数据的混合使用对系统把握当前贫困家庭儿童发展账户参与意愿及其主要影响因素起到了相互印证、相互补充、相互深化的融合作用。

（一）参与意愿及其影响因素的质性分析

78 户家庭结构式访谈资料总体表明，贫困家庭对儿童发展账户的参与意愿普遍较强。通过询问家长是否愿意为孩子开设类似教育储蓄的儿童发展账户，得到的调查结果显示，有 71 户家庭表示愿意为孩子开设类似账户，占访谈样本的91.0%，其中有55户家庭表现出很高的参与意愿，即表示“非常愿意”，占访谈样本的70.5%；明确表达不愿意的家庭只占9.0%。这一结构式访谈的初步统计结果表示多数父母对儿童发展账户表现出强烈的兴趣。但当进一步询问家长是否愿意立即参加儿童发展账户时，尽管多数家长表示愿意立刻实施，但也有部分家长基于对家庭经济条件等多种因素的考虑，表示无法立刻实施。接下来本部分根据访谈对象参与意愿将其分为两种类型进行深入系统的质性研究：一类是参与意愿较高的家庭，另一类是参与意愿较低或不愿意参与的家庭。通过深描与剖析这两类家庭的访谈资料，着重总结影响家庭参与儿童发展账户意愿的主要因素。

1. 高参与意愿影响因素分析

绝大部分被访家庭对于儿童发展账户的参与意愿强烈，概括起来，高参与意愿的家庭普遍受到家长教育投资意识与行为、家庭经济条件、家长受教育程度、家长教育期望、儿童学业表现等因素的影响。下面结合访谈案例资料进行深入描述与剖析。

（1）家长教育投资意识与行为

通过访谈我们了解到，家庭的教育投资意识与具体投资行为都对儿童发展账户的参与意愿有重要影响。一般而言，家长教育投资主要包括时间、金钱和情感陪伴等方面。下面主要探讨教育投资意识较强家庭的相关情况。本部分主要分为下面两种情况。

第一，家长教育投资观念强，儿童发展账户参与意愿高。

在HPL街道有一户家庭，家中共有三口人，育有一女孩，11岁，患有白血病，但目前恢复不错。父母均为初中学历，有较为稳定的工作，但工资收入相对较少，一家人居住在仅26平方米的职工宿舍中。通过访谈了解到，父母都非常愿意对孩子进行投资，并且赞同教育是一种投资行为，仅在过去一年中，用于投资儿童教育的费用相较于其他贫困家庭而言数额非常大，教育投资观念很强。同时，他们也一直考虑给孩子上大学专门存一笔钱。因此，对于该账户目前的设想，该家庭表示非常支持，参与意愿非常高。(HPL01 家庭)

同样地，在该街道还有一户家庭，家中共四口人，育有两个女孩，大女儿 10 岁，小女儿 5 岁，姐妹二人身体健康。父母受教育水平较高，工作稳定，工资收入较高，有固定的商品房，居住条件较好。该家庭对孩子教育进行投资的意愿较强，表示“特别愿意”进行教育投资，并认为教育主要是一种投资行为。而且对孩子的教育进行了大量的投资，在学业补课、课外读物、兴趣班和旅游方面投入金额较多，并为两个孩子均购买了商业教育保险。现在虽然没有为孩子将来上大学专门存过钱，但是孩子妈妈表示经常考虑给孩子进行专门的教育储蓄。由此表明，该家庭的教育投资意识非常强，对于孩子的未来发展也有较为明确的规划，且已经进行了一定的教育投资行为。所以，在提及儿童发展账户时，他们表示非常愿意参与，并对储蓄金额提出了初步设想。(HPL19 家庭)

通过上述两个案例可以了解到，较强的教育投资意识会使该家庭的教育储蓄意愿更高，对孩子进行教育投资的积极性更高，对儿童发展账户的参与意愿也较高。

第二，已进行相关教育储蓄，仍愿意参与儿童发展账户。

不同于上述情况，还有一些家庭是在访谈之前已经为孩子进行了储蓄，即第二种类型家庭：已进行相关教育储蓄，仍愿意参与儿童发展账户。在访谈中发现，部分家庭已经进行过教育储蓄，这些家庭不仅具有较强的教育储蓄意识，而且在教育储蓄能力方面也非常强。家长虽然已有相关教育储蓄行为，但参与儿童发展账户的意愿仍较强烈。访谈结果表明，当前受访家庭的储蓄行为主要可以分为两种。其一，家长以存款的形式直接为孩子上大学存钱，代表家庭为 SLLH40。

该家庭中共有三口人，育有一个女孩，10 岁，就读于某小学五年级，身体健康。父母均为初中学历，有正式工作，收入较为稳定，三人均不是济南本地人，但在济南购买了 70 多平方米的商品房，住房面积较小。孩子妈妈思想比较前沿，对于孩子的教育比较上心且有一定规划，认为教育主要是一种投资行为，非常愿意对孩子的教育进行投资，并表示对孩子的各项投资都可以承受。自 2016 年起，该家庭每年为孩子将来上大学的花费专门存一两次钱，每年存银行一两万元。孩子妈妈表示，非常愿意参与儿童发展账户，愿意立即参与，设想的储蓄金额也较大。（SLLH40 家庭）

其二，家长以购买相关教育保险的形式间接为孩子上大学存钱。比较具有代表性的是 SLLH29 家庭、SLLH41 家庭和 SLLH05 家庭，接下来逐一进行简要说明。

第一户，家中共有五口人，育有一男孩，10 岁，身体健康，与爸爸妈妈和爷爷奶奶共同居住在 110 平方米的安置房。父母学历较高，有固定的工作和收入，二人收入水平也较高。该家庭为孩子购买了涵盖教育、医疗在内的智能保险，按年存，存 20 年，一年存约 7960 元，初中、高中和大学，甚至结婚都可以取。孩子妈妈表示非常愿意参与儿童发展账户。第二户，家中共有两口人，育有一男孩，11 岁，身体健康。父母从事个体经营生意，家庭总收入较高，购有 114 平方米商品房，居住条件较好。孩子母亲特别愿意对孩子的教育进行投资，而且在其家里对于孩子教育问题拥有最终决定权。她在孩子小的时候买了一份保险，在孩子上大学的时候可以得到3万元，她表示虽然没有进行其他更为直接的教育储蓄，但非常愿意参与儿童发展账户，愿意立即参与。第三户，家中共三口人，育有一男孩，10岁，身体健康。父母的受教育水平差别很大，母亲为大学本科学历，合伙开律所，有较为稳定的收入；而父亲为初中学历，无正式工作，平时送外卖。三人住在20平方米的出租房中，住房条件很差。该家庭也是通过购买保险的方式为孩子上大学专门存过钱，“孩子上幼儿园的时候，八年前，一年存一万多（元），存银行，专门给孩子上大学用，我们买的保险不是教育保险，一年也得五千（元）吧，今年是最后一年了，一共十年”。孩子父亲表示，如果有这种儿童发展账户的话，愿意立刻参与，给孩子存钱，参与意愿也很高。（SLLH29家庭、SLLH41家庭、SLLH05家庭）

上述访谈结果表明，六个受访家庭不论是否进行过专门的教育储蓄和教育投资，每位家长教育投资意识都非常强，或多或少表示过为孩子教育存款的愿望，因此，对这部分家庭来说，他们对于儿童发展账户的参与意愿非常高。

（2）家庭经济条件

国外的相关研究表明，家庭经济发展水平是影响儿童发展账户参与意愿的重要因素。[①] 在本次访谈中，对家庭经济水平主要通过家庭收入来衡量。通常认为，一个家庭的收入越高，相应地对于教育投资的意愿也越强。但通过访谈我们发现，二者之间的关系并不是简单线性相关的，受访个案中存在相当多的收入低但参与意愿高的家庭。

---

① 桑德拉·贝福利、玛格丽特·科蓝西、迈克尔·史乐山、郭葆荣、黄进、邹莉：《普适性的儿童发展账户：美国SEEDOK政策实验的早期研究经验》，《浙江工商大学学报》2015年第6期，第119~126页。

第一，家庭经济水平高，儿童发展账户的参与意愿高。比较有代表性的家庭为 SLLH14 和 HPL19。

> SLLH14 家庭共有七口人，共同居住在 105 平方米的商品房中，包括两个孩子、父母、爷爷奶奶和姑姑。这对年轻夫妻育有两个男孩，哥哥 10 岁，弟弟 8 岁，兄弟二人身体健康。父母年龄相对较小，初中学历，从事个体工作，夫妻二人共同经营装修公司，收入相对较高，同时孩子的爷爷也从事个体工作，有较为稳定的工资收入。该家庭收入来源较多，总体经济水平相对较高，对于儿童发展账户的参与意愿也非常高，预设储蓄金额较大。(SLLH14 家庭)
>
> 此外，从前文提及的 HPL19 家庭可知，父母自身受教育水平高，母亲为本科学历，父亲为研究生学历，夫妻双方具有固定工作和可观的收入（月收入约为 1.6 万元）。而且通过访谈得知，该家庭每月出租房屋还会获得一些收入，经济水平相对较高，非常愿意参与儿童发展账户。(HPL19 家庭)

上述个案均表明家庭经济条件对于儿童发展账户参与意愿的正向作用，家长收入相对较高，经济负担较轻，可支配收入高，对子女教育进行投资的意愿也更高。

第二，家庭经济水平较低，经济压力大，但仍有较高意愿参与儿童发展账户。

> 在 SLLH 街道有这样一户家庭，家中共有三口人，育有一儿一女，母亲独自带着两个孩子生活，属于丧偶家庭。女儿 14 岁，初中三年级，儿子 8 岁，小学三年级，姐弟二人身体健康。母亲初中学历，从事餐饮工作，是一位面点师，家庭收入来源仅依靠母亲每个月的工资（2600 元）、临时打工收入（600 元）以及 800 元的教

育救助。母子三人住在合租房中，生活条件较差，但尽管如此，孩子妈妈仍对儿童发展账户持“非常愿意”态度。(SLLH25 家庭)

在济南市 HPL 街道中，也有一户经济状况较差的低保家庭。该家庭中共有三口人，育有一女孩，9 岁，读小学四年级，身体健康。父母双方受教育程度较高，但由于身体原因，二人均无法正常从事工作。孩子母亲患有糖尿病、心脏病、甲亢；父亲患有心脏病。一家三口仅依靠领取城市最低生活保障金维持生活（每人每月领取 1616 元，共三口人，共 4848 元）。该家庭没有工资收入来源，经济水平很差，生活困难，但孩子妈妈表示愿意参与儿童发展账户。(HPL21 家庭)

上述两个受访家庭收入来源少、劳动力少，但是对于子女的教育投资仍然充满积极性，参与意愿很高。也可能正是父母自身体会了生活的艰辛，他们更倾向于为孩子付出更多。此外，在访谈中还了解到另外一种经济水平较差的家庭，这种家庭是由子女和父母组成的核心家庭，但由于种种原因，父母双方仅一方参加工作，而另一方则没有收入来源，由此家庭经济困难。代表个案为 SLLH16、SLLH26 和 SLLH13 三个家庭，下面进行简要介绍。

第一户，母亲无业，父亲工作。该家庭共有四口人，育有一男一女，女儿 9 岁，儿子 3 岁，姐弟二人身体健康。母亲中专毕业，没有工作；父亲初中学历，从事餐饮行业，是一名厨师，月工资 6000 元，父亲的工资就是该家庭的全部收入，经济压力很大。(SLLH16 家庭)

第二户，母亲无业，父亲工作。该家庭共有四口人，育有两个女孩，姐姐 8 岁，妹妹 5 岁，姐妹二人身体健康。母亲对孩子教育问题非常上心，为了在家照顾孩子，选择放弃工作；父亲是一名技

术工人，主要负责维修大型发动机，每月工资5000元，同上一个家庭一样，家庭各项开支仅依靠父亲收入。（SLLH26家庭）

第三户，母亲工作，父亲无业。该家庭共有三口人，育有一男孩，9岁，身体健康。父亲患有严重慢性疾病、结肠癌，身体状况很差，无法从事工作；母亲是一名超市销售人员，月工资3000元，再无其他收入来源。（SLLH13家庭）上述三个家庭均非常愿意参与儿童发展账户，表示一经实施，会去存钱，参与意愿很高。

通常认为，家庭经济水平是影响儿童发展账户参与意愿的重要因素。但本次访谈个案资料表明，不论经济状况好还是差，绝大部分家庭包括较为贫困的家庭都对儿童发展账户有积极的看法，参与意愿普遍较高。质性资料的初步研究表明，家庭经济水平可能并不像国外情境那样对儿童发展账户的参与意愿产生重要影响，或者其影响的程度并不像国外情境那么高。也有国内学者研究发现，我国农村家庭儿童发展账户的开设意愿并没有受到家庭经济水平、父母学历等因素的影响。[①] 这很可能是因为我国家庭普遍对孩子的教育高度重视，降低了不同家庭经济水平对儿童教育投资的差异性程度。贫困家庭对儿童发展账户的普遍参与意愿为推进我国儿童发展账户政策的构建与实践提供了极为关键的前提条件。

（3）家长受教育程度

既有研究表明，家长受教育程度直接影响对子女的教育投资，父母的学历越高，对子女的教育投资越大。[②] 通过访谈发现，家长受教育程度高的家庭，相对而言更愿意对子女的教育进行投资。家长受教育程度

① 邓锁：《贫困代际传递与儿童发展政策的干预可行性研究——基于陕西省白水县的实证调研数据》，《浙江工商大学学报》2016年第2期，第118~128页。

② 冯芙蓉、张丹：《“二孩时代”西安市家庭教育投资问题探析》，《教育现代化》2017年第7期，第161~162、165页。

是影响儿童发展账户参与意愿的重要因素。在此次访谈中，典型性的家庭有 DL14 和 HPL19，这两个家庭中的家长学历均为本科及以上，相较于其他受访家庭而言，受教育年限长、水平高。

> DL14 家中共三口人，育有一个男孩，11 岁，小学五年级，身体健康。父母年龄相对较大，均为 50 岁以上，受教育程度高，均为本科学历，母亲无业，父亲为专科老师。由于父母的学历都比较高，他们对孩子的教育问题有较为明确的规划，对孩子的投入也更多。父母平时很重视对孩子的教育、培养、引导，采用寓教于学的教育方式，带领孩子边旅游边背诵古诗，希望能够通过投资教育让孩子开阔眼界，丰富孩子阅历。该家庭也表现出对儿童发展账户较高的参与意愿，表示“立马存款，孩子教育是第一位的”。（DL14 家庭）
>
> 还有前文提及的 HPL19 家庭，该家庭中的父母双方亦受教育程度较高，母亲为本科学历，父亲是研究生学历（详细家庭信息见前文），孩子母亲结合自身职业对孩子有较为明晰的规划，也表示非常愿意参加儿童发展账户。（HPL19 家庭）

由上述两个个案可知，父母受教育程度较高，对子女的未来发展规划就会更加明确，对于达成教育目标所需要的努力和要求也更加清楚。因此，此类家庭的教育投资意识更加强烈，对于儿童发展账户这种教育储蓄计划更加支持。

（4）家长教育期望

家长教育期望主要是指家长对儿童未来发展的一种期待，具体体现为对孩子职业的期待和最高学历的期待。家长教育期望越高，对孩子上大学甚至是读研究生的期望越强烈，参与儿童发展账户的意愿越高。

> 在HPL街道有这样一户家庭，家中共有三口人，育有女孩，11岁，现读小学六年级，身体健康。父母年龄较大，均为大专学历，母亲是一名会计，父亲是高级工程师，工资收入稳定。该家庭中父母认为，对孩子的教育进行投资很大一部分原因是期待孩子能够获得更高学历。同时，对于孩子上高等一流大学的期望也很强烈。孩子妈妈表示："孩子将来必须得上大学，我是希望她能考北大、清华，这方面我是很明确的，因为我感觉孩子有这方面的能力。她爸爸想过让孩子出国留学，但在这方面我和他有分歧，我担心孩子在国外的安全。"在能力范围之内，该家庭对儿童发展账户的参与意愿高。(HPL20家庭)

在该街道，还有另外两户家庭，他们对子女的教育期望也比较高，分别为HPL19和HPL21家庭（详细家庭信息见前文）。

> 期待孩子取得较高学历，并为出国留学做准备。"孩子爸爸觉得肯定要上好大学，要求比较高，认为孩子将来一定要上一流本科院校；我期待孩子能研究生毕业，我也为孩子出国留学随时准备着，对她的将来有挺明确的规划。"(HPL19家庭)
>
> "一定要上大学，没有大学文凭就没有好工作，最好能上一流院校，也希望她能接替她爸爸的班，当导演。"（HPL21家庭）上述两个个案中的家庭同样表示非常愿意参与儿童发展账户。

根据访谈内容，我们可以看到，家长教育期望正向影响儿童发展账户的参与意愿。上述三个个案中的父母对子女的教育期望较高且态度坚定，对子女的未来发展也有初步的规划，儿童发展账户的参与意愿相应更高。

(5) 儿童学业表现

子女自身的学习情况是影响家庭教育投资决策的重要因素。既有研究发现，不论男女，学业表现越好的孩子会得到家长越多的教育投资，即家庭教育机会更倾向于“学业优胜者”。[①]通过访谈发现，子女学习表现越好的家庭，越倾向于为孩子进行教育投资，儿童发展账户的参与意愿也越为强烈。在 SLLH 街道有这样两户家庭，他们赞同对孩子进行投资的主要原因均为提高孩子的学习成绩，接下来逐一进行介绍。

> 第一户，家中共有四口人，育有两个男孩，哥哥 9 岁，弟弟 1 岁，兄弟二人身体健康。父母均从事个体经营，手工雕刻装饰品，身体健康。孩子妈妈表示投资的主要原因是提高孩子的学习成绩，我们也了解到，孩子（哥哥）学习成绩较好，“语文考了 96 分吧，满分是 103 分，他有一个书写分，要是加上书写分他就是 99 分了；加上书写分数学就是 102 分；但是他英语考得不好，英语满分也是 103 分，考了 88 分吧；反正是中上游，前十名”。如果实施儿童发展账户，该家庭非常愿意参与。(SLLH10 家庭)
>
> 第二户，家中共有四口人，育有一儿一女，姐姐 10 岁，弟弟 4 岁，姐弟二人身体健康。父母身体状况一般，但都有工作和固定的收入。通过访谈了解到，孩子（女儿）平时喜欢阅读课外书，学习成绩很好，“全班 44 个人，语文考了 95 分，数学 90 分，英语 99 分，前三名，这学习挺好的啊”，该家庭表示希望通过教育投资来提高孩子学习成绩，非常愿意参与儿童发展账户。(SLLH11 家庭)

上述两个被访家庭对子女的学业成绩非常在意，而且他们的孩子在校表现和学习成绩都比较好，学习表现获得家长的肯定，所以家长对于

---

① 李旻、赵连阁、谭洪波：《农村地区家庭教育投资的影响因素分析——以河北省承德市为例》，《农业技术经济》2006 年第 5 期，第 73～78 页。

儿童发展账户的参与意愿也非常高。

综上，针对儿童发展账户高参与意愿的家庭而言，主要受家长教育投资意识与行为、家庭经济条件、家长受教育程度、家长教育期望以及儿童学业表现等的影响。其中关于家庭经济水平对儿童发展账户参与意愿的影响在我国并不像国外相关研究表明的那样——如果不是说没有显著影响的话，至少相关影响的程度并不像人们想象的那么大。当然，包括家庭经济条件因素在内的上述影响因素，只是质性研究的初步发现，其是否在总体中具有普遍性，即是否具有泛化能力还需要结合大规模抽样调查数据进行进一步剖析。当然，在访谈中，我们了解到也有不愿意参与儿童发展账户的家庭，接下来对其相应方面的顾虑进行描述与总结。

2. **低参与意愿影响因素分析**

（1）家庭经济条件

在表示不愿参加儿童发展账户或当前不愿参与的家庭中，有受访对象表示“目前没有能力，根本存不下来钱”。SLLH02 家庭是其中较为典型的相关案例。

SLLH02 家庭受访儿童 11 岁，女孩，就读小学五年级，母亲 39 岁，共上了 8 年学，父亲 40 岁，同样有 8 年的受教育经历，此外还有一个 3 岁的弟弟。夫妻共同从事卖米线的个体经营工作，家庭平均月收入 6000 元，日均工作时间 12 小时。一家四口人共同居住在购买的 61 平方米商品房中，购房资金主要来源于商业贷款和向亲戚借钱。该家庭的父母很少有时间陪伴孩子阅读、辅导功课，主要时间和精力都用于工作，孩子母亲表示：“觉得把孩子的教育给耽误了，没办法，我们为了生活也放不下生意。”在教育投资水平方面，基于经济条件，该家庭很少对孩子的教育进行投资，过去一年中用于孩子的教育费用包括暑期课外辅导班、课外读物、学习用品及电子产品共约 1000 元，没有购买商业教育保险，目前也没有任何教育储蓄。在回答没有为孩子的教育存过钱时，受访儿童父母多次表示没有存钱的原因是家庭经济负担过重，并反复提到如下话语："从来没有考虑过要存钱，现在没有这个能力"，"现在没有多余的钱"，"根本存不下钱，没钱没能力"，等等。当进一步介绍儿童发展账户并询问其参与意愿时，儿童家长选择"考虑考虑再说"，并没有表现出积极的参与意愿，主要顾虑为"担心没有经济能力，因为每个月还要还房贷、付房租等，存不下钱"。

家庭经济条件不好成为部分家庭不愿意参与儿童发展相关账户的最主要原因，家庭收入主要用于基本的生活开支，没有经济能力为儿童教育进行投资和储蓄，并且家长迫于生活压力忽视了对孩子的教育。

（2）家长教育储蓄意识

家长在儿童教育方面的储蓄意识影响着其对儿童发展账户的参与意愿。基于自身的储蓄观念，部分家长认为并没有必要为孩子进行教育储蓄，进而对儿童发展账户等资产政策表现出不愿参与的态度，或对实施儿童发展账户存有一定的顾虑。根据访谈资料，可以将这部分受访家长的观点分为以下四种类型。

第一，存钱具有贬值风险，因此没有必要进行储蓄。有两种类型的受访家庭都对这一观点表示认同。

其中，DL09 家庭为高经济收入水平家庭，家庭月收入不低于 3 万元。该家庭对儿童教育投资持非常积极的态度，并且在子女教育方面的支出较多，每月不低于 3000 元。基于家庭经济条件较好，该家庭并不认为孩子上大学的花费会给其带来经济上的压力，在访谈中表示："从来没有考虑过进行教育储蓄，没有必要吧，上大学很贵吗?”相比通过开设儿童发展账户的形式为儿童存款，该家庭更加注重资产的金融价值，认为在通货膨胀的影响下，教育储蓄并不能带来资产的保值增值，甚至会有贬值风险，因此并不认同建立资产账户的教育储蓄方式。

不同于以上案例，HPL02 家庭为低经济收入水平家庭，家庭收入仅为受访儿童母亲临时打工的工资收入，每月为 4500 元。即使当前的经济收入较少，儿童父母仍然对教育投资持积极态度，通过个人收入和多年积蓄维持着必要的教育支出。由于家庭经济负担较重，该家庭并没有为孩子进行教育储蓄；当询问到是否有意愿参与儿童发展账户时，受访家长首先对账户的金融价值表达了自己的顾虑：“我觉得这样存钱没那个必要……”

由以上两个案例可知，资产账户的金融价值是影响家长开设儿童发展账户的重要因素，是否能享受到教育储蓄的升值红利成为部分家庭的主要顾虑，进而影响其参与资产类教育政策的积极性。

第二，已经在银行开设储蓄账户，并且更倾向于个人银行存款的储蓄方式。在实地访谈中了解到，部分家长已经为子女教育进行了储蓄，储蓄方式主要为银行存款和购买商业教育保险。其中，已经为孩子购买了商业教育保险的家庭普遍具有较高的经济水平，经济收入较低的家庭则更倾向于选择银行存款的储蓄方式。在经济条件较差的受访家庭中，HPL22 家庭明确表示认为自己在银行存款的方式“更加靠谱”，并在访谈中说道：“每个月都存钱的话我容易忘，就像现在这样我想存了就往银行里存一些，比较省事，就不考虑什么发展账户了，还按照我现在的存款方式就行。”同样，SLLH27 家庭也通过银行存款的方式为儿童进行教育储蓄，并且在回答对于开设儿童发展账户的顾虑时，表达了类似观点：“我想着是每个月都存两三百（元），但有时候会忘，偶尔也会直接存一两千（元），但是这种发展账户我感觉没什么必要，现在存着的那些钱我平时想花了还能花，等过几年孩子上大学了他直接拿去用就行。”由此可以发现，已经进行了教育储蓄的家庭，特别是经济收入能力较低的家庭，更倾向于维持自己当前的储蓄行为，没有转变储蓄方式的意愿。

第三，认为孩子还小，目前没有必要存钱。在低参与意愿的受访对象中，多数家长表示认同这一观点。部分家庭可能受到自身经济收入水平的影响，认为自己目前没有能力过早考虑为孩子进行教育储蓄，经济收入需要用于当前必要的生活开支或其他财务事项，并表示：“孩子还小呢，没必要从现在开始就给他存钱，而且现在也没有多余的钱给他存。”（HPL05 家庭）此外，也有较为富裕的家庭持相同观点，即使没有经济负担，家长同样认为没有必要过早进行教育储蓄：“过一段时间再说吧，孩子现在还小，没有必要专门给她设个账户。”（HPL07 家庭）基于此，这部分家长并没有积极的储蓄意识，其对儿童发展账户类似政策的参与意愿主要受到自身教育储蓄意识的影响。

（3）家长教育参与

家长对儿童的教育参与在一定程度上反映了父母对儿童教育进行投资和储蓄的意愿。基于对 DL07 家庭和 HPL26 家庭案例的分析可以发现，家长的教育投资和教育储蓄行为受到其教育参与程度的影响。

DL07 家庭儿童为 10 岁男孩，现正处于四年级升五年级的受教育阶段。受访者为儿童父亲赵先生，45 岁，中专学历；母亲 40 岁，初中学历。儿童父亲现从事维修工作，母亲没有工作，家庭收入仅为赵先生的工资收入，每月大约为 4000 元；家庭医疗开支负担较重，去年一年的医疗支出约为 1 万元。由于父亲工作原因，家里主要由母亲负责孩子的教育，赵先生对于孩子的一些情况并不了解。在询问儿童的兴趣爱好时，赵先生认为孩子平时只喜欢玩手机，但事实上，孩子最喜欢踢足球，对跆拳道和绘画也有兴趣，相关兴趣班都是在孩子的要求下由母亲报名和陪伴学习。此外，赵先生认为孩子比较贪玩、任性，在教育方式上，很少对孩子进行公开表扬，反而经常训斥。在教育投资方面，该家庭过去一年用于孩子的教育费用约为4000元，主要支出为英语补习班，但赵先生对教育投资的态度表现为“一般愿意”。对于是否考虑过为孩子将来上大学的花费进行专门教育储蓄的问题，赵先生表示目前并没有进行教育储蓄，也从来没有考虑过，认为：“孩子能不能考上大学还不一定呢，所以没必要存钱。”赵先生对孩子的教育关心和参与较少，并且相较于其他家长多采取表扬式教育的方式，赵先生则更倾向于训斥等消极的教育参与方式，因此表现出程度一般的教育投资意愿，也没有积极意识到为孩子进行教育储蓄。

HPL26家庭儿童为14岁男孩，现就读于济南市某中学初中一年级。受访者为儿童母亲，40岁，只有5年的受教育经历，目前从事环卫工作，日平均工作时长为10小时；儿童父亲48岁，小学学历，目前从事保安工作，日平均工作时间为8小时。家庭收入来源为夫妻两人的工资收入，每月共约4000元，以及每月2400元的教育救助。关于教育参与方式，孩子母亲表示自己经常训斥孩子，在访谈中说：“我老是叨叨他‘你还不写作业！还不写作业！’所以孩子就老是觉得我烦。”此外，孩子母亲对“孩子上学，不一定非要考大学”这一观点表示了认同，而不太同意“受教育程度与收入成正比”的观点。基于以上信息可以看出，孩子母亲较少参与儿童教育，参与方式以“训斥”为主。在教育储蓄现状及发展账户参与意愿方面，该家庭并没有为儿童进行教育储蓄，也没有考虑过这一问题；对于参与儿童发展账户等类似政策，孩子母亲存在一定的顾虑："怕孩子考不上大学，他现在成绩不大行，该讲的大道理我都和他说了，咱现在也没别的办法。"较低程度的教育参与使该家庭并没有积极的教育投资与储蓄行为，进而表现出儿童发展账户参与意愿的不足。

在以上两个案例中，儿童父母双方的教育参与程度及参与方式均存在一定差异性，父亲或母亲中的一方对儿童教育投入了更多的时间和精力，而另一方基于工作或其他原因较少参与到儿童教育当中，并多采取训斥等教育方式。在此种情况下，家庭对于儿童的教育投资意愿和教育储蓄意愿均受到了消极影响，进一步表现出对参与儿童发展账户类似项目的顾虑。

（4）家长教育期望

已有的实证研究表明，对儿童发展有较高期望的家长具有更高的教育储蓄意愿，[①] 即家长教育期望对教育储蓄意愿具有积极效应，而对儿童教育期望较低则会限制家长进行教育储蓄。从此次实地访谈资料中发现，虽然多数父母有关子女通过读书改变命运的观念十分牢固，对于子女未来的发展很关注，但也有部分家长对子女的教育期望较低，认为"孩子将来不一定必须上大学"，进而也表现出较低的儿童发展账户参与意愿。

SLLH19 家庭是其中较为典型的案例。该家庭共四口人，大女儿 15 岁，正就读于初中三年级；小女儿 9 岁，现就读于小学四年级；母亲 40 岁，初中毕业，偶尔从事促销员等兼职工作，大部分时间在家照顾孩子；父亲 42 岁，初中学历，现从事电梯验收工作。家庭月收入约为 8750 元，主要为父亲的工资收入。在对孩子的教育期望方面，受访母亲认为小女儿"并不一定非要上大学"，对孩

① 方舒、苏苗苗：《家庭资产建设对儿童学业表现的影响——基于 CFPS 2016 数据的实证分析》，《社会学评论》2019 年第 2 期，第 42~54 页。

子最高学历的期待为本科，对于本科院校的类型没有要求，表示：“看孩子自己吧，能考到哪是哪。”在问及“当孩子学习成绩下降或表现不好时，您通常怎么做”时，儿童母亲表示并没有采取任何积极措施，并回答：“该怎么样就怎么样吧，我是不太管她成绩下降的。”由此可以发现，受访母亲并不期待孩子在学业上的成就，对于孩子平时的学习成绩和最高学历，该母亲均表现出较为随意的态度。在教育投资方面，该家庭对儿童教育的经济投资较少，两个孩子都没有报辅导班和兴趣班；对于教育投资意愿，受访家长的观念为“投资也不一定有回报”“还行吧，算是比较愿意进行投资”。当问及对儿童发展账户参与意愿时，儿童家长表示自己对此有一定的顾虑，并认为：“孩子走到哪算哪，她能考上大学就供她上，她要是上不了给她存了钱也白搭。”

此外，SLLH10 家庭家长对于儿童教育成就也没有较高的期待。该家庭儿童 9 岁，处于升小学四年级的阶段；母亲 39 岁，中专学历，父亲 38 岁，高中学历，夫妻共同从事手工装饰类的个体经营工作，家庭月收入约为 1 万元。在问及教育期待时，受访家长并未表现出自己对于接受教育的重视，相较于学历，家长更看重儿童自身能力的发展，在访谈中表示：“我觉得孩子不一定以后非要上大学，‘没有大学文凭就没有好工作’这一点我不同意，考不上大学就干别的，行行出状元，做别的做好了也可以。”而且，由于该家庭夫妻共同创业，受访家长对于孩子将来自主创业表现出十分积极的态度，在回答对孩子的教育期待时反复提及以下话语：“上大学也不是唯一出路，现在有很多创业的”，“如果学得不好就自己创业，下海经商”，等等。当进一步谈及类似儿童发展账户的资产政策时，该家庭并没有表现出十分积极的参与意愿，并且对开设儿童发展账户存在一定顾虑。

基于对以上个案的分析可以发现，家长对儿童的教育期望会受到多种因素的影响，已有相关文献指出，受教育程度越高的父母越是期望子女能够达到较高的教育水平。[①] SLLH19 家庭和 SLLH10 家庭父母的受教育程度均较低，因此也表现出了对孩子较低的教育期望，进而影响了其为子女进行教育储蓄的意愿。

综上所述，儿童发展账户参与意愿较低的家庭受到了多种因素的限制，具体包括家庭经济条件、家长教育储蓄意识、家长教育参与以及家长教育期望。其中，如上文所述，家庭经济条件和家长教育期望同样可以作为儿童发展账户参与意愿的促进因素，但当家庭经济条件处于较低水平或家长持有较低的教育期望时，则对儿童发展账户的参与意愿具有一定的抑制效应，成为其限制因素。儿童发展账户参与意愿影响因素如图 3-1 所示。

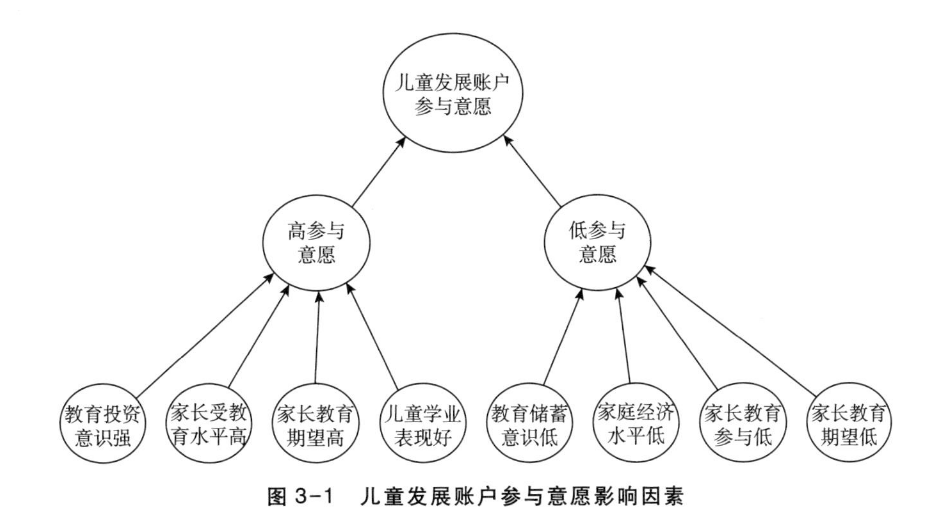

图 3-1 儿童发展账户参与意愿影响因素

（二）参与意愿及其影响因素的量化分析

本章经过质性分析，发现教育投资意识、教育储蓄意识、家长教育

---

① Sewell, William H. and Vimal P. Shah. "Social Class, Parental Encouragement, and Educational Performance." *American Journal of Sociology*(1968)5: 559-572.

参与、家长受教育水平、家庭经济水平、儿童学业表现等成为影响儿童发展账户参与意愿的重要因素。但这一推论是否具有普遍性，有待于实证检验。因此，本部分主要对儿童发展账户参与意愿及其影响因素展开量化分析，进一步检验质性研究所初步总结的相关发现，并深入系统研究儿童发展账户参与意愿的相关影响因素。

1. **变量测量**

基于研究目的，因变量主要包括儿童发展账户参与意愿、参与能力①，主要自变量为学业表现、教育投资状况、金融投资能力、家庭经济条件、家庭类型、家长相关变量以及人口学变量等，具体说明如下。

（1）因变量

对于儿童发展账户参与意愿通过三个指标进行测量，而对于儿童发展账户参与能力通过四个观测变量进行测量。

参与意愿。儿童发展账户参与意愿包括三个观测变量。第一，教育储蓄意愿。问题为“是否考虑过孩子上大学教育储蓄”，该变量被命名为 Y1，为二分变量。第二，参与儿童发展账户意愿。该变量为 1~5 的连续型变量。为便于进行二元 Logistic 回归分析，将该变量转为二分变量，0 为不愿意，1 为愿意，命名为 Y2。第三，儿童发展账户实施意愿。该变量被命名为 Y3，为二分变量。

参与能力。对于儿童发展账户参与能力主要设计如下测量指标。第一，教育储蓄对数。对教育储蓄进行对数处理后获得，该变量被命名为 Y4，为连续型变量。第二，为孩子上大学专门存过钱，该变量被命名为 Y5，为连续型变量。第三，1∶1 配比账户参与最大额对数。对 1∶1 配比账户参与最大额变量进行对数处理后获得，将其命名为 Y6，为连续型变量。第四，1∶2 配比账户参与最大额对数。由 1∶2 配比账户参

---

① 需要说明的是本部分主要开展参与意愿及其影响因素的量化分析，但在变量的测量介绍中把关于参与能力的相关变量在此处统一处理。

与最大额变量进行对数处理后获得，将其命名为Y7，为连续型变量。

（2）自变量

本章的自变量主要包括学业表现、教育投资状况、金融投资能力、家庭经济条件、家庭类型、家长相关变量、人口学变量等七个潜变量。

学业表现。学业表现包括三个测量指标。第一，语文分数。该变量被命名为X1，为连续型变量；第二，数学分数。该变量被命名为X2，为连续型变量；第三，外语分数。该变量被命名为X3，为连续型变量。

教育投资状况。教育投资状况的测量指标为儿童教育成长类支出对数。该变量是对学费、择校费、住宿费、伙食费、交通费、学业补课费、兴趣班费、课外读物费、文体费用、玩具费、旅游费、学习用品及电子产品（电脑、学习机等）费用、夏令营费用、教育储蓄、教育保险加总，并进行对数处理后获得的，被命名为X4，为连续型变量。

金融投资能力。金融投资能力的测量指标是金融投资总额对数。该变量是对“理财产品大概投入多少钱”、“证券投资大概投入多少钱”、“国债大概投入多少钱”和“截至本月底的银行存款额”加总，并进行对数处理后所得，被命名为X5，为连续型变量。

家庭经济条件。家庭经济条件具体涉及以下两个变量，主要分为收入和支出两个测量维度。收入维度主要是家庭月收入对数，该变量为对工资性收入、经营性收入、财产性收入和转移性收入加总，并进行对数处理后所得，被命名为X6，为连续型变量。在描述性分析中，将这一变量位于家庭月收入均值以上的取值重新编码为1，位于均值以下的取值重新编码为0，形成二分变量。

支出维度则主要包括两个指标。第一，家庭月支出对数，这一变量由对米、面、杂粮（包括粮食制品和半成品）、烟、酒、茶叶、饮料、自己在外饮食、在外请客、房租、水、电、煤气、洗澡、理发、护理、美容、日常消耗品（包括洗涤用品、护理及化妆用品、卫生用品）、家用电器、家具、儿童服装和鞋帽、成人服装和鞋帽、儿童玩具、体育用品、成人教育、培训费用、孩子零用钱、儿童医药费用（包括看医生和自购药品）、成人医药费用（包括看医生和自购药品）、本市或外地旅游、交通费用、公园、电影、剧院、报纸、杂志、书籍、通信费用（座机、手机费）、有线电视费用、住房、家用电器及交通工具等维修费用、其他支出加总，并进行对数处理后获得，该变量被命名为 X7，为连续型变量。第二，恩格尔系数，该变量等于家庭食品类支出占总消费支出的比重，这一变量常常用于反映贫困程度，被命名为 X8，为连续型变量。

家庭类型。家庭类型主要包括三个测量指标，第一，是否低保家庭，该变量对应问题为是否有城市最低生活保障金（低保金），被命名为 X9，为二分变量；第二，是否病患家庭，该变量对应问题为目前困扰家庭的最主要的健康问题是什么，被命名为 X10，为二分变量；第三，是否单亲家庭，该变量的对应问题是抚养情况，被命名为 X11，为二分变量。

家长相关变量。家长相关变量包括四个测量指标。第一，父母教育态度。该变量对应问题为父母对儿童的教育态度，被命名为 X12，为连续型变量。第二，家庭关系综合指标。这一变量由对“孩子与爸爸关系非常好”“孩子与妈妈关系非常好”“您认为您和孩子的关系如何”“我们家庭和睦，很少发生争吵”等四个变量进行主成分分析得到，该变量被命名为 X13，为连续型变量。第三，家长教育期望综合指标。该变量由对“您认为孩子将来一定要上大学吗”“您认为孩子将来一定要上一流本科院校吗”“您期待孩子的最高学历是”“您对孩子出国留学的可能性是否考虑过”等四个变量进行主成分分析得到，该变量被命名为 X14，为连续型变量。第四，家长参与综合指标。该变量由对“过去一年中，家长带孩子在本市公园内游玩”“过去一年中，家长带孩子到近郊游玩”“过去一年中，家长带孩子到本省其他地方游玩”“过去一年中，家长带孩子在国内出省游玩”“过去一年中，家长带孩子出国游玩”“过去一年中，家长带孩子参观过博物馆”“过去一年中，家长带孩子参观过科技馆”“过去一年中，家长带孩子参观过艺术展”“过去一年中，家长带孩子欣赏过音乐会”“过去一年中，家长带孩子去电影院看过电影”“辅导功课检查作业”“谈心聊天”“讨论探索问题”“一起看电视节目”“一起做家务”“一起做体育锻炼”“一起做（玩）游戏”等指标进行主成分分析得到，该变量被命名为 X15，为连续型变量。

人口学变量。人口学变量主要包括以下变量。第一，性别，将男性赋值为“1”，将女性赋值为“0”，被命名为 X16，为二分变量。第二，年龄，该变量被命名为 X17，为连续型变量。第三，家长受教育水平，该变量等于受访儿童父母的最高受教育年限，被命名为 X18，为连续型变量。表 3-2 报告了上述变量的描述性统计情况。

表 3-2　主要变量的描述性统计

变量/潜变量	观测变量	最小值	最大值	均值/比例	标准差
儿童发展账户参与意愿	Y1 教育储蓄意愿	0	1	0.49	0.50
	Y2 参与儿童发展账户意愿（二分）	0	1	0.99	0.08
	参与儿童发展账户意愿	2	5	4.47	0.60
	Y3 儿童发展账户实施意愿	0	1	0.76	0.42
儿童发展账户参与能力	Y4 教育储蓄对数	7.60	11.51	8.77	1.11
	Y5 为孩子上大学专门存过钱	1	5	1.49	0.89
	Y6 1：1 配比账户参与最大额对数	4.61	7.60	6.08	0.65
	1：1 配比账户参与最大额（原始数据）	100	2000	535.71	363.177
	Y7 1：2 配比账户参与最大额对数	4.61	8.16	6.40	0.79
	1：2 配比账户参与最大额（原始数据）	100	3500	798.49	608.34

续表

变量/潜变量	观测变量	最小值	最大值	均值/比例	标准差
学业表现	X1 语文分数	70.0	117.0	93.69	5.98
	X2 数学分数	64.0	130.0	92.33	8.41
	X3 外语分数	61.0	130.0	92.50	8.20
教育投资状况	X4 儿童教育成长类支出对数	5.19	12.36	9.26	1.20
金融投资能力	X5 金融投资总额对数	5.08	14.04	11.08	1.45
家庭经济条件	家庭月收入（二分）	0	1	0.32	0.47
	X6 家庭月收入对数	6.68	11.76	9.17	0.79
	X7 家庭月支出对数	6.73	9.81	8.48	0.52
	X8 恩格尔系数	0.03	1.13	0.39	0.21
家庭类型	X9 是否低保家庭	0	1	0.06	0.25
	X10 是否病患家庭	0	1	0.33	0.47
	X11 是否单亲家庭	0	1	0.08	0.27
家长相关变量	X12 父母教育态度	1	4	3.05	0.74
	X13 家庭关系综合指标	-2.67	1.16	-0.02	0.73
	X14 家长教育期望综合指标	-2.57	1.91	-0.01	0.72
	X15 家长参与综合指标	939	-0.78	1.45	0.0032
人口学变量	X16 性别	0	1	0.57	0.50
	X17 年龄	1	18	9.48	3.11
	X18 家长受教育水平	0	19	11.85	2.89

注：由于 X13 和 X14 两个综合指标使用主成分分析得到，负数表示低于总体均值。

2. 数据分析

（1）描述性分析

参与意愿现状。本部分对父母对儿童发展账户的参与意愿现状进行描述性分析。在进入分析的样本中，由表 3-3 可知，尽管有 51.1%的父母没有考虑过为孩子将来上大学的花费进行专门的教育储蓄，但也有高达 48.9%的父母曾经或经常考虑过为孩子进行教育储蓄。表 3-4 为参与儿童发展账户意愿分布情况，51.6%的家长表示如果有儿童发展账户，非常愿意为孩子存钱，44.0%的家长表示愿意存钱，3.8%的家长表示考虑考虑再说，0.6%的家长则表示不愿意。表 3-5 为儿童发展账户实施意愿分布情况，76.5%的家长表示愿意立刻实施儿童发展账户，23.5%的家长则表示不愿意。从总体来看，约半数家长考虑过为孩子进行教育储蓄，九成以上的家长愿意为孩子儿童发展账户存钱，近八成家长愿意立刻实施，因此，父母对孩子儿童发展账户的参与意愿总体较高。

表 3-3　教育储蓄意愿分布情况

单位：人，%

选项	频数	有效占比	累计占比
没有考虑过	603	51.1	51.1
曾经或经常考虑过	577	48.9	100.0
总计	1180	100.0	

表 3-4　参与儿童发展账户意愿分布情况

单位：人，%

选项	频数	有效占比	累计占比
不愿意	7	0.6	0.6
考虑考虑再说	42	3.8	4.4
愿意	490	44.0	48.4
非常愿意	575	51.6	100.0
总计	1114	100.0	

表 3-5　儿童发展账户实施意愿分布情况

单位：人，%

选项	频数	有效占比	累计占比
否	260	23.5	23.5
是	846	76.5	100.0
总计	1106	100.0	

参与意愿的差异性分析。

单亲家庭与非单亲家庭儿童发展账户参与意愿的差异性分析。表 3-6 为单亲家庭与非单亲家庭儿童发展账户参与意愿差异的卡方检验。在教育储蓄意愿方面，非单亲家庭样本中，49.8%的家长曾经或经常考虑过为孩子进行教育储蓄，单亲家庭样本为 48.2%，二者间相差 1.6 个百分点（$\chi^2=0.076$，$p>0.05$），表明家长为孩子进行教育储蓄的意愿在单亲与非单亲家庭之间不存在显著差异。在参与儿童发展账户意愿方面，非单亲家庭样本中，49.2%的家长非常愿意每月为孩子的儿童发展账户存钱，46.1%的家长表示愿意，4.1%的家长表示考虑考虑再说，0.6%的家长表示不愿意；单亲家庭样本中，77.6%的家长表示非常愿意，20.0%的家长表示愿意，1.2%的家长表示考虑考虑再说，1.2%的家长表示不愿意。同时，$\chi^2=26.532$，$p<0.001$，表明家长为孩子儿童发展账户存钱的意愿在单亲与非单亲家庭之间存在显著差异，非单亲家庭和单亲家庭的参与意愿普遍较高，但单亲家庭的参与意愿更为强烈。在儿童发展账户实施意愿方面，非单亲家庭样本中，75.7%的家长愿意立刻实施儿童发展账户，单亲家庭样本则为 84.7%，二者间相差 9 个百分点，$\chi^2=0.60$，$p>0.05$，表明家长的儿童发展账户实施意愿在单亲与非单亲家庭之间不存在显著差异。

表 3-6　单亲家庭与非单亲家庭儿童发展账户参与意愿差异的卡方检验

单位：人，%

变量	选项	非单亲家庭	单亲家庭	合计	χ^2
教育储蓄意愿	没有考虑	50.2	51.8	50.3 （538）	0.076
	曾经或经常考虑过	49.8	48.2	49.7 （531）	
	总计	100 （984）	100 （85）	10 （1069）	

续表

变量	选项	非单亲家庭	单亲家庭	合计	χ^2
参与儿童发展账户意愿	不愿意	0.6	1.2	0.7 (7)	26.532***
	考虑考虑再说	4.1	1.2	3.8 (41)	
	愿意	46.1	20.0	44.0 (470)	
	非常愿意	49.2	77.6	51.5 (549)	
	总计	100 (982)	100 (85)	100 (1067)	
儿童发展账户实施意愿	否	24.3	15.3	23.6 (250)	0.60
	是	75.7	84.7	76.4 (810)	
	总计	100 (975)	100 (85)	100 (1060)	

注：括号内为样本数。*** $p<0.001$。

病患家庭（患有重病或残疾）与非病患家庭儿童发展账户参与意愿的差异性分析。表3-7为病患家庭与非病患家庭儿童发展账户参与意愿差异的卡方检验。在教育储蓄意愿方面，无患病的家人的样本中，50.6%的家长表示曾经或经常考虑过为孩子进行教育储蓄，有患病的家人的样本则为47.8%，$\chi^2=0.768$，$p>0.05$，表明家长为孩子教育储蓄的意愿在无患病的家人与有患病的家人的家庭之间不存在显著差异。在参与儿童发展账户意愿方面，无患病的家人的样本中，51.4%的家长表示非常愿意每月为孩子的儿童发展账户存钱，46.2%的家长表示愿意，2.4%的家长表示考虑考虑再说；有患病的家人的样本中，51.7%的家长表示非常愿意，39.7%的家长表示愿意，6.7%的家长表示考虑考虑再说，1.9%的家长表示不愿意。同时，$\chi^2=28.433$，$p<0.001$，表明家长为孩子儿童发展账户存钱的意愿在无患病的家人样本与有病患的家人样本之间存在显著差异，两类家庭的存钱意愿均较高，但无患病的家人样本的存钱意愿更为强烈。在儿童发展账户实施意愿方面，无患病的家人样本中，78.1%的家长愿意立刻实施儿童发展账户，有患病的家人样本则为73.2%，$p>0.05$，表明家长的儿童发展账户实施意愿不因家庭有无患病的家人而不同。

表 3-7　病患家庭与非病患家庭儿童发展账户参与意愿差异的卡方检验

单位：人，%

变量	选项	无患病的家人	有患病的家人	合计	χ^2
教育储蓄意愿	没有考虑	49.4	52.2	50.3（559）	0.768
	曾经或经常考虑过	50.6	47.8	49.7（552）	
	总计	100（747）	100（364）	100（1111）	
参与儿童发展账户意愿	不愿意	0	1.9	0.6（7）	28.433***
	考虑考虑再说	2.4	6.7	3.8（42）	
	愿意	46.2	39.7	44.1（488）	
	非常愿意	51.4	51.7	51.5（570）	
	总计	100（747）	100（360）	100（1107）	
儿童发展账户实施意愿	否	21.9	26.8	23.5（258）	3.282
	是	78.1	73.2	76.5（841）	
	总计	100（745）	100（354）	100（1099）	

注：括号内为样本数。*** $p<0.001$。

低保家庭与非低保家庭儿童发展账户参与意愿的差异性分析。表

3-8为低保家庭与非低保家庭儿童发展账户参与意愿差异的卡方检验。在教育储蓄意愿方面，非低保家庭的样本中，48.5%的家长表示曾经或经常考虑过为孩子将来上大学进行专门的教育储蓄；低保家庭的样本中，65.3%的家长考虑过为孩子进行教育储蓄。$p<0.01$，表明家长为孩子进行教育储蓄的意愿在低保家庭与非低保家庭之间存在显著差异，相较于非低保家庭，低保家庭为孩子进行教育储蓄的意愿更强。在参与儿童发展账户意愿方面，非低保家庭的样本中，95.5%的家长表示愿意或者非常愿意每月为孩子的儿童发展账户存钱，3.8%的家长表示考虑考虑再说，0.7%的家长表示不愿意；在低保家庭的样本中，97.2%的家长表示非常愿意或者愿意，2.8%的家长表示考虑考虑再说。$p>0.05$，说明家长为孩子儿童发展账户存钱的意愿在低保家庭与非低保家庭之间不存在显著差异，两类家庭参与儿童发展账户的意愿均较高。在儿童发展账户实施意愿方面，非低保家庭样本中，75.5%的家长表示愿意立刻实施，低保家庭样本则为88.9%。$p<0.05$，表明家长的儿童发展账户实施意愿在低保家庭与非低保家庭之间存在显著差异，低保家庭较非低保家庭更愿意立刻实施儿童发展账户。

表3-8　低保家庭与非低保家庭儿童发展账户参与意愿差异的卡方检验

单位：人，%

变量	选项	非低保家庭	低保家庭	合计	χ^2
教育储蓄意愿	没有考虑	51.5	34.7	50.4（562）	7.616**
	曾经或经常考虑过	48.5	65.3	49.6（552）	
	总计	100（1042）	100（72）	100（1114）	
参与儿童发展账户意愿	不愿意	0.7	0	0.6（7）	1.031
	考虑考虑再说	3.8	2.8	3.7（41）	

续表

变量	选项	非低保家庭	低保家庭	合计	χ^2
	愿意	44.4	41.7	44.2（490）	
	非常愿意	51.1	55.5	51.5（570）	
	总计	100（1036）	100（72）	100（1108）	
儿童发展账户实施意愿	否	24.5	11.1	23.6（260）	6.677*
	是	75.5	88.9	76.4（841）	
	总计	100（1029）	100（72）	100（1101）	

注：括号内为样本数。* $p<0.05$，** $p<0.01$。

家庭月收入与儿童发展账户参与意愿的差异性分析。表3-9为不同家庭月收入家庭儿童发展账户参与意愿差异的卡方检验。在教育储蓄意愿方面，低收入家庭样本中，51.8%的家长表示曾经或经常考虑过为孩子上大学进行教育储蓄；相对高收入家庭样本中，45.3%的家长曾经或经常考虑过为孩子进行教育储蓄。$p<0.05$，这表明家长的教育储蓄意愿在低收入家庭与相对高收入家庭之间存在显著差异，低收入家庭为孩子进行教育储蓄的意愿更强。在参与儿童发展账户意愿方面，低收入家庭样本中，95.5%的家长表示愿意或者非常愿意每月为孩子的儿童发展账户存钱，3.7%的家长表示考虑考虑再说，0.8%的家长表示不愿意；相对高收入家庭样本中，95.7%的家长表示非常愿意或者愿意，4.0%的家长表示考虑考虑再说，0.3%的家长表示不愿意。$p>0.05$，说明家长为孩子儿童发展账户存钱的意愿在低收入家庭与相对高收入家庭之间不存在显著差异。在儿童发展账户实施意愿方面，低收入家庭样本中，77.8%的家长表示愿意立刻实施账户，相对高收入家庭样本则为74.4%。$p>0.05$，表明父母的儿童发展账户实施意愿在低收入家庭与相对高收入家庭之间不存在显著差异。

表 3-9 不同家庭月收入家庭儿童发展账户参与意愿差异的卡方检验

单位：人，%

变量	选项	低收入家庭	相对高收入家庭	合计	χ^2
教育储蓄意愿	没有考虑	48.2	54.7	50.3（559）	4.013*
	曾经或经常考虑过	51.8	45.3	49.7（553）	
	总计	100（759）	100（353）	100（1112）	
参与儿童发展账户意愿	不愿意	0.8	0.3	0.6（7）	3.253
	考虑考虑再说	3.7	4.0	3.8（42）	
	愿意	42.5	47.3	44.0（488）	
	非常愿意	53.0	48.4	51.6（571）	
	总计	100（755）	100（353）	100（1108）	
儿童发展账户实施意愿	否	22.2	25.6	23.3（256）	1.527
	是	77.8	74.4	76.7（844）	
	总计	100（748）	100（352）	100（1100）	

注：括号内为样本数。* $p<0.05$。

不同子女性别家庭儿童发展账户参与意愿的差异性分析。表 3-10 为不同子女性别家庭儿童发展账户参与意愿差异的卡方检验。在教育储蓄意愿方面，49.9%的女孩家长表示曾经或经常考虑过为孩子上大学进行教育储蓄，48.1%的男孩家长表示曾经或经常考虑过为孩子进行教育储蓄，$p>0.05$，表明家长的教育储蓄意愿不因子女性别的不同而不同。在参与儿童发展账户意愿方面，女孩样本中，46.3%的家长表示非常愿意每月为孩子的儿童发展账户存钱，49.7%的家长表示愿意存钱，3.8%的家长表示考虑考虑再说，0.2%的家长表示不愿意；男孩样本中，55.6%的家长表示非常愿意为孩子的账户存钱，39.7%的家长表示愿意存钱，3.8%的家长表示考虑考虑再说，0.9%的家长表示不愿意。$p<0.01$，说明家长为孩子儿童发展账户存钱的意愿在男孩与女孩之间存在显著差异，家长为男孩的儿童发展账户存钱的意愿更高。在儿童发展账户实施意愿方面，女孩样本中，68.7%的家长表示愿意立刻实施儿童发展账户，男孩样本则为82.3%，$p<0.001$，表明较之女孩，父母对男孩的儿童发展账户立刻实施的意愿更强烈。

表3-10 不同子女性别家庭儿童发展账户参与意愿差异的卡方检验

单位：人，%

变量	选项	女	男	合计	χ^2
教育储蓄意愿	没有考虑	50.1	51.9	51.1（603）	0.358
	曾经或经常考虑过	49.9	48.1	48.9（577）	
	总计	100（507）	100（673）	100（1180）	
参与儿童发展账户意愿	不愿意	0.2	0.9	0.6（7）	12.922**
	考虑考虑再说	3.8	3.8	3.8（42）	
	愿意	49.7	39.7	44.0（490）	
	非常愿意	46.3	55.6	51.6（575）	
	总计	100（475）	100（639）	100（1114）	
儿童发展账户实施意愿	否	31.3	17.7	23.5（260）	27.830***
	是	68.7	82.3	76.5（846）	
	总计	100（473）	100（633）	100（1106）	

注：括号内为样本数。* $p<0.05$，** $p<0.01$，*** $p<0.001$。

（2）二元Logistic回归分析

将性别、年龄、是否单亲家庭、是否低保家庭、是否病患家庭、语文分数、数学分数、外语分数、家庭月收入对数、家庭月支出对数、恩格尔系数、金融投资总额对数、父母教育态度、为孩子上大学专门存过钱、家长参与综合指标、家庭关系综合指标、家长教育期望综合指标、家长受教育水平、教育储蓄对数作为自变量，将教育储蓄意愿、参与儿童发展账户意愿、儿童发展账户实施意愿作为因变量（0=不愿意；1=愿意）分别建立二元 Logistic 回归模型，并命名为模型 1、模型 2、模型 3。回归结果如表 3-11 所示。

由表 3-11 的模型 1 可知，性别、是否单亲家庭、是否低保家庭、数学分数、金融投资总额对数、父母教育态度、为孩子上大学专门存过钱、家长参与综合指标、家长教育期望综合指标、家长受教育水平对父母教育储蓄意愿无显著影响（$p>0.05$）。同时，统计结果显示，在 0.05 的统计水平下，控制其他变量不变的情况下，孩子年龄每增加 1 岁，父母考虑过为孩子将来上大学的花费进行教育储蓄的发生比下降 7.31%（$e^{-0.076}-1$）；有病患的家庭父母为孩子进行教育储蓄的发生比是没有病患家庭的 0.72 倍（$e^{-0.326}$）；孩子的学业成绩显著影响父母的教育储蓄意愿，但不同的学科成绩影响效果存在差异，其中，孩子语文分数每提高 1 分，教育储蓄意愿的发生比将提高 4.29%（$e^{0.042}-1$），外语分数每提高 1 分，教育储蓄意愿的发生比降低 4.40%（$e^{-0.045}-1$）；父母的教育储蓄意愿受制于家庭经济水平，其中，家庭月收入对数每提高 1 个百分点，家长为孩子进行教育储蓄的发生比降低 20.63%（$e^{-0.231}-1$），家庭月支出对数每增加 1 个百分点，家长教育储蓄意愿的发生比增加 38.40%（$e^{0.325}-1$）；父母已有的教育储蓄数额亦影响自身的储蓄意愿，储蓄数额对数每增加 1 个百分点，为孩子将来上大学的花费进行教育储蓄的发生比增加 26.62%（$e^{0.236}-1$）。因此，孩子年龄越小、语文分数越高、外语分数越低，家庭无病患、月收入越低、月支出越高，父母现有的教育储蓄数额越多，父母教育储蓄意愿也就越高。

模型 2 结果显示，孩子的性别和年龄、是否单亲家庭、是否病患家庭、语文分数、外语分数、家庭月支出对数、恩格尔系数、为孩子上大学专门存过钱、家长受教育水平对参与儿童发展账户意愿无显著影响（$p>0.05$）。是否低保家庭、数学分数、家庭月收入对数、金融投资总额对数、父母教育态度、家长参与综合指标、家庭关系综合指标、家长教育期望综合指标和教育储蓄综合指标对参与儿童发展账户意愿有显著影响（$p<0.05$）。其中，家庭月收入对数、家长参与综合指标、家长教育期望综合指标、教育储蓄对数对参与儿童发展账户意愿存在正向影响，当保持其他因素不变时，家庭月收入对数、家长参与综合指标、家长教育期望综合指标、教育储蓄对数每增加 1 个百分点，父母愿意每月为孩子儿童发展账户存钱的发生比分别增加 203%（$e^{3.060}-1$）、672%（$e^{4.223}-1$）、217%（$e^{3.122}-1$）、219%（$e^{3.133}-1$）。同时，是否低保家庭、数学分数、金融投资总额对数、父母教育态度、家庭关系综合指标对参与儿童发展账户意愿存在负向影响。当保持其他因素不变时，低保家庭愿意为孩子儿童发展账户存钱的发生比是非低保家庭的 0.00014 倍（$e^{-8.843}$）；孩子的数学分数每增加 1 分，父母愿意为孩子儿童发展账户存钱的发生比减少 22%（$e^{-0.248}-1$）；金融投资总额对数每增加 1 个百分点，家长参与儿童发展账户意愿的发生比减少 90.7%（$e^{-2.373}-1$）；父母教育态度每增加 1 个单位，家长愿意为账户存钱的发生比减少 91.7%（$e^{-2.491}-1$）；家庭关系综合指数每提升 1 个单位，家长愿意为账户存钱的发生比减少 95.4%（$e^{-3.090}-1$）。

由模型 3 可知，是否单亲家庭、是否低保家庭、数学分数、家庭月支出对数、金融投资总额对数、父母教育态度、家长参与综合指标、家庭关系综合指标、家长教育期望综合指标对儿童发展账户实施意愿无显著影响（$p>0.05$）。同时，回归结果表明，在 0.05 的显著性水平下，控制其他变量不变的情况下，男孩父母愿意立刻实施儿童发展账户的发生比是女孩父母的 2.35 倍（$e^{0.856}$）；孩子年龄每增加 1 岁，父母愿意立刻实施儿童发展账户的发生比增加 14.45%（$e^{0.135}-1$）；有病患家庭家长的儿童发展账户实施意愿发生比是没有病患家庭的 0.69 倍（$e^{-0.378}$）；孩子语文分数和外语分数每提高 1 分，父母愿意立刻实施儿童发展账户的发生比分别降低 3.54%（$e^{-0.036}-1$）和 2.96%（$e^{-0.030}-1$）；家庭月收入对数和教育储蓄对数每提高 1 个百分点，家长愿意实施儿童发展账户的发生比分别降低 35.92%（$e^{-0.445}-1$）和 15.72%（$e^{-0.171}-1$）；家长为孩子上大学专门存过钱的频率每提高 1 个等级，其愿意立刻实施儿童发展账户的发生比增加 159.61%（$e^{0.954}-1$）。因此，儿童为男孩、年龄越大、语文分数和外语分数越低，家庭月收入越低、无病患，家长为孩子上大学专门存过钱的频率越高、现有的教育储蓄数额越少，父母愿意立刻付诸实施儿童发展账户的概率越高。

表 3-11　儿童发展账户参与意愿的二元 Logistic 回归结果

变量	模型 1	模型 2	模型 3
X16 性别	0.122 (0.135)	1.578 (1.153)	0.856*** (0.163)
X17 年龄	-0.076*** (0.021)	0.021 (0.120)	0.135*** (0.025)
X11 是否单亲家庭	-0.085 (0.219)	-1.874 (1.417)	0.122 (0.280)
X9 是否低保家庭	0.248 (0.222)	-8.843*** (2.116)	0.163 (0.290)
X10 是否病患家庭	-0.326* (0.141)	-20.248 (901.286)	-0.378* (0.173)
X1 语文分数	0.042** (0.014)	-0.040 (0.100)	-0.036* (0.016)
X2 数学分数	-0.019 (0.011)	-0.248* (0.126)	-0.004 (0.012)
X3 外语分数	-0.045*** (0.010)	-0.058 (0.078)	-0.030** (0.012)

续表

变量	模型 1	模型 2	模型 3
X6 家庭月收入对数	-0.231* (0.11)	3.060* (1.206)	-0.445*** (0.133)
X7 家庭月支出对数	0.325* (0.143)	0.048 (1.165)	0.304 (0.177)
X8 恩格尔系数	0.954** (0.318)	-4.585 (2.529)	-2.615*** (0.400)
X5 金融投资总额对数	-0.010 (0.053)	-2.373*** (0.626)	0.074 (0.064)
X12 父母教育态度	-0.131 (0.094)	-2.491** (0.972)	-0.095 (0.117)
Y5 为孩子上大学专门存过钱	0.095 (0.154)	-2.435 (1.377)	0.954*** (0.204)
X15 家长参与综合指标	0.144 (0.191)	4.223* (1.966)	-0.354 (0.235)
X13 家庭关系综合指标	-0.247** (0.087)	-3.090*** (0.941)	0.007 (0.104)
X14 家长教育期望综合指标	-0.057 (0.101)	3.122** (1.145)	-0.029 (0.118)
X18 家长受教育水平	-0.030 (0.024)	-0.015 (0.228)	-0.087** (0.029)
Y4 教育储蓄对数	0.236*** (0.069)	3.133*** (0.979)	-0.171* (0.086)
常数项（常量）	0.606 (1.770)	45.208 (901.496)	10.459*** (2.250)
-2 Logarithmic Likelihood	1525.426	50.283	1125.787
Cox & Snell R^2	0.089	0.237	0.152
Nagelkerke R^2	0.119	0.882	0.226

注：括号内为标准误。* $p<0.05$，** $p<0.01$，*** $p<0.001$。

综上，通过质性分析发现，教育投资意识、教育储蓄意识、家长教育参与、家长受教育水平、家庭经济水平、儿童学业表现等是儿童发展账户参与意愿的重要影响因素。经过量化分析在一定程度上验证了质性分析的结果，但仍存在略微差别。关于儿童发展账户参与意愿现状及其影响因素，可以得出以下结论。①贫困家庭普遍有着较高的儿童发展账户参与意愿。②家庭类型方面，非病患家庭的教育储蓄意愿和儿童发展账户实施意愿较病患家庭强烈，非低保家庭参与儿童发展账户的意愿较低保家庭高，这是因为非病患和非低保家庭的经济压力与生活压力较低，更会考虑孩子的教育储蓄问题。③家庭经济状况方面，家庭月收入越高，父母参与儿童发展账户意愿越强烈，但教育储蓄意愿和儿童发展账户实施意愿越低，表明低收入家庭更能受到 CDA 中匹配供款的激励，但又受制于自身的经济水平。④金融投资能力方面，金融投资总额显著负向影响参与儿童发展账户意愿，但对教育储蓄意愿及儿童发展账户实施意愿无影响；这是因为家庭金融资产持有比例反映了家庭的投资偏好，家庭对理财产品、国债等的投资也在一定程度上影响父母向儿童发展账户存钱的意愿。⑤参与能力方面，父母已有的教育储蓄越多，其教育储蓄意愿和参与儿童发展账户意愿越高，但儿童发展账户实施意愿越低。家长为孩子上大学专门存过钱的频率越高，儿童发展账户实施意愿越高。

四　参与能力及其影响因素

本部分主要讨论贫困家庭儿童发展账户参与能力及其影响因素。按照研究设计，首先，基于个案结构式访谈资料对贫困家庭儿童发展账户的参与能力状况及其主要影响因素进行描写与总结，重点概括影响儿童发展账户参与能力的主要影响因素。其次，在质性研究结论的基础上，基于量化数据进一步探讨儿童发展账户参与能力的相关影响因素。

（一）参与能力及其影响因素的质性分析

实证研究贫困家庭参与儿童发展账户的实际能力对后期政策构建与模拟运行具有重要的价值。本部分首先基于78户个案访谈资料进行描述性研究。为了深入了解贫困家庭儿童发展账户参与能力状况，本研究重点设置了以下访谈问题。一是围绕被访者家庭目前已经开展的教育储蓄情况进行访谈。二是设置了一道假设性问题：如果您家在银行中每月存一笔钱，专门用于孩子将来上大学的花费，比如每月固定存200元，政府或社会机构每个月在您存的账户上按照1∶1的比例免费给您配款200元，这笔钱只用于将来您孩子上大学的支出，询问被访者是否参与及其原因。三是如果被访者愿意参与，进一步询问其每月能够为孩子专门存储的最大金钱数额，分别就政府的1∶1配款与1∶2配款两种情境进行访谈。这三个问题紧密相关，能够整体反映被访者家庭参与儿童发展账户的基本能力。

实地访谈资料发现，绝大部分家庭对参与儿童发展账户的积极性较高，但在儿童发展账户参与能力上存在明显差异。在政府配款1∶1的比例下，被访家庭能够参与存款的最高金额为2000元，最低为100元，均值约为544元；在政府配款比例为1∶2的情况下，被访家庭参与存款的最高金额为3500元，最低为100元，均值约为807元。相较于1∶1的配款比例，1∶2情况下各家庭存款金额差异较大。访谈资料也表明，尽管贫困家庭对儿童发展账户政策表现出较高的参与积极性，但贫困家庭普遍存在“心有余而力不足”的情况，除少数家庭外，大多数贫困家庭的每月参与金额在100～500元。即使适当提高配款比例，受到客观经济条件的限制，这些家庭并不能显著增加相应的存款数额。鉴于被访家庭参与能力存在较大差异，本章接下来将家庭分为高参与能力与低参与能力两种基本情况逐一考察，以尽可能全面总结影响家庭儿童发展账户参与能力的相关因素。

1. **高参与能力影响因素分析**

（1）家庭经济条件

家庭的经济状况通常是影响儿童发展账户参与能力的重要原因，一般人们认为经济状况相对较好的家庭所能提供的存款金额也相对较大。根据访谈资料，在儿童发展账户 1∶1 的配款比例下，经济条件相对较好的家庭预设的储蓄金额全部在 500 元及以上；在 1∶2 的配款比例下，储蓄金额均有所提高，大部分为 1000 元及以上。这部分受访家庭又可以分为以下两种类型。

第一种，收入来源较多，总体工资高。SLLH14 家庭是这一类型的代表，在这一家庭中，孩子的父母和爷爷均从事个体工作，收入较高，"父母做个体生意，好的时候收入高达 20000 元；爷爷工资收入 10000 元，每月给孩子 800 元现金"。相比其他贫困家庭，该家庭共有三位有稳定收入的劳动力，可获得经济收入渠道较多，通过访谈我们也了解到，他们的储蓄金额较大，"如果以 1∶1 配款，一个小孩的话 500 元差不多。如果是按照 1∶2 配款那我一个小孩存 2000 元"。其参与能力较强。

第二种，父母双方有稳定的工作和固定收入。这一类型的家庭虽然收入来源少，但是相比那些单亲、丧偶或者仅一人参加工作的家庭而言，这类家庭的经济条件有明显的优势。下面三户被访家庭属于此情况。第一户 SLLH32 家庭，共三口人，育有一男孩，11 岁。孩子母亲从事销售工作，月收入 6000 元；父亲在一家企业单位上班，月收入 5000 元，二人均签订了书面劳动合同，并享有五险。在被问及儿童发展账户存储金额时表示："如果 1∶1，非常愿意实施儿童发展账户，但每月最多能存 1000 元。如果 1∶2，每个月往里存 3500 元是没问题的吧。"同样，第二户 SLLH28 家庭，父母也都有固定工作和收入，父母双方从事护理工作，属于卫生行业，每人月收入 7000 元。此家庭同样表示：“每月存 500 元。如果按照 1∶2，就是翻倍吗？那就得 1000 元了。”与前两户不同的是，我们了解到第三户家庭虽然也有稳定的收入，但是家中老人身体状况较差，医疗开支较大，不过第三户家庭在接受访谈时仍表示“每月存 1000 元；如果 1∶2，那就存多点，家里花销也挺大的，两个人挣五个人花。那就 1500 元，这个还是能挤出来的。”

从以上几个案例可以了解到，在家庭经济条件好、可支配收入多的情况下，家长愿意且有能力拿出更多的钱进行教育储蓄。在这种条件下，用于儿童发展账户的资金并不会对家庭的其他开支造成压力。

（2）家长教育期望

通过实地访谈了解到，家长对于孩子的教育期望越高，对教育类投资的能力越强，儿童发展账户的参与能力越强。在本次调查中，教育期望具体体现为对孩子上大学、最高学历和出国留学等方面的期待。在被访家庭中，最有代表性的为 HPL19、SLLH40 和 DL14 这三个家庭。在 HPL19 家庭中，孩子母亲对于上大学的期望并不是很强，表示“看她自己吧，她自己就很想上”。但是，该家庭希望孩子可以获得更高的学历：“我期待她研究生毕业吧。”由于孩子母亲自身工作（在留学机构负责教育咨询）原因，家长希望孩子可以出国深造，而且为实现这一目标，她表示“随时准备着”。对孩子同样有着出国留学期望的是 SLLH40 家庭，但与上一个家庭不同的是，该家庭并未开始做准备工作，当前正处于考虑规划阶段。在关于出国准备的问题上，孩子母亲表示：“想过给她报英语班，马上就要报了，我都在看着呢”，“只要她想去我们就尽力，已经存了一点钱了”，“别的方面还没特别准备”，“得上完高中吧，高考完看她的分数怎么样了，要是很理想，我们就努力付出”。但是，该家庭对于孩子上大学的期望很高，对上大学持积极态度，同时也希望孩子可以读到博士，获得更高的学历：“博士研究生，越高越好，对吧。”

相较于前两个家庭而言，DL14 家庭的教育期待略有不同，此家庭并未对出国留学有明确的期望，而是对孩子的最高学历和是否上大学有着较为强烈的期待，当问及孩子将来是否一定要上大学时，孩子母亲表示：“他必须上最优秀的大学，否则挨揍，我觉得他这个智力，如果好好培养的话，他应该是一流的，不能说最牛的，他上一年级的时候，他姐姐（亲戚家的孩子）考到北京的时候，我就让他去清华溜达了一圈，我就跟他说将来这就是你的目标，他现在认为那就是他的目标。”同时，孩子母亲也对未来的学历和职业表达了较高的期待，“最好是博士毕业，这是基本的。更高的话，他应该做科学家，这是两个目标。因为他跟我说他想干什么了，而且他姐姐做实验的时候，他就说我就是一个小科学家了”。尽管家长的期望受到亲戚的影响，但这也使得她对孩子的期待更加具体化、明确化。

上述个案中的家庭参与能力都比较强，他们对于儿童发展账户的参与金额均为 500 元及以上，且随着配款比例的提高，大部分家庭存储的金额也会上升。父母教育期望越高的家庭参与能力越强。

（3）儿童发展账户参与意愿

访谈结果显示，儿童发展账户的参与能力与其参与意愿密切相关，参与意愿越强的家庭，参与能力也越高。具体表现为，对实行儿童发展账户这一政策持“愿意”“非常愿意”等肯定态度的家庭，其相应计划储蓄的金额更大。本部分选取 HPL03、HPL10、HPL27 三个有代表性的被访家庭进行简要描述。在 HPL03 家庭中，孩子的爷爷奶奶对教育问题有决定权，其中孩子爷爷在接受访谈时对儿童发展账户持支持态度，表示“非常愿意，那当然愿意”，参与意愿很高，同时涉及具体储蓄金额时，他表示若配款比例为 1∶1，一个孩子存 1000 元；若配款比例为 1∶2，则一个孩子存 1500 元。更能体现该家庭参与能力的还有一个方面，即在问及最多每个月拿出多少钱用于儿童发展账户时，访问员试探性提出了一个 500 元的假设，但遭到了孩子爷爷的反驳，他表示："那他们两个哩，他们两个太少。"由此可知，HPL03 家庭不仅对于该储蓄账户的支持度高，而且参与能力也很强。同时，另外两个家庭也对儿童发展账户表达了同样的观点，HPL10 家庭表示："那这是很好的，这个东西是很不错的，我肯定是非常愿意。能够达到的储蓄金额每月可 1000 元。"HPL27 家庭也表示："非常愿意。这是好事啊，行行。每月可储蓄金额为 2000 元。"

相比其他贫困家庭而言，上述三个家庭的参与意愿和储蓄金额都非常高，预设存储金额均为 1000 元及以上。这些个案对儿童发展账户参与意愿都较高，与此同时相应的参与能力表现得也相对较强。

综上，较高参与能力的家庭主要受到家庭经济条件、家长教育期望和儿童发展账户参与意愿等诸多因素的影响。这些因素对家庭教育储蓄或儿童发展账户参与能力的影响是正向的，即经济收入高的受访家庭、父母对子女的受教育前景期望高的家庭和明确表示高参与意愿的家庭等，对儿童发展账户的参与能力也相对较高。

2. 低参与能力影响因素分析

如上文所述，儿童发展账户参与能力较强的家庭主要受到其家庭经济条件、家长教育期望以及儿童发展账户参与意愿等因素的积极影响。在这些方面处于较高水平的家庭，其儿童发展账户相应参与能力也会较高。但经由实地访谈了解到，当前文所谈及的参与能力促进因素处于较低水平时，则会制约家庭的儿童发展账户参与能力。此外，已有的教育储蓄一方面能够作为儿童发展账户参与能力的衡量指标，另一方面也会对儿童发展账户存款数额产生一定的抑制效应。对儿童发展账户参与能力较低的家庭所受到的限制因素进行的分析，具体主要从家庭经济水平、儿童发展账户参与意愿以及教育储蓄等方面展开。

（1）家庭经济水平

如前文所述，家庭经济水平高可以提升儿童发展账户的参与能力，根据实地访谈资料也可以发现，对于大部分低收入家庭和个别较高收入家庭，较低的家庭经济水平则成为其参与能力的限制因素。低收入家庭的儿童发展账户参与能力相对较低，在教育储蓄方面，由于经济负担较重，相对较为贫困的家庭即使有较高的储蓄意愿也难以展开实际的储蓄行为，基于客观经济条件，相对贫困家庭的每月存储金额普遍在 100~500 元。

SLLH06 家庭和 SLLH20 家庭是相对贫困家庭中较为典型的案例。SLLH06 家庭共 4 口人，其中大女儿 9 岁，现就读于济南市某小学四年级，小儿子 4 岁，处于幼儿园小班阶段；受访家长为孩子母亲，32 岁，初中毕业，目前因照顾孩子暂时没有工作；父亲 34 岁，也为初中学历，为专业技术人员，日平均工作时间长达 11 小时。该家庭月收入仅为父亲的临时性工资收入，每月约为 6000 元，家庭经济收入较少，有较重的经济负担。在教育储蓄方面，该家庭并没有为孩子将来上大学的花费进行过专门的教育储蓄，虽然曾经考虑过，但受到经济能力的限制并没有付诸实施。对于儿童发展账户，受访母亲表示愿意参加，并表现出了较高的积极性，但基于对当前家庭经济水平的考虑，配款比例并不会影响其存款数额，表示“不管是 1∶1 还是 1∶2，每个月最多存 300 元”。

SLLH20 家庭共 4 口人，受访儿童为 9 岁男孩，现就读于济南市某小学三年级；儿童姐姐已经 18 岁，正处于高中三年级；受访家长为儿童母亲，46 岁，初中学历，目前没有工作；儿童父亲 48 岁，中专学历，从事技术维修工作。该家庭每月收入约为 3600 元，为父亲的工资收入，此外没有其他收入来源。对于孩子的教育，该家庭比较愿意进行投资，去年一年用于孩子教育的费用约为 8000 元。该家庭基于经济能力目前并没有为孩子进行过教育储蓄，也尚未考虑过；当提及儿童发展账户时，受访儿童母亲表示非常愿意参加，但每月的存款数额不论配额比例最多为 200 元，对此受访者解释道："想多存也存不了，达不到那个经济条件，我也希望多存，存款多孩子将来的负担就能少点，但最多也就 200 元。"

以上两个受访家庭均存在较大的经济压力，即使目前并没有重大的开支项目，但由于收入较低，其储蓄能力不足。以上两个家庭都表现出了较高的儿童发展账户参与意愿，开设账户的积极性同样较高，但客观的家庭经济水平限制了其对儿童发展账户的参与能力，并且适当提高储蓄配额也不能对家庭存款数额产生有效的积极影响。此外，通过访谈还发现，部分家庭即使总体的经济收入水平较高，但因支出较多、存款能力不足、可储蓄金额较少，其儿童发展账户的参与能力也同样较低。

SLLH12 家庭共 4 口人，被访儿童为男孩，10 岁，就读小学四年级；有一个妹妹 3 岁，在上幼儿园小班；被访家长为孩子母亲，36 岁，大专毕业，为了方便照顾孩子现在女儿所在的幼儿园上班；孩子父亲 37 岁，大专毕业，自主创业。相较于其他受访家庭，该家庭的经济收入处于较高水平，每月的工资收入约为 13000 元。但该家庭并没有进行过教育储蓄，受访母亲解释其原因为："目前存不下来钱。"该家庭小女儿于私立幼儿园上学，费用支出较高，孩子母亲的工资几乎都用于幼儿园的各项相关费用，可能基于此，受访母亲认为自身的存款能力不足，因此尚未考虑过为孩子进行教育储蓄。对于儿童发展账户，受访者表现出了非常积极的参与意愿和实施意愿；按照 1∶1 的配款比例，该家庭每月最多的存款数额为

400元，若将配款比例提高至1∶2，则每月最多存入500元。受访母亲对此也表达了自己的顾虑：“每月最多能存500元，因为还得留着点钱看病什么的，不能存太多进去。”

上述案例进一步表明，相对较低的家庭经济水平成为贫困家庭参与儿童发展账户能力的限制因素。其中，较为贫困的家庭基于现实因素，即使有较高的参与意愿，但其参与能力会受到经济压力的制约；部分相对较高收入家庭因支出较多，家庭的储蓄能力较低，家长抵御未来不确定风险的信心并不充足，因此对儿童发展账户的投资会相应地减少。

（2）儿童发展账户参与意愿

前文的发现已表明，儿童发展账户参与意愿一般会对参与能力产生积极影响。同样地，当儿童发展账户参与意愿明显不足时，家庭的参与能力也会相应降低。上文提及的SLLH19家庭因家长教育期望较低而表现出儿童发展账户参与意愿不足，具体体现为受访家长对采取开设儿童发展账户的实际行动仍存有顾虑，并且更倾向于由自己所主导的教育储蓄方式。因此，该家庭选择的儿童发展账户每月最多存款数额为100元，且不受配款比例提高的影响，受访家长对此表示：“因为我们是想着自己存款，不想让别人参与进来，没有什么参加这种账户的想法，所以要存就存100元吧。”同样地，SLLH21家庭也持有较低的儿童发展账户参与意愿和参与能力。该家庭经济收入在受访家庭中处于较高水平，但该家庭并未进行教育储蓄，对于立即开设儿童发展账户积极性不高，表示：“如果现在就有这种儿童发展账户的话，我也得再考虑一下。”基于参与意愿不充足，儿童家长选择的儿童发展账户存款数额不论配额比例均为200元，并认为“没有必要多存，孩子现在还小”。因此，以上个案儿童发展账户的参与意愿较低，从而限制了其儿童发展账户投资能力，表现为相较于经济条件处于相似水平的其他家庭，其对儿童发展账户的计划存储金额相对较少，并且不会受到配款比例变化的影响。

（3）教育储蓄

经由访谈了解到，部分家庭已为儿童将来上大学的花费进行了教育储蓄，具体的储蓄方式包括个人银行存款和购买商业教育保险。已有的教育储蓄和儿童发展账户存在相互影响的效应，当家庭已将部分存款用于教育储蓄，限于经济能力的制约或其他主观性因素，用于儿童发展账户的资金通常会相应地减少，从而表现出参与能力的不足。相关案例如下。

HPL17 家庭共 4 口人，2 名儿童分别为 6 岁和 9 岁；受访儿童母亲 36 岁，目前没有工作；儿童父亲 43 岁，从事个体工商行业，个体性经营收入每月约为 2 万元。该家庭为两个孩子都购买了分红型商业教育保险，其中为大儿子购买的教育保险每年需缴费 12500 元，共缴 10 年；小儿子所享受的教育保险每年缴费为 4000 元，同样为 10 年的缴费年限。此外没有进行其他形式的教育储蓄。由于教育保险的投入金额较多，该家庭没有过多能力参与其他形式的教育储蓄，虽然受访家长对儿童发展账户相关政策表示出较为积极的参与态度，但不会立即开设账户，且最多存款数额为 200 元，不会受到配额比例提升的影响。对此该家长表示："因为目前没有能力再存多余的钱。"

HPL13 家庭的经济条件在受访家庭中也处于较高水平。该家庭共 3 口人，儿童 13 岁，即将升初中二年级；母亲 40 岁，中专学历，为方便照顾孩子从事临时性的保洁工作；父亲 43 岁，本科学历，从事专业技术工作。该家庭经济收入包括工资收入、个体经营性收入和出租房屋收入，每月约为 2 万元，在受访家庭中收入水平较高。该家庭在教育方面的经济支出较多，并通过银行存款的方式为孩子进行教育储蓄，从儿童1岁起累积到当前已存款不低于10万元。受访母亲在访谈中强调："这些钱都不会动的，就是给孩子上学用，发生多大的事情都不会动。"由此可以反映出儿童母亲对教育储蓄有着较高的重视程度。对于儿童发展账户，该母亲表示非常愿意参加，但对账户储蓄金额并没有明确计划。若按照1∶1的配款比例，初步打算每月存款600元；若按照1∶2的配款比例，则会适当提高存款数额至1000元。对儿童发展账户的投资并不会给该家庭带来经济上的负担，儿童母亲对于计划的存款数额给予解释："每个月存几百元就行，因为我觉得用我自己的方式给孩子理财更合适。"该家庭十分重视教育投资与储蓄，并有一定的经济能力，但相较于更多地投资儿童发展账户，儿童家长更倾向于维持自己原来的教育储蓄方式，进而选择在儿童发展账户中进行适当储蓄。

在以上两个案例中，HPL17家庭和HPL13家庭收入水平都较高，且都已经为儿童进行了教育储蓄，前者以购买商业教育保险的方式为孩子将来的花费进行储蓄，后者则通过在银行存款的形式进行教育资产的积累。以上两个家庭都没有因为自身经济条件较好而选择更多地投资于儿童发展账户，尽管有较为积极的参与意愿，但开设账户的能力分别受到了客观经济条件和主观储蓄选择的影响，进而表现出相较于其他同类较高收入家庭，儿童发展账户的参与能力较低。

综上，对于儿童发展账户参与能力较低的受访家庭，家庭经济水平、儿童发展账户参与意愿以及教育储蓄等是其儿童发展账户参与能力的限制因素，即当家庭经济条件处于较低水平、儿童发展账户参与意愿不足或家庭已有相关的教育储蓄时，这些家庭的儿童发展账户存款数额会有一定程度的降低，表现为其参与能力的不足。儿童发展账户参与能力影响因素如图3-2所示。

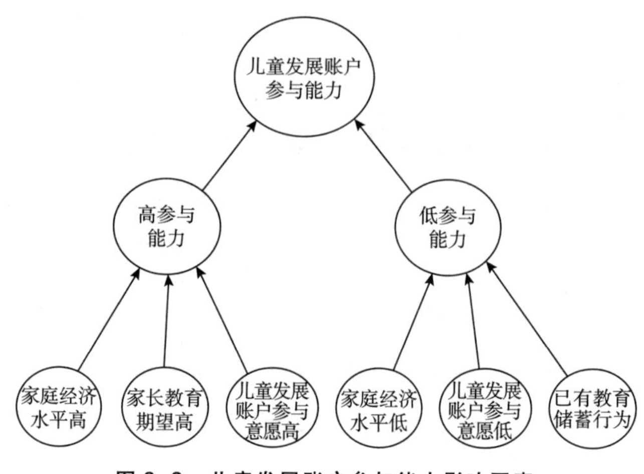

图 3-2 儿童发展账户参与能力影响因素

（二）参与能力及其影响因素的量化分析

本部分主要介绍儿童发展账户参与能力的显著特征及其影响因素。首先，通过描述性统计方法分析儿童发展账户参与能力的特征状况；其次，通过回归分析等方法探讨儿童发展账户参与能力的影响因素。需要说明的是，关于参与能力及其影响因素的相关变量测量在上文中已进行了统一处理（具体变量的描述性统计见表 3-2）。

1. 描述性分析

（1）参与能力现状

教育储蓄的均值为 6438.17，最大值为 99707.88，最小值为 1998.20，表明教育储蓄数额总体偏低。1∶1 配比账户参与最大额的均值为 535.71，最大值为 2000，最小值为 100。1∶2 配比账户参与最大额的均值为 798.49，最大值为 3500，最小值为 100，表明不同家庭每月可以为孩子账户存钱的数额相差较大。由表 3-12 可知，72.6%的家长没有为孩子上大学专门存过钱，10.6%的家长曾经存过一笔，12.8%的家长每年都存一笔，3.2%的家长每月都存一笔，0.7%的家长不定期存上一笔，这表明家长为孩子上大学存钱的情况并不普遍，且存钱频率不高。整体而言，父母的儿童发展账户参与能力偏弱。

表 3-12　为孩子上大学专门存过钱的分布情况

单位：人，%

选项	频数	有效占比	累计占比
没有存过	809	72.6	72.6
曾经存过一笔	118	10.6	83.2
每年都存一笔	143	12.8	96.1
每月都存一笔	36	3.2	99.3
不定期存上一笔	8	0.7	100.0
总计	1114	100.0	

（2）参与能力差异性分析

单亲家庭与非单亲家庭儿童发展账户参与能力的差异性分析。从表 3-13 可以发现，在 0.05 的显著性水平下，教育储蓄对数、1∶1 配比账户参与最大额对数、1∶2 配比账户参与最大额对数在单亲家庭与非单亲家庭之间均不存在显著性差异。由表 3-14 可知，在非单亲家庭样本中，72.8%的家长没有为孩子上大学存过钱，单亲家庭样本则为 68.2%，且 $p<0.001$，表明单亲家庭的父母为孩子上大学专门存钱的概率更高。

表 3-13　单亲家庭与非单亲家庭儿童发展账户参与能力均值的 t 检验（$M±SD$）

变量	非单亲家庭	单亲家庭	t
教育储蓄对数	8.694±1.058 （244）	8.870±1.223 （31）	-0.857
1∶1 配比账户参与最大额对数	6.097±0.659 （974）	5.960±0.487 （85）	1.870
1∶2 配比账户参与最大额对数	6.417±0.809 （974）	6.318±0.484 （85）	1.111

注：括号内为样本数。

表 3-14 单亲家庭与非单亲家庭是否为孩子上大学专门存过钱的卡方检验

是否为孩子上大学专门存过钱	非单亲家庭	单亲家庭	合计	χ^2
没有存过	72.8	68.2	72.4 (773)	
曾经存过一笔	11.1	10.6	11.1 (118)	
每年都存一笔	12.9	9.4	12.7 (135)	93.598***
每月都存一笔	3.2	2.4	3.1 (33)	
不定期存上一笔	0	9.4	0.7 (8)	
总计	100 (982)	100 (85)	100 (1067)	

注：括号内为样本数。*** $p<0.001$。

有病患家庭与无病患家庭儿童发展账户参与能力的差异性分析。从表 3-15 可以发现，在 0.001 的显著性水平下，教育储蓄对数在有病患家庭和无病患家庭之间存在显著性差异，无病患家庭的教育储蓄数额要比有病患家庭高；在 0.05 的统计水平下，1∶1 配比账户参与最大额对数、1∶2 配比账户参与最大额对数在有病患家庭和无病患家庭之间均不存在显著性差异。由表 3-16 可知，在无病患家庭样本中，69.9%的家长没有为孩子上大学存过钱，有病患的家庭样本则为 78.3%，表明没有患病家人的家庭为孩子上大学专门存钱的概率更大（$p<0.01$）。

表 3-15 有病患家庭与无病患家庭儿童发展账户参与能力均值的 *t* 检验（*M*±*SD*）

变量	无病患家庭	有病患家庭	t
教育储蓄对数	8.993±1.329 (167)	8.445±0.574 (117)	4.731***

续表

变量	无病患家庭	有病患家庭	t
1∶1 配比账户参与最大额对数	6.085±0.663 (741)	6.084±0.630 (353)	0.042
1∶2 配比账户参与最大额对数	6.419±0.799 (739)	6.383±0.776 (353)	0.701

注：括号内为样本数。*** $p<0.001$。

表 3-16　有病患家庭与无病患家庭是否为孩子上大学专门存过钱的卡方检验

是否为孩子上大学专门存过钱	无病患家庭	有病患家庭	合计	χ^2
没有存过	69.9	78.3	72.6 (804)	
曾经存过一笔	10.8	9.7	10.5 (116)	
每年都存一笔	15.0	8.6	12.9 (143)	14.208**
每月都存一笔	3.2	3.3	3.3 (36)	
不定期存上一笔	1.1	0	0.7 (8)	
总计	100 (747)	100 (360)	100 (1107)	

注：括号内为样本数。** $p<0.01$。

低保家庭与非低保家庭儿童发展账户参与能力的差异性分析。由表3-17可知，在0.05的统计水平下，教育储蓄对数在低保家庭和非低保家庭之间存在显著性差异，非低保家庭的平均教育储蓄数额要比低保家庭的高；同时，1∶1配比账户参与最大额对数、1∶2配比账户参与最大额对数在低保家庭和非低保家庭之间均不存在显著差异。由表3-18可知，p>0.05，表明低保家庭和非低保家庭在为孩子上大学专门存钱方面不存在显著差异。

表 3-17 低保家庭与非低保家庭儿童发展账户参与能力均值的 t 检验（$M±SD$）

变量	非低保家庭	低保家庭	t
教育储蓄对数	8.799±1.181 (247)	8.551±0.435 (37)	2.393*
1∶1配比账户参与最大额对数	6.083±0.663 (1024)	6.121±0.457 (72)	-0.663
1∶2配比账户参与最大额对数	6.404±0.806 (1022)	6.404±0.580 (72)	0.010

注：括号内为样本数。* $p<0.05$。

表 3-18 低保家庭与非低保家庭是否为孩子上大学专门存过钱的卡方检验

单位：%

是否为孩子上大学专门存过钱	非低保家庭	低保家庭	合计	χ^2
没有存过	73.0	68.1	72.7 (805)	
曾经存过一笔	10.5	9.7	10.5 (116)	
每年都存一笔	12.3	22.2	12.9 (143)	8.501
每月都存一笔	3.5	0	3.2 (36)	
不定期存上一笔	0.8	0	0.7 (8)	
总计	100 (1036)	100 (72)	100 (1108)	

注：括号内为样本数。

家庭月收入与儿童发展账户参与能力的差异性分析。由表 3-19 可知，在 0.001 的统计水平下，家庭的教育储蓄对数存在收入水平差异，相对高收入家庭的平均教育储蓄数额要比低收入家庭的高；而 1∶1 配比账户参与最大额对数、1∶2 配比账户参与最大额对数均不存在收入差异。由表 3-20 可知，在低收入家庭样本中，78.0%的家长没有为孩子上大学存过钱，在相对高收入家庭样本中为 61.2%，且 $p<0.001$，表明低收入家庭和相对高收入家庭在为孩子上大学专门存过钱方面存在显著差异，相对高收入家庭频率更高。

表 3-19　不同家庭月收入家庭儿童发展账户参与能力均值的 t 检验（$M±SD$）

变量	低收入家庭	相对高收入家庭	t
教育储蓄对数	8.485±0.578 (157)	9.116±1.468 (127)	−4.562***
1∶1 配比账户参与最大额对数	6.080±0.708 (747)	6.094±0.510 (348)	−0.385
1∶2 配比账户参与最大额对数	6.403±0.822 (745)	6.413±0.722 (348)	−0.223

注：括号内为样本数。*** $p<0.001$。

表 3-20　不同家庭月收入家庭是否为孩子上大学专门存过钱的卡方检验

单位：%

是否为孩子上大学专门存过钱	低收入家庭	相对高收入家庭	合计	χ^2
没有存过	78.0	61.2	72.7 (805)	95.685***
曾经存过一笔	8.2	15.3	10.5 (116)	
每年都存一笔	12.6	13.6	12.9 (143)	
每月都存一笔	0.1	9.9	3.2 (36)	
不定期存上一笔	1.1	0	0.7 (8)	
总计	100 (755)	100 (353)	100 (1108)	

注：括号内为样本数。*** $p<0.001$。

不同子女性别家庭儿童发展账户参与能力的差异性分析。由表 3-21 可知，在 0.05 的统计水平下，家庭的教育储蓄对数存在性别差异，父母对男孩的平均教育储蓄数额要比女孩的高；而 1∶1 配比账户参与最大额对数、1∶2 配比账户参与最大额对数均不存在性别差异。由表 3-22 可知，在女孩样本中，73.9%的家长没有为孩子上大学专门存过钱，12.0%的家长曾经存过一笔，14.1%的家长每年都存一笔；在男孩样本中，71.7%的家长没有为孩子上大学专门存过钱，9.5%的家长曾经存过一笔，11.9%的家长每年都存一笔，5.6%的家长每月都存一笔，1.3%的家长不定期存上一笔。同时，$p<0.001$，表明家长在为孩子上大学专门存过钱上存在性别差异，父母对男孩存钱的概率和频率要高于女孩。

表 3-21　不同子女性别家庭儿童发展账户参与能力均值的 t 检验（$M±SD$）

变量	女	男	t
教育储蓄对数	8.622±0.941 (143)	8.914±1.253 (141)	−2.214*
1∶1 配比账户参与最大额对数	6.106±0.552 (473)	6.064±0.717 (628)	1.094
1∶2 配比账户参与最大额对数	6.440±0.703 (471)	6.376±0.850 (628)	1.372

注：括号内为样本数。* $p<0.05$。

表 3-22　不同子女性别家庭是否为孩子上大学专门存过钱的卡方检验

单位：%

是否为孩子上大学专门存过钱	女	男	合计	χ^2
没有存过	73.9	71.7	72.6 (809)	
曾经存过一笔	12.0	9.5	10.6 (118)	

续表

是否为孩子上大学专门存过钱	女	男	合计	χ^2
每年都存一笔	14.1	11.9	12.8 (143)	35.479***
每月都存一笔	0	5.6	3.2 (36)	
不定期存上一笔	0	1.3	0.7 (8)	
总计	100 (475)	100 (639)	100 (1114)	

注：括号内为样本数。*** $p<0.001$。

2. 回归分析

本部分构建 4 组模型并采用二元 Logistic 回归与线性回归模型分析儿童发展账户参与能力的影响因素，回归结果如表 3-23 所示。

模型 4 中，年龄、是否单亲家庭、是否低保家庭、数学分数、父母教育态度、家长参与综合指标对教育储蓄无明显影响（$p>0.05$）。是否病患家庭、语文分数、家庭月支出对数、金融投资总额对数、家长教育期望综合指标、家长受教育水平、教育储蓄意愿对教育储蓄具有正向预测作用（p<0.05）。其中，病患家庭较非病患家庭而言，教育储蓄数额会增加 0.235 个百分点；语文分数每提高 1 分，教育储蓄将增加 0.033 个百分点；家庭月支出对数和金融投资总额对数每增加 1 个百分点，教育储蓄将分别增加 0.374 个百分点和 0.362 个百分点；家长教育期望综合指标和家长受教育水平每升高 1 个单位，教育储蓄分别相应增加 0.208 个百分点和 0.032 个百分点；考虑过教育储蓄的家庭与未考虑过教育储蓄的家庭相比，教育储蓄会提高 0.197 个百分点。孩子的性别和外语分数、家庭月收入对数、恩格尔系数、家庭关系综合指标对教育储蓄具有负向预测作用。其中，男生与女生相比，教育储蓄将减少 0.134

个百分点；孩子的外语分数每提高 1 分，教育储蓄将减少 0.017 个百分点；家庭月收入对数每增加 1 个百分点，教育储蓄将降低 0.599 个百分点。

模型 5 中，孩子的性别和年龄、是否单亲家庭、语文分数、家庭月收入对数、恩格尔系数、父母教育态度、教育储蓄意愿、参与儿童发展账户意愿对为孩子上大学专门存过钱没有影响（$p>0.05$）。是否病患家庭、是否低保家庭、孩子的数学分数和外语分数、家庭月支出对数、金融投资总额对数、家长参与综合指标、家庭关系综合指标、家长教育期望综合指标、家长受教育水平、儿童发展账户实施意愿均是为孩子上大学专门存过钱的影响因素（$p<0.05$）。具体而言，病患家庭较非病患家庭，其为孩子上大学专门存过钱的概率减少 44%（$e^{-0.571}-1$）；低保家庭为孩子上大学专门存过钱的发生比约是非低保家庭的 2.66 倍（$e^{0.978}$），即前者比后者在为孩子上大学专门存过钱发生比方面显著增长 166%（$e^{0.978}-1$）；数学分数与外语分数每提高 1 分，父母为孩子上大学专门存过钱的发生比分别增加 5.4%、2.9%（$e^{0.053}-1$；$e^{0.029}-1$）；家庭月支出对数和金融投资总额对数每增加 1 个百分点，父母为孩子上大学专门存过钱的发生比分别提高 99%（$e^{0.688}-1$）与 19.2%（$e^{0.179}-1$）；家长参与综合指标、家庭关系综合指标每增加 1 个单位，父母为孩子上大学专门存过钱的概率分别提高 0.865 个单位和 0.306 个单位；家长教育期望综合指标与家长受教育平水平每提升 1 个单位，父母为孩子上大学专门存过钱的发生比相应提高 56.5%（$e^{0.448}-1$）和 15.7%（$e^{0.146}-1$）；愿意儿童发展账户立刻实施的家庭较不愿意儿童发展账户立刻实施的家庭，其为孩子上大学专门存过钱的发生比增加 151%（$e^{0.921}-1$）。总之，非病患家庭、低保家庭、数学分数与外语分数高、家庭月支出高、金融投资总额高、家长参与水平高、家庭关系良好、家长教育期望高、家长受教育水平高、愿意儿童发展账户立刻实施，则父

母为孩子上大学专门存过钱的概率更高。

模型 6 中，孩子的性别和年龄、是否单亲家庭、是否低保家庭、语文分数、外语分数、家庭关系综合指标没有通过显著性检验（$p>0.05$）。是否病患家庭、数学分数、家庭月收入对数、家庭月支出对数、恩格尔系数、金融投资总额对数、父母教育态度、家长参与综合指标、家长教育期望综合指标、家长受教育水平、教育储蓄意愿、父母教育态度、参与儿童发展账户意愿、儿童发展账户实施意愿是影响 1∶1 配比账户参与最大额的主要因素（$p<0.05$）。其中，数学分数、家庭月支出对数、父母教育态度、参与儿童发展账户意愿对 1∶1 配比账户参与最大额产生负向影响。数学分数每提高 1 分，1∶1 配比账户参与最大额将降低 0.007 个百分点；父母教育态度每增加 1 个单位，1∶1 配比账户参与最大额将降低 0.104 个百分点；家庭月支出对数每增加 1 个百分点，1∶1 配比账户参与最大额将降低 0.209 个百分点；参与儿童发展账户意愿高的家庭较参与儿童发展账户意愿低的家庭，1∶1 配比账户参与最大额将降低 0.322 个百分点。是否病患家庭、家庭月收入对数、金融投资总额对数、家长参与综合指标、家长教育期望综合指标、家长受教育水平、教育储蓄意愿、儿童发展账户实施意愿对 1∶1 配比账户参与最大额具有正向效应。病患家庭较非病患家庭、考虑过教育储蓄的家庭较未考虑教育储蓄家庭、愿意实施儿童发展账户的家庭较不愿实施儿童发展账户的家庭，1∶1 配比账户参与最大额将分别增加 0.100 个百分点、0.134 个百分点、0.361 个百分点；家庭月收入对数、金融投资总额对数每增加 1 个百分点，1∶1 配比账户参与最大额将分别增加 0.107 个百分点、0.133 个百分点；家长参与综合指标、家长教育期望综合指标、家长受教育水平每提高 1 个单位，1∶1 配比账户参与最大额将分别增加 0.321 个百分点、0.100 个百分点、0.015 个百分点。

模型 7 中，孩子的年龄、是否单亲家庭、是否低保家庭、数学分数、外语分数、恩格尔系数、家庭关系综合指标对 1∶2 配比账户参与最大额没有显著影响（$p>0.05$）。孩子的性别和语文分数、是否病患家庭、家庭月收入对数、家庭月支出对数、金融投资总额对数、父母教育态度、家长参与综合指标、家长教育期望综合指标、家长受教育水平、教育储蓄意愿、参与儿童发展账户意愿、儿童发展账户实施意愿均对 1∶2 配比账户参与最大额产生影响（$p<0.05$）。具体而言，性别、语文分数、家庭月支出对数、父母教育态度以及参与儿童发展账户意愿对 1∶2 配比账户参与最大额具有显著负向影响。相较于女生，男生 1∶2 配比账户参与最大额将减少 0.144 个百分点；孩子的语文分数每提高 1 分、家庭月支出对数每增加 1 个百分点，1∶2 配比账户参与最大额将分别减少 0.012 个百分点、0.212 个百分点；父母教育态度每增加 1 个单位，1∶2 配比账户参与最大额将减少 0.143 个百分点；愿意参与儿童发展账户的家庭较不愿意参与儿童发展账户的家庭，其 1∶2 配比账户参与最大额降低 0.458 个百分点。是否病患家庭、家庭月收入对数、金融投资总额对数、家长参与综合指标、家长教育期望综合指标、家长受教育水平、教育储蓄意愿、儿童发展账户实施意愿对 1∶2 配比账户参与最大额有显著正向影响。病患家庭与非病患家庭相比、考虑过教育储蓄与未考虑过教育储蓄家庭相比、愿意实施儿童发展账户的家庭与不愿实施儿童发展账户的家庭相比，1∶2 配比账户参与最大额将分别增加 0.091 个百分点、0.124 个百分点、0.484 个百分点；家庭月收入对数、金融投资总额对数每增加 1 个百分点，1∶2 配比账户参与最大额分别增加 0.112 个百分点、0.170 个百分点；家长参与综合指标、家长教育期望综合指标和家长受教育水平每升高 1 个单位，1∶2 配比账户参与最大额相应地分别增加 0.233 个百分点、0.109 个百分点和 0.033 个百分点。

表 3-23　儿童发展账户参与能力影响因素的回归结果

变量	模型 4	模型 5	模型 6	模型 7
X16 性别	-0.134* (0.057)	-0.129 (0.167)	-0.052 (0.036)	-0.144*** (0.044)
X17 年龄	-0.003 (0.009)	0.032 (0.025)	-0.001 (0.005)	-0.009 (0.007)
X11 是否单亲家庭	0.035 (0.093)	-0.134 (0.279)	0.013 (0.057)	0.052 (0.070)
X9 是否低保家庭	0.128 (0.094)	0.978*** (0.287)	0.122 (0.065)	0.091 (0.080)
X10 是否病患家庭	0.235*** (0.060)	-0.571** (0.190)	0.100** (0.037)	0.091* (0.045)
X1 语文分数	0.033*** (0.005)	0.011 (0.018)	-0.004 (0.003)	-0.012** (0.004)
X2 数学分数	0.004 (0.004)	0.053*** (0.015)	-0.007* (0.003)	-0.005 (0.003)
X3 外语分数	-0.017*** (0.004)	0.029** (0.012)	0.004 (0.002)	-0.002 (0.003)
X6 家庭月收入对数	-0.599*** (0.042)	-0.118 (0.130)	0.107*** (0.026)	0.112*** (0.031)
X7 家庭月支出对数	0.374*** (0.059)	0.688*** (0.188)	-0.209*** (0.036)	-0.212*** (0.044)
X8 恩格尔系数	-1.315*** (0.131)	-0.326 (0.418)	0.406*** (0.083)	0.124 (0.101)
X5 金融投资总额对数	0.362*** (0.020)	0.179** (0.063)	0.133*** (0.012)	0.170*** (0.015)
X12 父母教育态度	0.059 (0.040)	-0.222 (0.114)	-0.104*** (0.025)	-0.143*** (0.030)
X15 家长参与综合指标	-0.057 (0.081)	0.865*** (0.236)	0.321*** (0.051)	0.233*** (0.062)
X13 家庭关系综合指标	-0.095** (0.037)	0.306** (0.109)	-0.017 (0.023)	0.024 (0.028)
X14 家长教育期望综合指标	0.208*** (0.042)	0.448*** (0.124)	0.100*** (0.026)	0.109*** (0.032)

续表

变量	模型 4	模型 5	模型 6	模型 7
X18 家长受教育水平	0.032*** (0.010)	0.146*** (0.030)	0.015* (0.006)	0.033*** (0.007)
Y1 教育储蓄意愿	0.197*** (0.054)	0.038 (0.158)	0.134*** (0.034)	0.124** (0.041)
Y2 参与儿童发展账户意愿		-0.877 (0.457)	-0.322** (0.105)	-0.458*** (0.128)
Y3 儿童发展账户实施意愿		0.921*** (0.201)	0.361*** (0.040)	0.484*** (0.049)
常数项（常量）	4.505*** (0.688)	-17.363*** (2.360)	5.997*** (0.450)	7.213*** (0.549)
R^2	0.402		0.292	0.282
Adjusted R^2	0.392		0.280	0.269
-2 Logarithmic Likelihood		1086.385		
Cox & Snell R^2		0.235		
Nagelkerke R^2		0.338		

注：括号内为标准误。* $p<0.05$，** $p<0.01$，*** $p<0.001$。

综上，通过质性分析发现，高收入、高教育期望以及高参与意愿家庭，其对儿童发展账户的参与能力也相对较高；而家庭经济条件较差、参与意愿不足或家庭已有相关教育储蓄时，其参与能力相对不足。量化分析结果在一定程度上验证了上述质性研究结果，但存在一定差异。当前，贫困家庭的教育储蓄数额总体偏低，家长为孩子上大学专门存过钱的情况并不普遍，且不同家庭每月可以为孩子账户存钱的数额相差较大。在家庭类型方面，与非低保家庭相比，低保家庭为孩子上大学专门存过钱的概率更高；有病患家庭较无病患的家庭，教育储蓄、1∶1 和 1∶2 配比账户参与最大额更高，这是因为低保家庭和有病患的家庭面临较大的家庭支出压力，更能意识到储蓄的重要性，更加注重对孩子的教育投资。在家庭经济条件方面，家庭月支出正向影响教育储蓄数额和为孩子上大学专门存过钱概率，负向影响 1∶1 配比账户参与最大额和 1∶2 配比账户参与最大额；家庭月收入负向影响教育储蓄，正向影响 1∶1 配比账户参与最大额和 1∶2 配比账户参与最大额。在金融投资能力方面，金融投资总额对教育储蓄、为孩子上大学专门存过钱、1∶1 配比账户参与最大额和 1∶2 配比账户参与最大额具有积极影响。在家长参与意愿方面，教育储蓄意愿与儿童发展账户实施意愿正向影响儿童发展账户参与能力，而参与儿童发展账户意愿负向影响其参与能力，参与意愿与参与能力之间可能存在非线性关系。

小　结

本章使用定量与定性相结合的混合研究方法探讨了我国贫困家庭儿童发展账户参与意愿和参与能力的特征状况与影响因素，为下文构建符合中国国情的贫困家庭儿童发展账户机制提供实证依据，并为科学估算儿童发展账户政策模拟参数值提供初步的数据支持。

实证研究有以下发现，第一，贫困家庭普遍有着较高的儿童发展账户参与意愿，但参与能力总体偏弱。强烈的参与意愿反映了儿童发展账户建立的必要性与迫切性；较低的参与能力表明儿童发展账户的构建需要政府提供必要的政策支持以及相应的财政投入，同时需要完善“国家-社会-家庭”三方责任体系，以不断增强个体（家庭）参与儿童发展账户的积极性与现实能力。第二，贫困家庭儿童发展账户参与水平受账户配比比例的影响，不同类型家庭参与水平存在一定差异。父母每月为孩子存款主要集中在 535.71 元（1∶1 配比账户）和 798.49 元（1∶2 配比账户），分别占家庭月收入均值（9525.24 元）的 5.62% 和 8.38%；无病患家庭拥有相对充足的家庭储蓄，无须为孩子教育进行专门存款，而病患家庭具有为孩子进行教育储蓄的迫切性，其账户存款数额相对较高；上述实证发现为接下来构建儿童发展账户以及政策模拟提供了经验参数。第三，父母参与意愿主要受到家庭经济水平、父母教育储蓄意识以及父母参与能力等家庭因素的影响。受到 CDA 中匹配供款的激励，低收入家庭教育储蓄意愿和儿童发展账户实施意愿较高；父母教育储蓄意识与其账户参与意愿存在正相关；父母既有的高教育储蓄和高存钱频率反映了父母的高参与意愿，但在一定程度上降低了父母为孩子儿童发展账户存钱的紧迫性。第四，家庭经济状况、家长参与意愿、金融投资能力是影响父母参与能力的重要因素。低保、病患家庭往往面临较大的经济支出压力，更希望通过配比账户来为孩子高等教育进行储蓄，因而配比账户最大额较高。家长参与意愿总体上正向影响其参与能力，高参与意愿父母其配比账户存款额较高；金融投资能力对家长参与能力具有积极效应，金融投资总额越高，父母配比账户参与最大额越大。

概而言之，儿童发展账户的参与意愿与参与能力不仅相互影响，还共同受到性别、年龄、家长受教育水平、家庭经济水平、家庭类型、金融投资能力、教育储蓄意识、父母教育态度、儿童学业表现、家长教育期望、家庭关系、家长参与等多种因素的影响。本章通过对本土化资料及数据的质性与量化分析，系统总结儿童发展账户的参与意愿与参与能力的影响因素，为下文构建我国贫困家庭儿童发展账户及政策模拟奠定坚实基础。

第四章

不同国家和地区儿童发展账户政策实践与模式比较

本部分主要运用制度比较分析法，探讨不同国家和地区儿童发展账户设计与运行的具体做法，在此基础上对不同国家和地区实际开展的儿童发展账户政策实践进行模式比较与类型学研究，深入总结不同模式的优点与局限。自谢若登提出资产建设理论以来，儿童发展账户制度备受关注，不同的国家和地区形成了不同的做法。比较典型的有：美国的儿童发展账户政策，英国的“儿童信托基金”（CTF），加拿大的“注册教育储蓄计划”（RESP），以色列的“为每个儿童储蓄计划”（SECP），新加坡的“婴儿奖励计划”、“教育储蓄计划”、“中学后教育储蓄账户”与“医疗储蓄账户”，韩国的“育苗储蓄账户”，中国台湾地区开展的“儿童与少年未来教育及发展账户”（CFEDA），中国香港地区开展的“儿童发展基金计划”，中国大陆地区开展的儿童发展账户相关实验，以及乌干达等非洲地区的本土化实验。本章主要从发展简介、目标对象、资金来源、资助方式与资助水平、运作方式、限制条件（退出机制）和实施效果等方面逐一进行概括和归纳；在此基础上，从覆盖对象、目标设定、账户结构三个方面进行系统的模式比较分析，总结了六类运行模式，并概括其特点及局限，以期为中国贫困家庭儿童发展账户的构建提供智识参考。

一　不同国家和地区儿童发展账户政策实践

（一）美国儿童发展账户相关政策实践

1. 发展简介

美国于 2003 年开展了 SEED（Saving for Education，Entrepreneurship Downpayment）随机对照实验，随后又于 2007 年开展了 SEED OK（SEED for Oklahoma Kids Experiment）对照实验，为新出生儿童设立儿童发展账户。SEED OK 中，婴儿的母亲在 2008 年左右完成第一轮基线调查，在 2012 年和 2020 年前后完成第二轮和第三轮调查。当前，美国没有联邦层面的儿童发展账户政策，但加利福尼亚州、康涅狄格州、伊利诺伊州、缅因州、内布拉斯加州、内华达州、宾夕法尼亚州和罗得岛州已经颁布实施了普遍性的儿童发展账户政策（universal CDA policies）。所有这些州颁布实行的儿童发展账户政策都是根据 SEED OK 实验中所展示的“529 大学储蓄计划”制定的，根据联邦法律，“529 大学储蓄计划”为大学教育费用的资产积累（for the Accumulation of Assets Designated for Postsecondary Education Expenses）提供了一个框架。

该经改造的政策被证明是完全包容（inclusive）、高效（efficient）、可信（trusted）和可持续（sustainable）的资产建设政策，通常受到两党政治支持（very often with bipartisan political support）。目前，估计有 120 万名美国儿童持有儿童发展账户，其中 89%（远超过 100 万名）是通过州政策获得的，11%是通过旧金山、圣路易斯、纽约、洛杉矶和其他地方的市级或县级儿童发展账户项目获得的。

2. 运行机制

目标对象。所有州级 CDA 政策和一些市县级 CDA 计划都使用了 SEED OK 中展示的经改造的“529 大学储蓄计划”，来为所有儿童提供服务，并为弱势家庭提供补贴（offering countervailing subsidies for children from disadvantaged households）。[①] 下面主要介绍 SEED OK 中展示的经改造的“529 大学储蓄计划”。

资金来源。存入州政府所有的个人账户：政府初始资金、政府配额资金、政府补贴资金、社会组织捐赠资金。个人家庭自愿开设的个人账户：个体家庭自愿储蓄资金、其他家庭成员和亲戚朋友为孩子存储的资金。

资助方式与资助水平。双层账户结构：①国有账户（State-owned OK 529 Account），即州政府开设的账户，该账户于 2007 年底自动为新生儿开设，初始存款为 1000 美元，2021 年已增长到约 2300 美元；[②] ②个人账户（Mother-owned Accounts），即母亲为孩子开设的 OK 529 账户，在 2009 年 4 月 15 日之前有资格获得有时间限制的 100 美元开户激励；这一激励措施涵盖了 OK 529 计划的最低初始缴款，实验开始时为 100 美元，到 2020 年降至 25 美元。低收入和中等收入儿童的母亲有资格将存款存入个人账户；参与者可以自由地向个人账户中存入任何金额，2008~2011 年，个人存款分别享有 1∶1 和 1∶0.5 的储蓄匹配，但 SEED OK 每年的匹配上限为 125 美元或 250 美元（年度调整后总收入低于 29000 美元的家庭每年存入个人账户的前 250 美元将获得 1∶1 的匹配，年度调整后总收入在 29000~43499 美元的家庭前 250 美元的匹配

① Zou, L. & Sherraden, M. “Child Development Accounts Reach Over 15 Million Children Globally.” (CSD Policy Brief 22-22, 2022). St. Louis: Washington University Center for Social Development.

② Clancy, M. M., Beverly, S. G., Schreiner, M., et al. “Financial Facts: SEED OK Child Development Accounts at Age 14.” (CSD Fact Sheet 22-20, 2022). St. Louis: Washington University Center for Social Development.

比例为1∶0.5，年度调整后总收入在43499美元及以上的家庭不接受匹配供款)；匹配资金存在国有账户中，而且SEED OK限制了母亲将匹配资金存入孩子的国有529账户的能力。2019年初，SEED OK向国有账户进行了自动、累进的补充存款；低收入家庭儿童为600美元，其他儿童为200美元。[①]

运作方式。SEED OK与俄克拉何马州（财务主任办公室、卫生部、公共服务部、税务委员会和俄克拉何马州大学储蓄计划)、社会发展中心（CSD）和RTI国际（RTI）为合作伙伴关系。每个日历季度，俄克拉何马州大学储蓄计划的项目经理TIAA-CREF都会向财务主任办公室(Treasurer's Office）提交账户和储蓄数据，财务主任办公室将选定的账户数据输出到CSD，CSD执行定期、系统的数据检查，并直接与项目经理解决数据问题。RTI收集样本中所有儿童的基线调查数据，利用卫生部（Department of Health）提供的出生记录，从俄克拉何马州最近2~3个月所有出生婴儿中抽取2个样本。财务主任办公室计算储蓄匹配，储蓄匹配资格主要由参与者的家庭收入决定，一旦参与者允许俄克拉何马州通过匹配资格表（MEF）搜索自身的记录，俄克拉何马州税务委员会（Tax Commission）向财务主任办公室提供某些纳税申报表数据，用于确定每年SEED OK的储蓄匹配资格；如果俄克拉何马州税务委员会没有参与者的纳税申报表记录，那么公共服务部（Department of Human Services）将确定SEED OK参与者在给定的年份是否获得了DHS的福利，接受补充营养援助计划（SNAP)、医疗补助计划或贫困家庭临时援助（TANF）福利的参与者有资格获得1∶1的储蓄匹配。为参与者提供储蓄计划的材料（账户申请、披露手册、季度账户报表等)，具体

---

① Clancy, M., Beverly, S. G. & Schreiner, M. "Financial Outcomes in a Child Development Account Experiment: Full Inclusion, Success Regardless of Race or Income, and Investment Growth for All." (CSD Research Summary 21-06, 2021). St. Louis: Washington University Center for Social Development.

而言，儿童母亲会收到关于大学、大学储蓄和 OK 529 账户的教育材料，孩子会收到国有 OK 账户的季度报表；同时，财务主任办公室在每个匹配存款之后的季度将资金电汇给 OCSP 项目经理。该计划包括股票基金、债券基金、平衡基金、保本基金（A Guaranteed Option）和根据受益人年龄调整投资的年龄基础基金等多种投资选择。[①]

限制条件（退出机制）。存入 SEED OK 国有账户的存款只能用于高等教育（州内和州外符合条件的教育机构，包括四年制大学、社区大学和职业学校等），但存入个人账户的个人存款可以出于任何目的提取。[②]

3. 实施效果

该计划是一项由国家发起的“529 大学储蓄计划”，旨在帮助家庭为孩子上大学存钱。SEED OK 中的 CDA 强调了早期存款和投资增长的重要性，表明所有孩子都可以拥有一个资产建设账户，其中的资产随着时间的推移而增加。SEED OK 中的 CDA 促使父母开设更多的 OK 529 账户，增加了家长拥有的 OK 529 账户中的大学储蓄总额，同时也提升了家长储户的多样性，大大增加了弱势儿童为未来教育积累资产的可能性。[③]

（二）英国儿童发展账户相关政策实践

1. 发展简介

英国的儿童信托基金（Child Trust Fund，CTF），又称婴儿债券

---

① Zager, R., Kim, Y., Nam, Y., et al. “The SEED for Oklahoma Kids Experiment: Initial Account Opening and Savings.” (CSD Research Report No. 10-14, 2010). St. Louis: Washington University Center for Social Development.

② Wikoff, N., Huang, J., Kim, Y., et al. “Material Hardship and 529 College Savings Plan Participation: The Mitigating Effects of Child Development Accounts.” *Social Science Research* (2015) 50: 189-202.

③ Clancy, M., Beverly, S. G. & Schreiner, M. “Financial Outcomes in a Child Development Account Experiment: Full Inclusion, Success Regardless of Race or Income, and Investment Growth for All.” (CSD Research Summary 21-06, 2021). St. Louis: Washington University Center for Social Development.

(Baby Bond) 或儿童储蓄账户，是政府推出的促进经济增长和社会正义的举措之一。在 2001 年和 2005 年，英国布莱尔政府在 CSD 的咨询下，实施了儿童信托基金计划。儿童信托基金的设立，改变了英国“从摇篮到坟墓”的福利传统，政府不再包揽一切，而转变为自力更生与政府支持相结合的福利制度。

CTF 政策运行了 5 年，但随着 2010 年大选后新政府的上台，优选权发生了变化。2010 年 10 月 26 日，英国财政部公布了新的儿童储蓄免税计划，并于 2011 年秋季正式实施。这意味着儿童信托基金在 2011 年停止覆盖新出生儿童群体。新账户继续实行免税政策，账户资金仍然保留信托性质——所有者在 18 岁之前不得取用，投资渠道仍然为现金储蓄或股票，并在此基础上取消每年的投入限额和政府投入。

2. **运行机制**

目标对象。英国儿童信托基金是一个自动涵盖出生在英国所有儿童的全国性 CDA 政策。此政策专注于两个意图——提升储蓄率和资产持有率，旨在“帮助儿童了解个人金融及为未来储蓄的重要性”，它想解决的主要现实问题是：资产的分配远远比收入的分配更加不均。

资金来源。政府补贴，父母、亲属和朋友每年可以额外存入儿童账户中高达 9000 英镑的储蓄。

资助方式与资助水平。CTF 赋予那些儿童的父母权利，使他们可以代表他们的新生儿开设一个长期免税储蓄账户，接受两张 250 英镑的代金券，一张在孩子出生时领取，另一张在孩子 7 岁时领取；CTF 给低收入家庭的初始金额和补充金额都更高，来自低收入家庭的儿童可以收到两倍的代金券：两张 500 英镑的代金券；如果父母没有通过开设 CTF 账户以兑换他们孩子的代金券，政府自动为孩子打开该账户，存入代金券(在 2005 年，初始储蓄为当年出生的所有儿童设立，也包括在 2002～2004 年出生的儿童)。自 2009 年开始，残疾儿童的信托基金账户每年会收到 100 英镑的额外政府补贴，严重残疾者补贴达到 200 英镑。

运作方式。CTF 采用了储蓄和投资相结合的方式，可以选择现金存款、债券或股票的任意组合，赋予账户自由选择权；广泛的选择满足不同风险偏好者、不同伦理和宗教信仰者的需要。银行和建房互助协会作为账户提供商进行公开竞争，账户可以随时在不同提供者之间转换；政府自动开设的未被父母主动激活的账户采取轮流选择提供商的方式。到儿童 18 岁，根据历史回报率，儿童信托基金会累积到能让所有年轻人有更多选择的程度。

限制条件（退出机制）。儿童在 16 岁时有权利管理他们的儿童信托基金账户，但不能取出，直到 18 岁时获得授权使用这些资产。这些资产可用于孩子未来的教育、培训、购房或创业等任何目的。[①]

3. 实施效果

第一批儿童信托基金的持有者享受了巨大优惠，2005~2006 年，平均利润为 24%，接着又稳步上升 7 个百分点。但金融危机让儿童信托基金损失惨重，从计划之初到 2010 年，账户平均损失了 7%。2011 年儿童信托基金的取消节约了每年近 5 亿英镑的财政开支。基于此，人们不得不重新考虑资金来源问题。

尽管英国儿童信托基金计划受金融危机影响而被迫终止，但其在资产福利领域的开拓性实践为社会政策的改革积累了宝贵经验，亦受到后续政策制定者的广泛和持续关注。儿童信托基金在世界范围内具有一定程度的影响力，政策出台后，多国的主要媒体对此做了大篇幅的报道，引起了众多国家和地区的广泛关注，其中，香港特区政府于 2008 年实

① 成福蕊、卢玉志、曾玉玲：《英国儿童信托基金的发展历程与政策启示》，《金融理论与实践》2012 年第 2 期，第 85 页；Zou, L. & Sherraden, M. "Child Development Accounts Reach Over 15 Million Children Globally." (CSD Policy Brief 22-22, 2022). St. Louis: Washington University Center for Social Development.

施的儿童发展基金即受到儿童信托基金的启发。[①] 同时，儿童信托基金给英国文化领域带来的深远影响不容忽视，主要体现在以下几个方面：新的平等观；发展型社会政策；重构社会融合；可持续的资本来源。托尼·布莱尔认为，“儿童信托基金是一个巨大的进步想法，将对扩大英国的机会有深远的影响。我们坚信，政府不仅有打击特权的职责，而且可以积极促进生活机会的平等。建立一个向所有人开放、真正基于美德和平等价值的社会”[②]。

总体上，大约610万名儿童获得了CTF账户，获得这些账户的儿童保留了账户。截至2020年，这些CTF账户中的总资产累积至120亿美元。2020年9月，第一批青年到达了允许他们从CTF账户中取出存款的年龄。每个月，估计有55000名青年有资格从CTF账户中取出基金。截至2021年9月，接近700000名青年已经从他们的CTF账户中取钱了。一些青年已经达到18岁，但还没有取出资产。他们也许把基金留给未来使用。随着CTF的终止，一些年轻人也许已不记得这些基金。[③]

（三）加拿大儿童发展账户相关政策实践

1. 发展简介

为了对加拿大未来的劳动力进行长期投资，加拿大政府制定了注册教育储蓄计划（the Registered Education Savings Plan，RESP），允许父母从孩子出生起就为孩子的高等教育存钱。自1998年1月1日起，加拿大联邦政府正式在税收立法中引入了加拿大教育储蓄补助金（Canada

---

① 邹莉：《资产建设政策重视儿童福利》，《浙江工商大学学报》2015年第6期，第117页。

② 成福蕊、卢玉志、曾玉玲：《英国儿童信托基金的发展历程与政策启示》，《金融理论与实践》2012年第2期，第84~87页。

③ Zou, L. & Sherraden, M. "Child Development Accounts Reach Over 15 Million Children Globally." (CSD Policy Brief 22-22, 2022). St. Louis: Washington University Center for Social Development.

Education Savings Grant, CESG)。2004 年，政府推出了额外的加拿大教育储蓄补助金和加拿大学习债券（the Canada Learning Bond)。[①] 截至 2020 年，已有 300 万名儿童拥有注册教育储蓄计划账户，并通过加拿大教育储蓄补助金获得资助。[②]

2. 运行机制

目标对象。为实现覆盖范围的普遍性，RESP 面向所有有意愿和有能力的家庭和个人，凡是具有加拿大社会保险号（Social Insurance Number, SIN）的儿童均可参加。该计划的目的在于通过政府、社会和家庭的共同努力，解决普通家庭特别是中低收入家庭子女中学后的教育费用问题。

资金来源。加拿大政府提供政府辅助拨款。祖父母、父母或资助人每年到国家指定部门储蓄一定资金，直到孩子上大学为止（最长 21 年，最多可存入 5 万加元)，即儿童社交圈中的任何人都可以向该受益人的 RESP 账户供款，储蓄可从儿童一出生就开始，也可中间插入。

资助方式与资助水平。政府给父母提供两项储蓄激励。加拿大教育储蓄补助金，适用于参加 RESP 的 18 岁以下儿童，每年对由父母和家庭进行的储蓄中的首笔 2500 加元存款的 20%进行匹配；通过加拿大教育储蓄补助金，每个孩子有资格获得高达 7200 加元的匹配资金；来自低收入和中等收入家庭的儿童每年可以额外获得 RESP 账户 500 加元存款的 10%或 20%，直到他们年满 17 岁。加拿大学习债券，加拿大政府人力资源和社会发展中心（Human Resources and Social Development Canada, HRSDC）向 2003 年 12 月 31 日后出生的低收入家庭儿童的 RESP

① Fleury, S. & Martineau, P. *Registered Education Savings Plans: Then and Now* (Library of Parliament = Bibliothèque du Parlement, 2016).

② Zou, L. & Sherraden, M. "Child Development Accounts Reach Over 15 Million Children Globally." (CSD Policy Brief 22-22, 2022). St. Louis: Washington University Center for Social Development.

账户提供500加元的存款，这些存款在开立账户时存入，并不取决于父母的供款；此后，孩子们每年收到100加元的储蓄，直到他们年满15岁；这些存款的上限为2000加元。

运作方式。注册教育储蓄计划的资金由政府注册的USC（非营利组织）经营，其所有的投资计划受政府监督和担保，储蓄利息及政府补贴利息免税增值，平均年回报率为9%～10%。同时，个人需要缴纳很少的相关费用，如登记注册费、寄存费、计划转移费等。此外，注册教育储蓄计划还包括保险金，如果在存款期间，夫妇双方有任何一方在65岁前伤残或死亡，USC会帮助储户每月定期存款（与以前的存款额相同）。

限制条件（退出机制）。注册教育储蓄计划的储蓄资金只能作为受助人中学毕业后继续接受教育的入学费用，平时不能随意动用。其资金的使用不对国家进行限制，受助人可以去世界上任何一个国家进行高中后的学习，包括大学、职业学院或者其他政府指定的院校机构。受助人高中毕业后，只要在世界各地认可的大专院校连续读13个星期的任何课程，就有权动用5000加元的教育储蓄津贴或利息。如未能及时入学深造，可以延期支取，但满25年后必须取出所有资金。如果最终未能上大学或不上大学（或就读时间不超过3个月），其注册教育储蓄计划可以有三种处理方式：①转给兄弟姐妹；②储蓄的净本金免税退还父母，同时如果父母的退休储蓄计划（RRSP）仍有注入空间，可将高达50000加元的利息转入；③储蓄的净本金免税退还父母，而教育储蓄津贴退还政府，剩余部分则要按照个人收入纳税，并缴纳20%的罚金。[①]

---

① Zou, L. & Sherraden, M. "Child Development Accounts Reach Over 15 Million Children Globally." (CSD Policy Brief 22-22, 2022). St. Louis: Washington University Center for Social Development; 英震、郭桂英：《教育储蓄的国际比较——以美国"Coverdell教育储蓄"和加拿大"注册教育储蓄计划"为例》，《扬州大学学报》（高教研究版）2010年第1期，第7~8页。

3. **实施效果**

注册教育储蓄计划能够有效帮助家长为孩子将来的教育进行储蓄，促进儿童获得更高的教育成就；到目前为止，USC（非营利组织）已经将约 14 亿元的资产付给了大学生，在宏观层面上极大地促进了加拿大高等教育的发展。[①] 加拿大国家儿童发展账户计划的有关实证结果亦表明，与没有这些账户的孩子相比，那些在 15 岁之前由父母开设了指定用于中学后教育的儿童发展账户的孩子更有可能在 19 岁之前就读于高等教育机构，尽管该差异随着时间的推移而减小。[②]

（四）以色列儿童发展账户相关政策实践

1. **发展简介**

自 20 世纪 90 年代开始，美国圣路易斯华盛顿大学社会发展中心（CSD）为以色列提供儿童发展账户政策相关咨询建议。在超过 15 年有关儿童发展账户政策讨论后，以色列政府于 2017 年 1 月正式启动了“为每个儿童储蓄计划”（Saving for Every Child Program，SECP）。该儿童发展账户计划旨在为未来的投资建立资产，截至 2022 年 3 月，大约 399 万名儿童拥有“为每个儿童储蓄计划”账户。[③]

2. **运行机制**

目标对象。SECP 计划涵盖所有 18 岁以下的以色列公民——以色列公民的儿童加上东耶路撒冷中巴勒斯坦儿童，旨在为未来的投资建立

① 英震、郭桂英：《教育储蓄的国际比较——以美国“Coverdell 教育储蓄”和加拿大“注册教育储蓄计划”为例》，《扬州大学学报》（高教研究版）2010 年第 1 期，第 7~8 页。

② Grinstein-Weiss, M., Pinto, O., Kondratjeva, O., et al. “Enrollment and Participation in a Universal Child Savings Program: Evidence from the Rollout of Israel's National Program.” *Children and Youth Services Review* (2019) 101: 225-238.

③ Zou, L. & Sherraden, M. “Child Development Accounts Reach Over 15 Million Children Globally.” (CSD Policy Brief 22-22, 2022). St. Louis: Washington University Center for Social Development.

资产。

资金来源。政府补贴、父母存款。

资助方式与资助水平。通过 SECP，全国保险机构（NII）每月向每个 18 岁以下的以色列儿童的账户中存入 52 新谢克尔，该计划具有普适性，自动为孩子注册，同时允许父母灵活管理孩子的储蓄存款。具体而言，可分为下述两种情况。

主动注册。选择主动注册的父母可以补充存款金额，并选择 SECP 资金的存放地点，除了 NII 每月提供的 52 新谢克尔的标准存款金额外，还可以从他们不受限制的每月子女津贴中额外转移 52 新谢克尔到 SECP 账户，每月存款总额为 104 新谢克尔；从本质上讲，这种选择包括将每月公共抚养费的一部分从当前消费（儿童津贴）转移到未来为孩子消费（SECP）。同时，父母可以为子女的 SECP 资金选择如下储蓄工具。储蓄账户，分为固定利率和可变利率，长期内获得的回报相对较低；投资基金，分为低收益、中收益和高收益轨道，往往有较高的回报率；宗教投资基金，伊斯兰教法（Sharia）或哈拉卡（Halakhic），分别符合伊斯兰教或犹太教的宗教原则，这些宗教投资基金的回报率一般较低。

默认注册（如果父母决定不主动注册或错过 6 个月的主动注册期）。NII 每月提供 52 新谢克尔的标准存款金额，并按照政府预先设定的默认选择进行投资。对于 2017 年 1 月 1 日以前出生的儿童，默认的储蓄工具是根据年龄而定的，15 岁以下的儿童将其存款存入低收益投资基金，15 岁或 15 岁以上的儿童将其存款存入固定利率储蓄账户；对于 2017 年 1 月 1 日以后出生的儿童，默认的储蓄工具取决于孩子的出生顺序，第一个孩子的存款选择低收益投资基金，以后的孩子的储蓄工具和前一个孩子一样，父母以前从较早孩子的子女津贴中额外转移 52 新谢克尔的选择不延续到较晚出生的孩子。

运作方式。家庭可以线上、电话或亲自参加 SECP；家长还会收到

SECP 账户余额和福利的年度对账单，由于 SECP 允许家长改变他们对存款金额和储蓄工具的选择，这些声明提供了反馈，可以帮助家长确定他们是否做出了适当的决定。在受益人年满 21 岁之前，账户管理费用由 NII 支付；账户持有人有责任为资本收益纳税，对于那些决定将这些基金保留到退休后再使用的人，这笔存款将免税。国家保险协会采取一系列方式进行账户宣传与推广。[①]

限制条件（退出机制）。除子女病重或死亡的情况外，SECP 账户资金只有在子女年满 18 岁后才能提取；当孩子年满 18 岁时，每月 52 新谢克尔的存款将停止，并可获得 522 新谢克尔的奖励；但是，要在 21 岁之前提取资金，孩子们必须填写提取表格，获得父母的签名，并联系管理 SECP 账户的银行或投资基金。如果账户受益人到 21 岁还没有取款，这个项目第二次提供 522 新谢克尔的奖励。虽然参与者被鼓励将基金用于长期投资，如买房或教育，但对基金的使用没有具体的限制。[②] 总的来说，通过在儿童和青少年时期的定期投资以及额外的奖金，这个项目的回报可能是可观的，但它们在很大程度上取决于父母的投资选择。

3. **实施效果**

以色列儿童发展账户政策的有关实证研究发现，以色列家庭对 SECP 的初始参与程度很高。在该计划实施的前六个月内，65%的以色列家庭主动参加了该计划，而不是通过默认选项注册；其中，近 65%的人选择从子女津贴中转 52 新谢克尔到 SECP 账户，60%的人将资金存入投资账户而不是储蓄账户。有年幼子女或子女数量较多的家庭倾向于以

---

① Grinstein-Weiss, M., Kondratjeva, O., Roll, S. P., et al. "The Saving for Every Child Program in Israel: An Overview of a Universal Asset-building Policy." *Asia Pacific Journal of Social Work and Development* (2019) 1: 20-33.

② Zou, L. & Sherraden, M. "Child Development Accounts Reach Over 15 Million Children Globally." (CSD Policy Brief 22-22, 2022). St. Louis: Washington University Center for Social Development.

较高的利率积极注册，并以较高的利率存入投资基金；然而，孩子数量多的家庭不太可能从子女津贴中转移额外的52新谢克尔。工资较低的家庭、受教育程度较低的家庭和阿拉伯裔以色列家庭在控制了其他可观察到的人口和经济因素后，往往较少参与该计划；与家庭工资高、受教育程度高的家庭和非极端正统派犹太人相比，这些群体的积极入学率较低，不太可能将额外的52新谢克尔存入他们的SECP账户或选择投资基金。有暗示性的证据表明，针对极端正统派社区的有针对性的宣传活动是有效的。但是，虽然目前设计的SECP可能会提升以色列人的整体金融安全水平，但它也可能导致经济不平等加剧，许多可能从该计划中受益最大的家庭（如低收入、低受教育程度或来自经济弱势少数民族群体的家庭）参与程度较低，这可能会导致其子女一生中资产积累率较低。①

（五）新加坡儿童发展账户相关政策实践

1. 发展简介

新加坡在实施促进每个公民和家庭为发展和保障积累资产的社会政策方面已成为全球的领先者，这些政策开始于20世纪中期，但直到21世纪才包括为儿童建立资产。新加坡政府于2001年启动了儿童发展共同储蓄计划（婴儿奖励计划）（Baby Bonus Scheme），以抵消生育子女的经济负担，并鼓励家庭生育更多子女。此外，新加坡政府分别于1993年和2005年实施教育储蓄（Edusave）计划和中学后教育储蓄账户（Post-Secondary Education Accounts，PSEA），并于2013年开设了医

---

① Grinstein-Weiss, M., Kondratjeva, O., Roll, S. P., et al. "The Saving for Every Child Program in Israel: An Overview of a Universal Asset-building Policy." *Asia Pacific Journal of Social Work and Development* (2019) 1: 20-33. Grinstein-Weiss, M., Pinto, O., Kondratjeva, O., et al. "Enrollment and Participation in a Universal Child Savings Program: Evidence from the Rollout of Israel's National Program." *Children and Youth Services Review* (2019) 101: 225-238.

疗储蓄账户（Medisave Accounts）。这些账户覆盖个人从出生到接受高等教育各个阶段，并与中央公积金相衔接，形成了全生命周期的个人发展账户（如表 4-1 和图 4-1 所示）。

表 4-1　十个关键的 CDA 策略设计元素

设计元素	教育储蓄（Edusave）计划	儿童发展账户（CDA）	中学后教育储蓄账户（PSEA）	医疗储蓄账户和补助金
全民资格	符合	符合	符合	符合
自动登记	符合	不符合	符合	符合
自动开户存款	符合	符合	符合	符合
自动累进性补贴	不符合	不符合	不符合	不符合
从出生开始	不符合	符合	当与 CDA 整合时是符合的	符合
集中储蓄	符合	符合	符合	符合
定向的投资选择	不符合	不符合	不符合	不符合
投资增长潜力	有限	有限	有限	有限
限制取款	符合	符合	符合	符合
公共利益排除	符合	符合	符合	符合

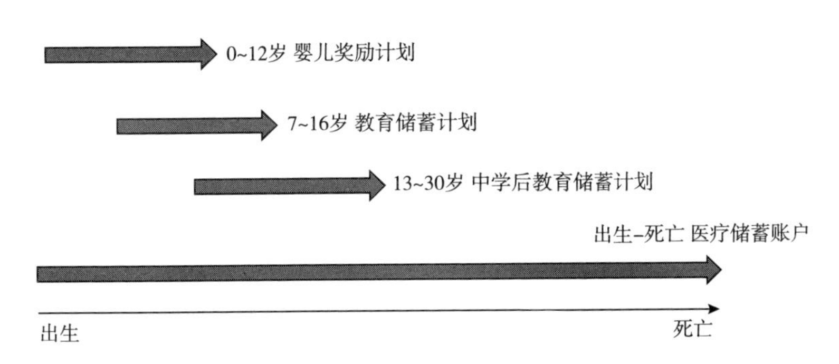

图 4-1　新加坡的全生命周期儿童发展账户建设

2. 运行机制

（1）婴儿奖励计划（如表 4-2 所示）

目标对象。2001 年，新加坡政府推出了针对 0~12 岁新加坡籍儿童的奖励计划，其标准之一是孩子的父母必须是合法结婚的，否则孩子只能有资格获得儿童发展账户（CDA）福利（且孩子须为 2016 年 9 月 1 日及之后出生的新加坡公民）。该政策是政府提高生育率和创造有利于养育的家庭环境的总体努力的一部分。

资金来源。政府补贴、家庭存款。

资助方式与资助水平。婴儿奖励计划有两层。第一层由政府提供的不受限制的现金礼物（Cash Gift）组成，第一个和第二个孩子每人 8000 新元，第三个和以后的孩子每人 10000 新元；政府在孩子出生登记或参加计划后 7~10 个工作日（以较晚者为准）开始支付现金礼物，在 18 个月内分 5 期直接存入指定的父母银行账户。第二层由 CDA 政府补贴组成，CDA 账户一经开立，政府即向该账户发放 3000 新元补助金作为初始存款；其中储蓄是匹配的，政府按照 1 : 1 的比例为第一个孩子提供最高 3000 新元的匹配供款，第二个孩子最高为 6000 新元，第三个和第四个孩子每人最高为 9000 新元，第五个和随后的孩子每人最高为 15000 新元。此外，在财政状况稳定的情况下，政府会向特定群体发放额外补贴，以保障其账户运行；2015 年，来自低收入家庭的 6 岁及以下儿童的 CDA 获得了 600 新元的额外补贴，而来自高收入家庭的儿童则获得了 300 新元。

运作方式。管理模式为公私合作，由新加坡社会及家庭发展部委任三家银行进行账户开设和管理，这三家 CDA 银行分别是：星展银行有限公司（DBS Bank Limited，DBS）、大华银行（United Overseas Bank，UOB）和华侨银行有限公司（Overseas-Chinese Banking Corporation Limited，OCBC）。

限制条件（退出机制）。CDA 中的款项有其规定的使用范围：第一，儿童发展账户中的款项不能提取为现金，只能采用转账的方式；第二，儿童发展账户中的款项只能用于幼儿园、特殊教育学校等核准机构的教育开支，医院、药房、眼镜公司等核准机构的相关医疗开支，以及为子女购买政府许可的医疗保险计划。家长在上述限定范围内可以灵活使用孩子的儿童发展账户，① 如可以选择将账户中的款项用在孩子的兄弟姐妹身上，孩子的兄弟姐妹使用儿童发展账户资金没有年龄限制。当孩子年满 13 岁时，其 CDA 中未使用的账户余额将转移到 PSEA 中。②

表 4-2　新加坡婴儿奖励计划中的婴儿现金奖励与 CDA 政府补贴情况

单位：新元

儿童顺位	婴儿现金奖励（Cash Gift，现金礼物）[a]	CDA 政府补贴组成部分		CDA 中政府补贴合计（上限）
		初始奖励（First Step Grant，不要求父母初始储蓄）[b]	政府配款上限	
第 1 个孩子	8000	3000	3000	6000
第 2 个孩子[c]	8000	3000	6000	9000
第 3~4 个孩子	10000	3000	9000	12000
第 5 个及以上孩子	10000	3000	15000	18000

注：a. 这些现金奖励也被称为现金礼物，在孩子出生后一年半（18 个月）时间内分五期自动存入父母指定的银行账户中（不是存入儿童发展账户中），主要用于儿童的抚育费用支付。b. 适用于 2016 年 3 月 24 日或之后出生或预计分娩日期的合格儿童。c. 适用于 2021 年 1 月 1 日或之后出生或预计分娩日期的合格儿童，如果该儿童在 2021 年 1 月 1 日前出生，政府最大配款额为 3000 新元。

资料来源：根据新加坡政府社会及家庭发展部网站（https：//va. ecitizen. gov. sg/cfp/customerpages/msf/ bb/ explorefaq. aspx）数据整理。

（2）教育储蓄计划

目标对象。新加坡的教育储蓄计划于 1993 年实施，政府为所有 7~

① 何芳：《儿童发展账户：新加坡、英国与韩国的实践与经验——兼谈对我国教育扶贫政策转型的启示》，《比较教育研究》2020 年第 10 期，第 26~33 页。

② Beverly, S. G., Elliott, W. & Sherraden, M. "Child Development Accounts and College Success: Accounts, Assets, Expectations, and Achievements." (CSD Perspective 13-27, 2013). St. Louis: Washington University Center for Social Development. Loke, V. & Sherraden, M. "Building Children's Assets in Singapore: The Beginning of a Lifelong Policy." (CSD Publication No. 15-51, 2015). St. Louis: Washington University Center for Social Development.

16 岁新加坡中小学生自动开设账户，目的是最大限度地增加他们的受教育机会。具体而言，在教育部资助学校就读的新加坡公民，从小学教育开始，直至完成中学教育为止，每年都会收到捐款；就读于非教育部资助学校的中学生（包括在伊斯兰学校和私立学校就读的儿童，以及在家接受教育或居住在海外的儿童），可于 7~16 岁每年领取供款。

资金来源。政府是 Edusave 账户的唯一资助者，没有其他个人或实体的额外存款。

资助方式与资助水平。每个新加坡公民都会自动创建一个 Edusave 账户，每年的政府拨款和定期的一次性赠款为这些账户提供资金。2022 年，小学生获得的年度教育储蓄捐款额为 230 新元，中学生为 290 新元；教育储蓄账户还从政府获得额外的补助，2022 年，政府向新加坡公民的 Edusave 账户提供了 200 新元的补充款。①

运作方式。账户由新加坡教育部管理。政府为每个孩子开设一个有利息的 Edusave 账户，每年吸引政府捐款。每个 Edusave 账户的余额将获得与中央公积金（CPF）普通账户挂钩的利息，目前利率为 2.5%，每年 12 月，这笔利息记入 Edusave 账户。

限制条件（退出机制）。Edusave 账户中的储蓄只能用于儿童的教育丰富计划（Educational Enrichment Programs）。孩子年满 16 岁或中学毕业时（以较晚者为准），Edusave 账户中未使用的余额将转入孩子的 PSEA。②

---

① 针对中小学生，政府还采取以下措施。（1）教育储蓄计划将借助各种教育储蓄奖项和教育储蓄助学金（后者主要针对低收入家庭儿童），每年向在学术或课外活动中表现良好或取得良好进展的学生提供 100~500 新元的无限制奖励。（2）为了确保有前途的儿童不被剥夺接受独立学校教育的机会（相当于美国私立学校教育），独立学校中表现好的学生可以获得各种教育储蓄奖学金用以支付学费，每年最高可获得 2400 新元。

② Loke, V. & Sherraden, M. "Building Assets from Birth: A Global Comparison of Child Development Account Policies." *International Journal of Social Welfare* (2009) 2: 119-129. Loke, V. & Sherraden, M. "Building Children's Assets in Singapore: The Beginning of a Lifelong Policy." (CSD Publication No. 15-51, 2015). St. Louis: Washington University Center for Social Development.

（3）中学后教育储蓄账户

目标对象。PSEA成立于2005年，为年满13岁的新加坡公民自动开设。具体而言，PSEA将开放给在以下任何一项有余额的新加坡人：2001～2005年出生的儿童在7岁那年或2005年之后出生的儿童在13岁那年的儿童发展账户（CDA）；年满17岁，或不再在教育部资助的学校就读，以较晚者为准。PSEA的目的是帮助父母为子女的高等教育存钱，并通过提供一些经济支持来鼓励新加坡人完成高等教育。

资金来源。政府补贴与父母存款。

资助方式与资助水平。如果父母没有储蓄到CDA供款上限，他们可以继续在该账户中储蓄，并获得政府的配套补贴，直到达到供款上限或孩子18岁，以较早者为准。政府也会提供额外补贴，例如，2022年，政府为17～20岁的新加坡公民提供200新元的PSEA补充款，如果他们没有资格获得Edusave补充款。

运作方式。PSEA由新加坡教育部管理。PSEA余额将获得与中央公积金普通账户（CPF Ordinary Account，CPF-OA）挂钩的利息，目前为每年2.5%，可用于批准的中学后教育费用。

限制条件（退出机制）。资金可用于支付账户持有人或其兄弟姐妹在认可院校就读的认可课程的费用，它还可以用来偿还政府教育贷款和金融计划。PSEA不能用于大专和励仁高级中学（Millennia Institute，MI）[①] 的费用，这些学校的学生可以使用他们的Edusave账户来支付这些费用；对于额外的帮助，学生可以寻求经济援助或申请奖项和奖学金。当新加坡公民年满31岁时，账户中的任何余额都会被转移到个人的中央公积金账户，用于建立终身发展和保护的资产，包括房产投资（Investments for Homeownership）、医疗保健（Health Care）、保险（In-

---

① 是新加坡共和国唯一的三年制高级中学。其余的大学预备课程教育中心皆为两年制的初级学院。

surances）、投资（Investments）以及退休保障（Retirement Security）。[1]

（4）医疗储蓄账户

目标对象。2013年，新加坡政府开始在新生儿出生登记时自动为每位新生儿开设医疗储蓄账户。医疗储蓄账户是根据《中央公积金法》实施的一项国家健康储蓄计划，使公积金成员能够为未来的医疗费用储蓄。

资金来源。政府补贴。

资助方式与资助水平。除了自动收到医疗储蓄账户外，每个新生儿还会收到新生儿医疗储蓄补助金，以确保他们在出生时医疗储蓄账户中有足够的资源。在2013年和2014年，政府自动将3000新元存入每个新生儿的医疗储蓄账户。2015年1月1日或之后出生的人的补助金金额增加到4000新元。增加的金额足以支付账户持有人从出生到21岁的终身健保[2]保费（Medishield Life Premiums）。

运作方式。中央公积金委员会管理医疗储蓄账户。

限制条件（退出机制）。医疗储蓄账户中的资金可以支付医疗保健费，如接种疫苗、住院治疗和批准的门诊治疗。增加的金额足以支付账户持有人从出生至21岁的医疗保险保费。

3. 实施效果

新加坡是一个有趣的资产建设案例，它是少数几个“资产增值”是社会福利和经济发展政策基石的国家之一。首先，政府与其公民在资产建设过程中建立伙伴关系。政府的作用是通过在医疗保健、教育、住房和其他社会发展优先事项上大量投资，创造一个有利于资产建设的环

---

① 根据新加坡政府教育部网站（参见网址：https：//www.moe.gov.sg/financial-matters/edu-save-account/overview）数据整理。

② 终身健保是一项基本健康保险计划，由中央公积金委员会管理，帮助支付大额医院账单和选定的昂贵门诊治疗，从而减少患者用于这些医疗事件和需求的医疗储蓄和现金支出。

境；同时，账户提供了获取资产建设机会的途径。当政府通过捐赠和转入账户启动资产建设过程时，个人建立并运用账户来满足需求。其次，新加坡的多重资产建设政策旨在满足公民在不同生命阶段的资产建设需求。如前所述，儿童发展账户中的资金用于促进儿童早期发展，Edusave 和 PSEA 计划中的资金用于从学龄期到成年早期的教育机会，成年人的教育、医疗保健、投资、住房和退休等主要资产建设需求通过中央公积金解决。最后，虽然多种资产建设政策针对账户持有人的特定生命阶段，但这些政策无缝集成，提供账户持有人整个生命周期的资产建设系统，各种资产建设账户可以被描述为一个单一的终身账户，在不同的生命阶段具有特定和不同的用途。截至 2020 年，新加坡已开设约 73 万个 CDA。[①]

（六）韩国儿童发展账户相关政策实践

1. 发展简介

2005 年，韩国保健福祉部（KMHW）的中层官员权相哲（Sang-Chil Kwon）在借鉴美国政策实践的基础上，提出了相应的儿童发展账户计划，作为帮助儿童在离开儿童福利体系后为生活做准备的工具，并主张将原有的赞助计划纳入 CDA，以减轻政府的预算负担。经过多次政策协商，韩国政府于 2007 年在全国范围内启动 CDA 计划，用以投资人力资本并提高出生率。2009 年，韩国保健福祉部宣布将儿童发展账户更名为“育苗储蓄账户”（Didim Seed Savings Accounts），向处境不利的儿童提供金融教育。该计划最初覆盖儿童福利系统中 17 岁及以下的个人，后来扩大范围，旨在将所有低收入家庭的儿童（约占韩国新生

---

① Loke, V. & Sherraden, M. “Building Assets from Birth: Singapore's Policies.” *Asia Pacific Journal of Social Work and Development* (2019) 1: 6-19. Zou, L. & Sherraden, M. “Child Development Accounts Reach Over 15 Million Children Globally.” (CSD Policy Brief 22-22, 2022). St. Louis: Washington University Center for Social Development.

儿的一半）包括在内。该项目并非全国性的，且对参与资格有一定限制，导致项目规模较小。

2. 运行机制

目标对象。韩国的育苗储蓄账户没有覆盖全体儿童，目前适用对象包括三类儿童：12~17 岁的中低收入家庭儿童；所有 18 岁以下的孤残儿童、接受机构安置或寄养安置的儿童，即福利系统内的儿童；从儿童福利系统回到原生家庭中的儿童，若符合中低收入家庭标准且保留原有账户，仍可继续接受相应的资助。①

资金来源。政府补贴、父母储蓄、赞助人赞助。

资助方式与资助水平。育苗储蓄账户分为两个层级。一是儿童储蓄账户，即自存款账户，接受父母和赞助商的存款，每月存款上限为 50 万韩元。二是基金账户，即政府配套款账户。政府提供 1∶1 配套补贴，储蓄限额为每个月 5 万韩元，超出限额的部分不享受政府的配套款。账户本身也享有一定的优惠，其利率比一般储蓄账户的储蓄利率高 1 个百分点，账户的管理费用也极低。②

韩国政府还将儿童福利系统中的赞助计划整合到育苗储蓄账户中来。赞助计划于 1977 年开始施行，负责机构为韩国福利基金会，旨在帮助福利系统中的儿童找到相应的资助人，为儿童提供长期固定的赞助与支持。赞助计划和育苗储蓄账户的整合有三种形式：原赞助计划，对于通过原赞助计划得到的捐款，儿童及其监护人可以自行选择是否将其存入育苗储蓄账户；指定育苗储蓄账户，赞助人可以指定受助儿童进行捐款，但该捐款会先汇入儿童的普通银行账户，再由儿童自行存入育苗

---

① 何芳：《儿童发展账户：新加坡、英国与韩国的实践与经验——兼谈对我国教育扶贫政策转型的启示》，《比较教育研究》2020 年第 10 期，第 26~33 页。

② Zou, L. & Sherraden, M. "Child Development Accounts Reach Over 15 Million Children Globally." (CSD Policy Brief 22-22, 2022). St. Louis: Washington University Center for Social Development.

储蓄账户；[①] 未指定育苗储蓄账户，若赞助人自己没有指定受助儿童，那么基金会会将该赞助人的捐款分配给存款较少或者缺少固定赞助人的儿童。

运作方式。如前所述，CDA 计划采用双账户运作方式。韩国政府还制定了“希望之袋”财务教育计划，开发了一系列适合不同年龄段儿童的财务教育课程，以帮助儿童扩充金融知识储备、提高金融管理能力以及改进储蓄消费理念，减少账户使用不当的情况。在管理架构上，多个合作伙伴紧密合作。韩国保健福祉部负责整体规划及管理、合作伙伴的选择及中央政府预算部分的匹配，地方政府负责地方层面 CDA 项目实施，新韩银行（唯一指定金融机构）负责 CDA 账户的开设和管理，韩国儿童福利联合会（KFCW）负责赞助项目的管理、与其他合作伙伴合作、开发金融教育课程并提供金融教育监督和评估等。

限制条件（退出机制）。账户的款项使用可分为三种情况。提前使用，在儿童年满 15 岁且储蓄年限超过 5 年的情况下，账户中的存款有两次提前使用的机会，但仅能用于儿童的教育和职业培训。普通使用，账户持有人年满 18 岁后，他们有权从两个账户中提取资金，用于教育、创业、医疗和重大生活事件。延期使用，即账户持有人年满 24 岁后，账户中的款项使用不再受限。但是，第一种和第二种情况必须经过当地主管机关审核同意，再由银行将款项直接汇入服务提供者的账户，避免账户资金的不当使用。[②]

3. 实施效果

韩国儿童发展账户的评估结果证明了该计划的成功实施。截至

① 何芳：《儿童发展账户：新加坡、英国与韩国的实践与经验——兼谈对我国教育扶贫政策转型的启示》，《比较教育研究》2020 年第 10 期，第 26~33 页。

② Kim, Y., Zou, L., Weon, S., et al. “Asset-based Policy in South Korea.” (CSD Publication 15-48, 2015). St. Louis: Washington University Center for Social Development.

2019 年 12 月，约有 80800 名儿童拥有此类账户。[①] 相关实证研究表明，CDA 不仅在心态、储蓄习惯、教育和未来规划方面对儿童产生多重积极影响，而且 CDA 中的资产可能在缓解儿童对未来的高度焦虑和减轻压力方面发挥重要作用。

韩国在 CDA 政策方面的经验对其他国家也有重要影响。首先，它清楚地表明，资源有限的儿童，如儿童福利系统中的儿童，可以通过适当的机构化支持为未来储蓄。凭借强大的激励（匹配、高利率和金融教育）和内置支持（赞助计划），韩国的 CDA 参与者为其在该计划中的长期发展积累了种子资金。因此，政策制定者和实践者应将资产建设计划视为促进脱离儿童福利体系的年轻人经济独立的新方法。其次，韩国的 CDA 计划表明，了解当地情况和目标人群的需求对于成功设计和实施至关重要。韩国 CDA 计划的成功在很大程度上可归因于其适应当地环境，如纳入现有赞助计划和选择单一金融机构。对当地条件和现有体制结构的深入了解使得产生了适合当地情况的方案和管理结构。可以说，这个 CDA 项目是为韩国儿童开发的“韩国模式”。再次，计划从一开始就证明了建立伙伴关系的效用。多个合作伙伴为设计和实施 CDA 计划提供了有用的专业知识、技能和见解。在韩国保健福祉部的强有力领导下，合作伙伴是根据过去的经验和专业知识选择的。金融机构的竞争性选择过程激发了新韩银行的创新想法（双账户模式）和承诺（努力调动赞助）。最后，赞助计划似乎也适用于许多其他国家和地区，因为这些国家和地区的儿童经济收入很少。赞助者的捐款将使儿童能够储蓄，即使他们或他们的家庭经济资源有限。在这方面，赞助可以

---

① Zou, L. & Sherraden, M. “Child Development Accounts Reach Over 15 Million Children Globally.” (CSD Policy Brief 22-22, 2022). St. Louis: Washington University Center for Social Development.

作为一种手段，调动私人资源投资于儿童的未来。[①]

（七）中国台湾地区儿童发展账户相关政策实践

1. 发展简介

中国台湾地区于20世纪90年代中后期关注到儿童发展账户政策，在经过实践后，于2017年正式推出“儿童与少年未来教育及发展账户”（CFEDA），希望通过为期18年的长期资产建设和匹配的储蓄，增加弱势儿童及少年未来接受高等教育或职业训练等人力资本的机会，以减少贫穷代际循环问题。

2. 运行机制

目标对象。2016年1月1日及以后出生的台湾贫困家庭儿童（被认定）或被监护的寄养儿童有资格参与CFEDA计划。参加福利登记的贫困家庭的新生儿有资格申请CFEDA，同时，在家庭外寄养超过2年并被授予监护权的儿童也符合条件。

资金来源。财政补贴、父母储蓄、私人捐助。

资助方式与资助水平：参加活动的儿童可在其CFEDA中获得高达新台币10000元的初始存款。参与者的父母或法定监护人可以选择每月储蓄新台币500元、新台币1000元和新台币1250元三种水平。以1∶1的比例匹配这些存款水平，每年最多新台币15000元，每个参与者每年最多可获得新台币30000元的资产。如果他们没有退学，预计每位参与者在年满18岁时最多可获得新台币54万元。此外，允许私人捐助者向账户捐款或担保。

运作方式。参与者的父母或法定监护人每6个月收到一份银行对账

① Han, C. K. “A Qualitative Study on Participants’ Perceptions of Child Development Accounts in Korea.” *Asia Pacific Journal of Social Work and Development*(2019)1: 70-81.

单，详细说明他们的存款总额和匹配存款。提款仅限于紧急情况，如儿童死亡、严重健康问题和其他不可抗力事件。[①] 在 CFEDA 中持有的资产不需要进行经济情况调查，当 CFEDA 成熟时，鼓励参与者使用积累的资产支付高等教育、职业培训或创业基金。然而，这并不是强制性的。每个参与者都需要提交一份申请，说明其 CFEDA 资金的支出目的。为了阻止参与者肆意挥霍资产，卫生福利部门向参与者及其父母提供金融教育，教他们如何有意识地将储蓄投资于金融机构、社会服务机构和学校。如有必要，为需要帮助的参与者提供个人咨询，制订使用储蓄的计划。金融机构还可以为参与者提供信息，将其储蓄转移到其他金融产品。家庭社会工作者也参与这项计划，主要向低收入家庭提供有需要的福利资源或实物服务，在一定程度上消除低收入家庭的存款障碍，促进低收入家庭孩子的参与。

限制条件（退出机制）。到 18 年的执行期后，资金将用于儿童及少年在年满 18 岁后接受高等教育、职业训练或就业创业等方面。

3. 实施效果

2017 年，台湾地区设立 CFEDA，当时符合资格人数有 9441 人，有 2898 人申请开户，累计申请开户率达 31%。经过近三年的发展，截至 2020 年 2 月，符合账户申请资格人数已达 23442 人，累计申请开户人数为 12226 人，累计申请开户率超过 52%，账户储金总额约为新台币 4.1 亿元。[②]

---

① Cheng, L. C. "Policy Innovation and Policy Realisation: The Example of Children Future Education and Development Accounts in Taiwan." *Asia Pacific Journal of Social Work and Development* (2019) 1: 48-58.

② 吴子明：《从儿童保护到投资儿童：中国台湾地区儿童福利体系转型研究》，《社会政策研究》2021 年第 1 期，第 53~56 页。

（八）中国香港地区儿童发展账户相关政策实践

1. 发展简介

2008年4月，香港特区政府接纳香港扶贫委员会建议，经立法会财委会批准，设立“儿童发展基金计划”，并为其拨出3亿港元作为项目基金。该基金计划是结合社区家庭、企业及政府三方资源的跨界协作项目，旨在鼓励参与计划的儿童规划未来并养成建立资产的习惯，从根本上增强弱势儿童的适应力，进而解决贫困代际传递的问题。截至2022年，该基金计划已获注资共9亿港元，并在全港各区推行了312个计划，包括非政府机构推出的200个计划以及学校推出的112个计划，让超过2.6万名儿童获得学习及成长的机会。[①]

2. 运行机制

目标对象。10~16岁的儿童满足以下两个条件，可参与该基金计划：家庭正在领取综合社会保障援助或各项学生资助计划的全额资助，或其家庭收入不超过家庭住户每月收入中位数的75%；不曾参加基金计划。

资金来源。政府补助、家庭储蓄、企业与私人捐赠。

资助方式与资助水平。参与者两年期间每月储蓄200港元，特殊情况下，会降低储蓄金额。同时，非政府组织或学校通过企业与私人捐赠，为参与者提供最少1∶1配对供款。除此以外，他们会再获得由政府提供的1∶1配对奖励，完成两年的储蓄计划后的总额最多为14400港币。[②]

运行方式。每个计划为期3年，结合“个人发展规划”“师友配

---

① 香港理工大学应用社会科学系：《儿童发展基金计划参加者的长远发展跟进研究》（参见网址：https：//www.cdf.gov.hk/sc/resources/download/files/cdf_report_022020_c.pdf）。

② 该方式适用于2016年之后推出的计划（参见网址：www.cdf.gov.hk）。

对”“目标储蓄”三个主要元素，有效运用从家庭、社会、私人机构及政府所得的资源，为儿童的个人发展提供有力的支持。个人发展规划。参加者将在参与计划的非政府组织、师友以及家长的协助下于计划前两年订立具有特定目标（兼具短期与长期目标）的个人发展方案，并于计划第三年执行，完成其中短期目标。非政府组织为每位参加者预留15000港元，在计划三年期间为参与者提供不同类型的培训及活动，帮助他们养成规划未来的思维以及建立非金融资产。师友配对。非政府组织为每位参与者配对一位友师，他们为参与者提供指导，协助他们订立和实践个人发展方案，他们将向参与者分享人生经验，并邀请他们父母或者监护人参与其中，协助他们建立非金融资产。目标储蓄。参与者于计划前两年参加目标储蓄，建立金融资产，在计划第三年可将该储蓄用于其个人发展计划。储蓄要求与匹配方式如前所述。

3. 实施效果

相关研究报告显示，该基金计划取得了较为显著的成果。明显改善了参与者的情绪状态、行为问题和朋辈问题，激发了参与者的学习与工作兴趣，提升了学业期望，增强了未来信心，培养了参与者的储蓄习惯，并使其认识到储蓄的重要性，进而增加了财富积累，对减少跨代贫穷产生正面影响。[①] 同时，“儿童发展基金计划”对于香港特区政府来说是一个新尝试。基金计划的成功实施，为相关儿童及青少年成长政策创新奠定了基础。

（九）中国大陆儿童发展账户相关政策实践

中国大陆施行过相关的儿童教育储蓄政策，如《中国工商银行教育储蓄试行办法》《教育储蓄管理办法》等，实行利息优惠。但这些政

① 香港理工大学应用社会科学系：《儿童发展基金计划参加者的长远发展跟进研究》（参见网址：https：//www. cdf. gov. hk/sc/resources/download/files/cdf_report_022020_c. pdf）。

策由于存在手续烦琐、收益少、参储对象狭窄等问题，没有取得理想效果。[①] 中国也开展了一些试点项目：北京“资产建设项目”（FAB）（2010 年）；陕西省两个“儿童发展账户”项目，项目 A 由陕西省 S 县 Z 社会组织实施（2017 年），项目 B 由陕西省 Q 社会工作机构与本地儿童康复中心合作实施；河北 Y 县扶贫实践（2018 年）。

1. 北京资产建设项目实验

（1）实验简介

2010 年 11 月，中国香港青年发展基金、北京大学中国教育财政科学研究所及中国科学院农业政策研究中心三方合作，设立“资产建设项目”。该项目以部分北京初中阶段的外来务工子女为目标对象，对其进行“随机控制实验”干预，并对他们毕业后的教育选择进行长达 5 年的跟踪调查。

（2）运行机制

目标对象。此次实验对象为北京打工子弟学校初二年级学生，设置对照组与实验组，实验组建立个人发展账户。

资金来源。按项目要求，参与家庭需为学生建立个人发展账户，并坚持按照 100 元/月或 300 元/季的方式进行存款，项目办根据参与家庭的储蓄情况进行助学金配置。

资助方式与资助水平。两年的储蓄期内，参与家庭需持续按照 100 元/月的方式进行储蓄，两年共存 2400 元，其最低存款总额为 1800 元。两年储蓄期满后，根据家庭实际存款的额度，项目办对其进行 1∶2 的助学金配备，最高可获得储蓄 2400 元的双倍，即 4800 元助学金。

运作方式。将个人发展账户与助学金相联系，以鼓励部分外来务工

---

① 方舒、苏苗苗：《家庭资产建设与儿童福利发展：研究回顾与本土启示》，《华东理工大学学报》（社会科学版）2019 年第 2 期，第 28~35 页。

子女升学。除了运用上述的资助（配额）方式，个人发展账户内的储蓄金额全数全程由家长保管。

限制条件（退出机制）。所有资金用以支付学生初中毕业后的教育费用。

（3）实验结果

计划人数为440人，但由于种种原因，未能达到预期人数。实际该项目有194人签约，55人开户并存款，35人坚持两年存款。根据追踪结果，该项目没有提高升学率，实验未取得预期效果。[①]

2. S县儿童发展账户项目

（1）项目简介

2016年，某大学社会学系教师与陕西秦怀社会工作服务中心及S县助残协会合作，在两地进行两个整合性“儿童发展账户”项目实践。该实践分为项目A和项目B，项目A从2017年3月开始共四年时间，项目B持续时间为6个月。

（2）运行机制

①项目A

目标对象。面向S县农村贫困家庭的12~16岁儿童。主要是面向父母其中之一为残障者的儿童或儿童本人为残障者的贫困残障家庭儿童。

资金来源。家长存储、社会组织机构匹配。

资助方式与资助水平。项目参加者在账户中进行每月50~100元的储蓄，S县Z社会组织按照1：1的比例进行匹配存储。

运作方式。除了家长存储与机构按比例匹配外，参加项目的青少年及其家长须定期参加包括理财、亲子沟通、个人与家庭发展规划以及公

---

① 朱晓、曾育彪：《资产社会政策在中国实验的启示——以一项针对北京外来务工子女的资产建设项目为例》，《社会建设》2016年第6期，第18~26页。

益服务等项目的课程活动。课程活动每月一次，家长每年须最少参加两次。

限制条件（退出机制）。参加项目的一年内不能支取账户内资金，一年之后可以向Z社会组织社会工作者申请取出，用于孩子的学费、课后辅导等方面的支出。

②项目B

目标对象。在Q机构内进行抢救性康复的脑瘫儿童及其家庭。

资金来源。家长资产投资、Q社会工作机构配款。

资助方式与资助水平。每个儿童发展账户可获得初始1500元的基金，而后根据参加者在账户中的“资产投资”，机构进行每月500元的固定配款。同时，机构会实行额外奖励，对连续2个月或3个月完成投资目标的账户奖励700~1000元。

运作方式。机构根据家长资产投资匹配资金，家长资产投资主要是指现金储蓄、参与项目课程以及家庭康复训练。

限制条件（退出机制）。在1个月之后，可以取出儿童发展账户中的储蓄金额用于康复、辅助支具、家居改造以及教育四类用途，参与者在社会工作者的协助下制订取款与使用计划。

（3）实践结论

S县的项目案例表明，儿童发展账户的资产福利效应与既有文献中的研究相一致。一方面，儿童发展账户与跨代干预的结合能为代际互动提供更多的机会与外部支持；另一方面，也对亲子沟通及亲子关系的正向发展起到“促能”的作用。这一项目实践经验对农村精准扶贫行动以及基层儿童福利服务体系的发展完善有重要的启示意义。[①]

---

① 香港理工大学应用社会科学系：《儿童发展基金计划参加者的长远发展跟进研究》（参见网址：https：//www.cdf.gov.hk/sc/resources/download/files/cdf_report_022020_c.pdf）。

3. Y 县扶贫实践

(1) 实践简介

2018 年，朱若晗和蔡鑫在 Y 县启动社会工作参与脱贫攻坚的实践。通过前期调查，他们发现 Y 县农村贫困问题较为突出。许多贫困和低收入家庭负债或几乎没有任何储蓄，其抗风险能力弱，导致儿童未来面临较大的失学、辍学风险，家长的教育理念和教养方式也有很大提升空间。为此，计划在一年内通过与爱心人士及银行合作，协助部分贫困与低收入家庭开设由孩子本人持有的儿童发展账户，为贫困与低收入家庭儿童储蓄教育基金。

(2) 运作机制

目标对象。贫困与低收入家庭儿童。

资金来源。家长现金储蓄、银行支持以及爱心人士捐助。

资助方式与资助水平。入选家庭按 100~200 元/月为孩子的账户进行储蓄，项目按照 1∶1 的比例进行匹配储蓄。

运作方式。儿童发展账户由孩子本人持有，同时，在项目实施期间，社会工作者发挥协同作用，帮助孩子和家庭制定支出目标与计划，以期帮助他们树立正确理财观念，建立家庭的金融能力。

限制条件（退出机制）。孩子通过完成一定的社会公益活动获取积分来获得持续资助资格。在参加项目一年之内账户内资金不能支取，一年之后可以向社会工作者申请取出 10%的资金用于儿童的健康、教育发展和一些社会活动，孩子上中学期间每年可以取出 20%。

(3) 实践结论

对于面向儿童的反贫困实践，儿童发展账户类项目具有重要意义。但儿童发展账户类项目在实践中也遇到了不少有待克服的困难和挑战，其推广实施还需要政府推进并汇集更多的社会力量。爱心人士的捐助不能保障项目稳定性与长期性，受益人群也十分有限。因此将综合性的儿童发展账户类项目纳入制度化的政策体系是保证其成效的关键，金融机构、社会工作者等专业力量的参与也十分重要。[①]

（十）乌干达儿童发展账户相关政策实践

1. SUUBI 项目

（1）项目简介

SUUBI（SUUBI-MAKA 项目，简称 SUUBI）项目是一个以家庭为中心的经济赋权计划。它为因艾滋病而成为孤儿的儿童（也称为“艾滋病孤儿”）提供三部分方案：侧重于资产建设和职业规划的讲习班，加强学习的导师，以及以孩子和照顾者的名义签署联合儿童发展账户。其中，儿童发展账户是一个匹配激励的储蓄账户，并以儿童的名义由在乌干达共和国中央银行注册的成熟金融机构或银行持有。该项目使用随机对照实验设计，在受艾滋病病毒/艾滋病影响最严重的地区——拉凯区（Rakai District）匹配了 15 所学校，将其随机分配到实验组或对照组，进行对比研究。

（2）运作机制

目标对象。在乌干达拉凯区的 15 所农村小学中选出 286 名艾滋病孤儿参与研究，儿童的平均年龄为 13.7 岁（基线）。

资金来源。最初的开户存款是由该项目支付的，孩子每月存款以获得配额。孩子的任何家庭成员、亲戚或朋友都被鼓励存款。

资助方式与资助水平。该账户以 1∶2 的匹配率与 SUUBI 项目的资金进行匹配。匹配上限（与项目相匹配的家庭贡献的最大金额）设定为每个孩子每月 10 美元，或在研究期间每年 120 美元。这意味着如果一个孩子储蓄 10 美元，他将得到 20 美元。

---

① 朱若晗、蔡鑫：《儿童发展账户：打破贫困代际传递的“金”能量》，《中国社会工作》2019 年第 31 期，第 18～19 页。

运作方式。实验组中的儿童接受了基于资产的家庭干预，包括在 1 个月内参与了 2 个 10 小时的关于资产建设、职业规划的研讨会以及关于储蓄、教育的讲习班，并有同伴导师每月为参加 SUUBI 项目的儿童提供指导计划，同时，建立联合 CDA。此外，当地的宗教机构、15 所农村小学及 2 家金融机构与研究人员的合作，是乌干达实施和维持 CDA 项目的关键。

限制条件（退出机制）。CDA 专门用于支付中学教育或家庭小企业的费用。在未完成所要求参与的研讨会个数之前，任何参与者都不得访问其 CDA。

（3）实验结论

研究表明，参与该项目的孤儿能够在他们的储蓄账户中存钱，并建立未来教育计划，对未来发展的信心更强。同时也进一步表明，女孩和其他弱势群体的生产资产积累具有若干积极影响。SUUBI 项目的实施为在乌干达实施更广泛的 CDA 计划提供了数据与经验支撑。[①]

2. 通往未来的桥梁项目

（1）项目简介

通往未来的桥梁（Bridges to the Future）项目是由美国国家儿童健康与人类发展研究所（NICHD）支持的一项研究，旨在促进中等教育储蓄，促进小微企业发展以创造家庭收入，并提供支持计划以保护儿童免受未来风险。研究采用了三组整群随机对照实验设计，收集 5 年（2012~2017 年）的数据。纳入研究的 48 所农村公立小学被随机分配到三个研究条件的其中一个。该研究获得了哥伦比亚大学和乌干达国家科

---

① Curley, J., Ssewamala, F. & Han, C. K. "Assets and Educational Outcomes: Child Development Accounts (CDAs) for Orphaned Children in Uganda." *Children and Youth Services Review* (2010) 11: 1585-1590. Curley, J., Ssewamala, F. M., Nabunya, P., et al. "Child Development Accounts (CDAs): An Asset-building Strategy to Empower Girls in Uganda." *International Social Work* (2016) 1: 18-31.

学技术委员会的伦理批准。

（2）运行机制

目标对象。从乌干达西南部地区的 48 所小学招募了艾滋病孤儿。具体来说，须符合以下标准：是艾滋病孤儿青少年；在小学的最后两年；生活在一个家庭（广义定义，而不是孤儿院，因为在机构中的人有不同的家庭需求）中。

资金来源。资金由项目提供。

资助方式与资助水平。干预组 1 获得 1∶1 的储蓄匹配率，干预组 2 获得 1∶2 的储蓄匹配率，干预组 1 与干预组 2 进行对照。

运作方式。16 所学校被随机分配到对照组（$N=487$），16 所学校被随机分配到干预组 1-Bridges（$N=396$），最后 16 所学校被随机分配到干预组 2-Bridges PLUS（$N=500$）。对照组与干预组均接受了艾滋病孤儿的常规护理服务。这些内容包括：心理咨询（由社区里的牧师提供）、食物（学校午餐）和学术材料（教科书和笔记本）。除了常规护理服务，干预组均接受了以下干预：金融素养讲习班，讲习内容包括资产建设、未来规划、家庭微型企业的发展和风险保护；导师帮助参与者强化学习和保持乐观情绪；儿童储蓄账户（CSA），相应的储蓄可以用于中学教育和微型企业发展。两个干预组，Bridges 和 Bridges PLUS 之间的唯一区别是储蓄匹配率。

（3）实验结论

实证研究表明，儿童发展账户采用储蓄激励，对青少年的身心健康状况、HIV 知识、自我概念、自我效能、教育成果等在一定程度上产生了持续影响，干预后的青少年比正常护理条件下的青少年表现得更好。然而，两个干预组相比，Bridges PLUS 组的儿童积累了更多的发展资源，并在四年级表现出较低的多维贫困发生率和剥夺水平，但干预效果有随着时间的推移而减弱的轨迹。①

二 儿童发展账户的模式比较

上文介绍了目前主要国家和地区儿童发展账户的政策实践，这些政策既有共同点，又在覆盖对象、目标设定、账户结构、累进性（进步性）程度和资金来源等方面存在不同（具体参见附录4），主要在以下三个方面存在明显差异。从覆盖对象上看，英国、加拿大、以色列和新加坡是面向国内所有儿童（全国普遍性），美国是面向州内所有儿童（地方普遍性），韩国、中国台湾、中国香港则是覆盖低收入家庭的儿童（选择性）。从目标设定上看，英国、以色列、新加坡、韩国等设定了多元目标，账户资金可用于中小学教育、高等教育、购房、生育、创业、资产积累等各种开支；美国、加拿大则设定了相对单一的目标，账户资金往往仅限于支付高等教育费用。从账户结构来看，新加坡为多元整合结构，多个资产建设计划无缝集成；美国和韩国为双层嵌套结构，政府账户与个人账户并存；英国、加拿大、以色列、中国香港则只有单一的储蓄账户。另外，上述国家和地区儿童发展账户的政策设计都具有累进性，即穷人得到更多的补助；并且资金来源多样化，包含政府、家庭、社会等多元化主体。

当前，我国尚缺乏政府支持的普遍性的儿童发展账户，国内针对资产建设理论下我国贫困家庭儿童发展账户的专题研究长期付之阙如，构建中国儿童发展账户政策体系势在必行。因此，本章选取美国、英国、加拿大、以色列、新加坡、韩国、中国等作为研究对象，对其主要从覆

---

① Wang, J. S. H., Malaeb, B., Ssewamala, F. M., et al. "A Multifaceted Intervention with Savings Incentives to Reduce Multidimensional Child Poverty: Evidence from the Bridges Study (2012－2018) in Rural Uganda." *Social Indicators Research* (2021) 3: 947－990. Ssewamala, F. M., Shu-Huah Wang, J., Brathwaite, R., et al. "Impact of a Family Economic Intervention (Bridges) on Health Functioning of Adolescents Orphaned by HIV/AIDS: A 5-year (2012－2017) Cluster Randomized Controlled Trial in Uganda." *American Journal of Public Health* (2021) 3: 504－513.

盖对象、目标设定、账户结构三个方面进行系统的模式比较分析（见图 4-2），并总结其特点及局限，以期为我国儿童发展账户的政策制定和实践工作开展提供启示和借鉴。

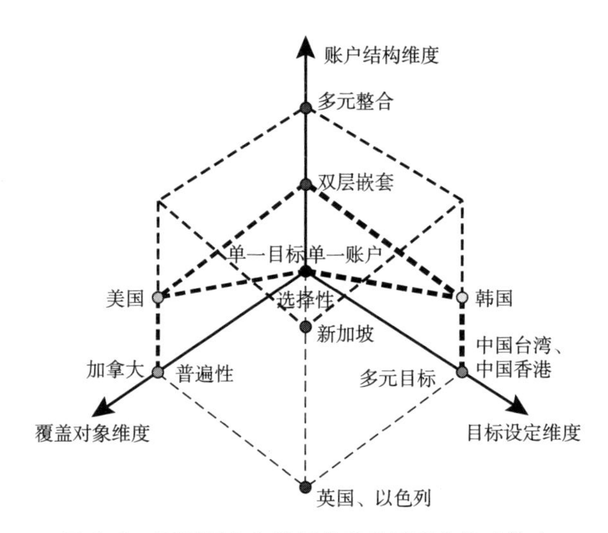

图 4-2　不同国家和地区儿童发展账户模式维度

（一）地方普遍性-单目标-双层嵌套模式

美国为典型的地方普遍性-单目标-双层嵌套模式（见图 4-3）。当前，美国没有联邦层面的儿童发展账户政策，所有州级 CDA 计划都采用了 SEED OK 中经改造的“529 大学储蓄计划”，各州独立实施州政府-个人（家庭）儿童发展账户的双层嵌套结构模式，为本州内所有儿童提供服务。存入国有账户的存款只能用于高等教育，如四年制大学、社区大学和职业学校等。[1]

美国的这种模式适应了其现实国情（联邦制结构、种族多样性、

① Zou, L. & Sherraden, M. “Child Development Accounts Reach Over 15 Million Children Globally.” (CSD Policy Brief 22-22, 2022). St. Louis: Washington University Center for Social Development.

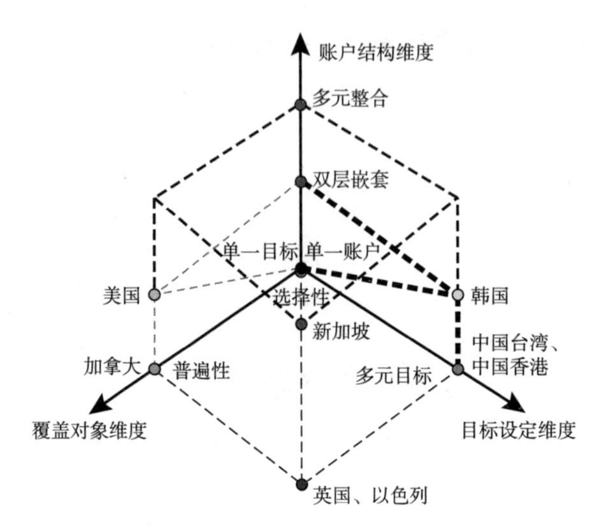

图 4-3 地方普遍性-单目标-双层嵌套模式维度

文化差异性等），具有如下优点。其一，双层账户结构鼓励家庭和社会共同分担储蓄责任，减轻了政府的财政负担，保证了账户的正常运行；州政府提供储蓄匹配，使得中低收入家庭得到更大的包容。其二，限制了账户资金的用途，国有账户资金只能用于高等教育，专注于帮助家庭积累孩子上大学所需资源，有助于增加孩子未来上大学的可能性。其三，529 计划提供多种基金选择，且许多 529 计划对最低初始供款的要求很低，这促进了家庭储蓄；通过投资基于年龄的基金，账户所有者可以从投资的自动变更中受益。其四，一个州的所有参与者都在同一个系统中，由一个组织执行所有的会计和记录保存功能，这种集中管理提高了计划的效率和可持续性。其五，联邦政府和州政府制定了相关法规，建立账户限制和税务报告，为促进高等教育储蓄提供制度支持。①

但是，美国这种缺少联邦层级的 CDA 政策降低了账户的普遍性与包容性，也严重削弱了 CDA 的统筹功能和福利再分配功能。州级儿童

① Clancy, M. M., Sherraden, M. & Beverly, S. G. "College Savings Plans: A Platform for Inclusive and Progressive Child Development Accounts." (CSD Policy Brief 15 - 07, 2015). St. Louis: Washington University Center for Social Development.

发展账户由州政府提供初始存款和匹配供款，账户只能在州政府层面进行统筹与发挥再分配功能，无法在全国层面实现统筹，也无法在全国层面体现国家对儿童的福利责任以及共享理念。因此，美国儿童发展账户政策缺少联邦政府层面的账户设计是一种缺陷。

（二）普遍性-多目标-单账户模式

英国和以色列为典型的普遍性-多目标-单账户模式（参见图 4-4）。这两个国家均面向所有儿童开设一个长期储蓄账户，并对基金的使用没有具体的限制，这些资产可用于孩子未来的教育、培训、购房或创业等任何目的。政府为账户提供资助而非按比例配额，账户资金只有在儿童年满 18 岁后才能提取。

以英国和以色列为代表的普惠性儿童福利政策具有如下优势。其一，全国性 CDA 有助于在全国层面实现统筹，体现国家对儿童的福利责任。其二，CTF 和 SECP 不以收入或工作审查为前提，面向国内所有儿童，强调储蓄习惯的重要性和自由选择权的发挥，要求个人在政府支持下自力更生，促进儿童的机会平等。[①] 其三，政府供款和个人存款统一存入一个长期储蓄账户，鼓励长期资产积累，降低了政府的管理成本。其四，账户资金的使用不受明确限制，可以用于多元化目标，提升了账户的包容性，激励家庭参与。其五，英国于 2004 年出台《儿童信托基金法》，以色列也于 2015 年通过了相关 CDA 政策法案，为 CDA 的实施提供了法律依据。其六，英国的 CDA 是一个由政府提供累进补贴和私人金融机构提供账户的混合系统，能够给予最不利者更大的支持，同时较大程度地保证产品提供的质量。

但是，这种模式也带来一系列问题。第一，对账户资金用途不设限

① 何芳：《儿童发展账户：新加坡、英国与韩国的实践与经验——兼谈对我国教育扶贫政策转型的启示》，《比较教育研究》2020 年第 10 期，第 26~33 页。

的做法，可能会导致账户持有人对账户资金的不当使用，也可能导致儿童及其家长滋生福利依赖。第二，储蓄用于多元目标，容易加大财政负担，而且如果没有额外投入，其对贫困儿童的影响也是有限的。第三，投资方式多元化，往往导致储蓄计划容易受到市场风险的严重影响（英国儿童信托基金受金融危机影响被迫终止）。第四，储蓄用途的多元目标容易带来公平问题（最没有争议的是为儿童上大学进行储蓄，为购房进行储蓄往往带来很大的公平争议）。[①] 第五，以色列的 SECP 计划累进性程度不足，CDA 现有的政策结构倾向于在相对富裕的人群中产生更高的参与率，许多可能从该计划中受益最大的家庭（例如低收入、低受教育程度或来自经济弱势少数民族的家庭）参与程度较低，可能会导致这些家庭的子女一生中资产积累率较低，最终可能会加剧财富不平等。[②]

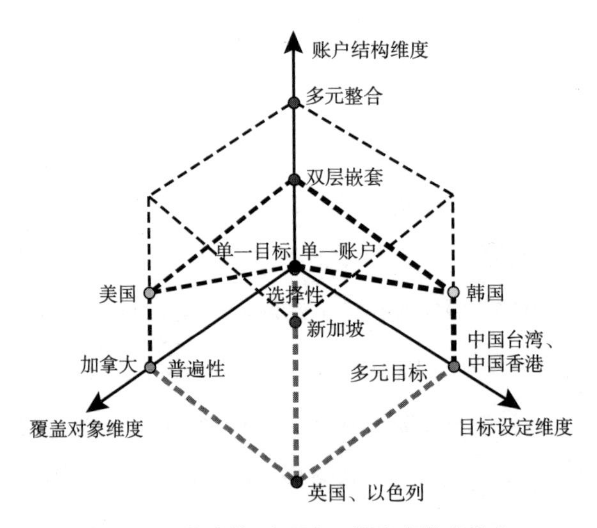

图 4-4　普遍性-多目标-单账户模式维度

① 马克·施赖纳、迈克尔·谢若登：《穷人能攒钱吗：个人发展账户中的储蓄与资产建设》，孙艳艳译，商务印书馆，2017。

② Grinstein-Weiss, M. , Pinto, O. , Kondratjeva, O. , et al. "Enrollment and Participation in a Universal Child Savings Program: Evidence from the Rollout of Israel's National Program." *Children and Youth Services Review* (2019) 101: 225-238.

（三）全生命周期-普遍性-多元整合模式

新加坡为其儿童建立了全面的、多元整合的儿童发展账户政策体系（见图 4-5），婴儿奖励计划（见表 4-3）、教育储蓄计划、中学后教育储蓄账户、医疗储蓄账户这四个内在关联的子发展账户与中央公积金一起，构成了新加坡独特的全生命周期的资产建设政策体系。

新加坡多元整合的儿童发展账户政策体系具有独特的优势。其一，新加坡的多种儿童发展账户政策无缝集成，并与中央公积金制度相衔接，满足账户持有人不同生命阶段的资产建设需求，以在账户持有人的整个生命周期内提供资产构建系统。[①] 其二，新加坡的 CDA 政策是按照普遍性、自动注册、自动初始存款的原则设计的，有助于所有儿童公民的最大参与和受益。其三，新加坡虽未限定款项使用时间，但对款项的使用方式及范围进行了严格限制，规定款项仅能通过转账的方式用于儿童教育和医疗，[②] 有助于避免账户资金的滥用，也有助于促进儿童及其家长形成自立意识。其四，新加坡的各种 CDA 政策得到了强有力的支持，因为资产建设非常符合新加坡既定的政策主题和价值观；新加坡在 2001 年就出台了《儿童发展共同储蓄法》，为儿童发展账户的实施提供了法律支撑。

当然，该模式不可避免地存在一些缺点。首先，多个儿童发展账户分别交由不同的政府部门或金融机构来管理，增加了管理成本，降低了管理效率。其次，尽管有大量的政府拨款、普遍资格和自动注册，但并非所有儿童平等地参与资产建设政策，收入较低的家庭可能没有办法在账户中积累有意义的金额（新加坡后来也调整了 CDA，提供了补助

---

① Loke, V. & Sherraden, M. "Building Assets from Birth: A Global Comparison of Child Development Account Policies." *International Journal of Social Welfare* (2009) 2: 119-129.

② 何芳：《儿童发展账户：新加坡、英国与韩国的实践与经验——兼谈对我国教育扶贫政策转型的启示》，《比较教育研究》2020 年第 10 期，第 26~33 页。

金）。最后，新加坡的 CDA 项目主要是固定收益适中的储蓄产品，高于大多数储蓄产品的市场利率；虽然这些 CDA 项目不存在市场风险，但也限制了其投资增长潜力，特别是投资时间跨度很长。①

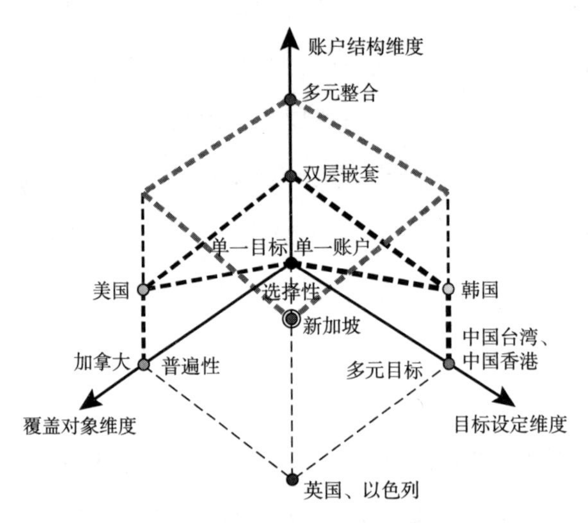

图 4-5 全生命周期-普遍性-多元整合模式维度

表 4-3 婴儿奖励计划（现金礼物+CDA）

单位：新元

组成		第 1 个孩子	第 2 个孩子	第 3 个和第 4 个孩子	第 5 个及随后的孩子
现金礼物	出生登记后 7~12 天	3000	3000	4000	4000
	儿童出生第 6 个月	1500	1500	2000	2000
	儿童出生第 12 个月	1500	1500	2000	2000
	儿童出生第 15 个月	1000	1000	1000	1000
	儿童出生第 18 个月	1000	1000	1000	1000
CDA	政府初始存款	3000	3000	3000	3000
	政府 1：1 匹配	3000	6000	9000	15000
总收益		14000	17000	22000	28000

① Loke, V. & Sherraden, M. "Building Assets from Birth: Singapore's Policies." *Asia Pacific Journal of Social Work and Development* (2019) 1: 6-19.

（四）选择性-多目标-双层嵌套模式

韩国是这一模式的代表国家（见图4-6）。韩国将推出的儿童发展账户项目看作国策，建立了在政府、私人银行和非营利组织协调合作基础上的覆盖中低收入家庭儿童的双账户运作机制，并将财务教育计划和赞助人计划与儿童发展账户有机整合，以促进贫困儿童发展，减少代际贫困。存入账户的款项可用于教育、职业培训、创业和生活等领域，但款项的使用同儿童年龄与储蓄年限相挂钩。

韩国立足现有的制度结构与文化背景，基于目标群体的需求所建立的儿童发展账户模式，具有以下特点。首先，尽管累进性的双层账户运行模式会增加政府的管理成本，并对儿童发展账户的财政支持产生一定限制，但有利于政府预算管理的科学化，同时，韩国选择了单一的金融机构（新韩银行）并形成多个合作伙伴组织的紧密合作，在一定程度上分散了管理与责任风险。而且将赞助计划引入CDA，形成了汇集捐款和分配的系统以及在赞助者和个人儿童之间的集中匹配系统，强化了政府、家庭和社会共同承担的育儿责任，不仅解决了低收入家庭无法存钱的问题，[①] 提升了账户的公平性，也减轻了政府的财政负担。其次，韩国保健福祉部将有资格享受CDA福利的儿童规定在中低收入家庭内，减轻了政府的财政负担，更重要的是提高了行动效率与目标对象的瞄准度，在一定程度上避免了资源浪费。然而，韩国这种只面向某一特定群体的CDA计划，相对降低了儿童发展账户的普遍性、包容性与共享性。最后，在款项使用方面，虽然可将资金用于不同领域，但政府对此明确设限，在儿童年满18岁之前提取资金必须经过当地主管机关审核同意，

① Nam, Y. & Han, C. K. "A New Approach to Promote Economic Independence among At-risk Children: Child Development Accounts (CDAs) in Korea." *Children and Youth Services Review* (2010) 11: 1548-1554.

再由银行将款项直接汇入服务提供者的账户。此举避免了账户资金的不当使用，也有助于促进儿童及其家长形成自立意识，减少儿童与家长的福利依赖。[①] 而年满 24 岁后资金使用的不受限制，体现了韩国政府将贫困家庭作为整体的考量。

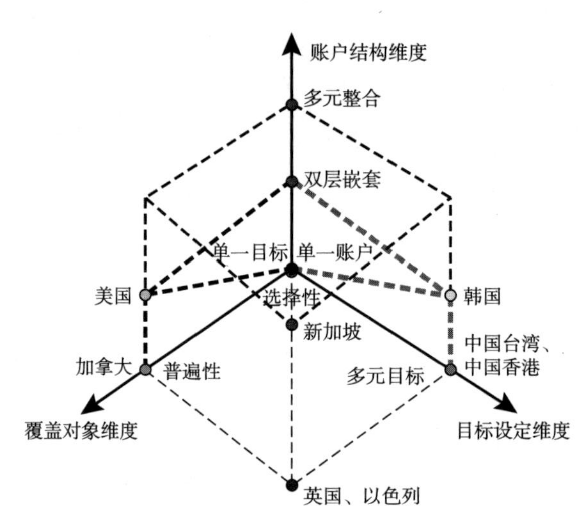

图 4-6 选择性-多目标-双层嵌套模式维度

（五）选择性-多目标-单账户模式

中国香港地区和中国台湾地区是选择性-多目标-单账户模式的代表（见图 4-7）。这两个地区开展的儿童发展账户计划均没有覆盖全体儿童，其主要面向贫困家庭（被认定的）儿童开设储蓄账户，储蓄账户中的存款可用于促进儿童发展。下文以香港地区为例对该模式做简要介绍。

香港地区的儿童发展账户项目具有如下特点。第一，政府补贴、个人存款与私人捐助统一存入一个储蓄账户，这种运作机制相对简单、方

---

① 何芳：《儿童发展账户：新加坡、英国与韩国的实践与经验——兼谈对我国教育扶贫政策转型的启示》，《比较教育研究》2020 年第 10 期，第 26~33 页。

便，降低了政府的管理成本。建立的家庭、政府和社会共同储蓄机制，也极大地提升了儿童发展账户的吸引力，增加了资产积累。而单账户机制在资金使用方面赋予了个人更多权限，可能无法保护政府的资金，进而增加资金误用的风险。第二，运用选择性与自愿参加的方式，保障了可用的资金集中于那些弱势群体，避免资源的浪费，但相对降低了儿童发展账户的普遍性与包容性。第三，香港地区的计划为期 3 年，提倡 2 年存储期满后，将资金用于个人发展规划，并要求主办机构或董事会监督进度的举措，不仅在一定程度上弥补了短期计划存在的缺陷，强化了该计划对学员的正面效用，还有利于防止资金的滥用。第四，香港地区开展的项目在制度保障方面存在明显差别。香港儿童发展基金计划的推行，得益于香港特区政府的支持，专门的法律支持不足。香港儿童发展基金计划以非政府机构或学校为主导，缺乏政策保障与政府的强制执行，可能会降低该计划的运行效率与实践成效。

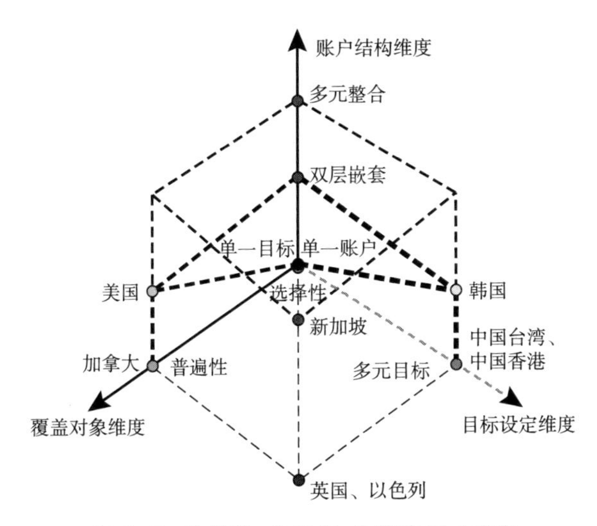

图 4-7　选择性-多目标-单账户模式维度

（六）普遍性-单目标-单账户模式

普遍性-单目标-单账户模式的代表国家是加拿大（见图 4-8）。加拿大面向所有有意愿和有能力的家庭和个人，实施了以注册教育储蓄计划（RESP）为主、教育储蓄补助金和学习债券为补充的免税资助项目，旨在鼓励家长为孩子以后接受高等教育提前进行储蓄，促进儿童获得更高的教育成就。

加拿大的儿童发展账户政策具有以下特点。首先，在款项使用方面，严格单一的高等教育限定性一方面让注册教育储蓄计划（RESP）成为相对安全的储蓄选择，无形中提升了家庭对子女教育的关注程度，从而保障了儿童的发展权；[①] 另一方面，缺乏灵活性，在一定程度上降低了儿童发展账户的包容性。其次，匹配缴款采用累进税率结构，低收入家庭的匹配率较高，许多从这种财政援助中受益较多的低收入家庭被有效地锁定为目标。这避免了普遍性福利政策在目标对象瞄准度方面的不足，提高了儿童发展账户的公平性。最后，政府提供的教育储蓄补助金和学习债券两项储蓄激励相互补充，不可替代。20%的匹配供款率、政府的补充赠款与学习债券存款有效促进了家庭资产积累，尤其是对于低收入家庭，使 RESP 成为父母投资于其子女在未来经济中取得成功所需的知识和技能的必备储蓄工具。[②]

加拿大的儿童发展账户政策也存在一些问题。尽管采用累进性的匹配激励与全民性、强制性的储蓄计划，但注册教育储蓄计划不成比例地使高收入人群（主要是男性）受益。这一群体有足够的资源来使用他们的供款空间，而且对他们来说，在累进税率结构下，扣除或免税变得更有价值，而向低收入家庭提供额外供款的方式也不能抵消这一趋势，

① 方舒、苏苗苗：《家庭资产建设与儿童福利发展：研究回顾与本土启示》，《华东理工大学学报》（社会科学版）2019 年第 2 期，第 28~35 页。

② Messacar, D. & Frenette, M. "Education Savings Plans, Matching Contributions, and Household Financial Allocations: Evidence from a Canadian Reform." *Economics of Education Review* (2019) 73: 101922.

加拿大的不平等现象日益加剧。这主要是因为注册教育储蓄计划在一定程度上增加了政府的财政负担，进而限制了政府对低收入群体进行再分配的潜力。①

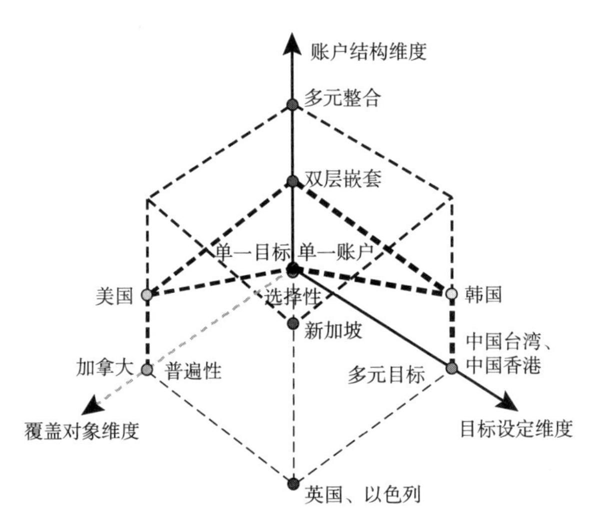

图 4-8　普遍性-单目标-单账户模式维度

小　结

综上所述，儿童发展账户方案为世界范围内的儿童发展与反贫困行动提供了行之有效的政策工具。经过比较，不同国家和地区的儿童发展账户政策或项目存在共同的特点。迈克尔·谢若登等在总结各个国家和地区儿童发展账户实践基础上，依循资产建设理念，指出实现可持续的大规模儿童发展账户通常需要考虑其普遍资格、自动注册、出生时开始、自动初始存款、自动累进性式补贴、集中储蓄计划、投

① Philipps, L. "Registered Savings Plans and the Making of Middle-class Canada: Toward a Performative Theory of Tax Policy." *Fordham Law Review* (2015) 84: 2677.

资增长潜力、定向投资选择、限制提款、公共福利排除十个关键设计元素。[①]

当然，每个国家和地区设计和实施的儿童发展账户政策或项目各不相同，各有利弊。以美国为代表的地方普遍性-单目标-双层嵌套模式，鼓励家庭和社会共同分担储蓄责任，减轻了政府的财政负担，但美国仅实现了各州的普遍性，无法在全国层面实现统筹，相对降低了儿童发展账户的包容性与共享性。以英国、以色列为代表的普遍性-多目标-单账户模式，有助于在全国层面实现统筹，降低政府的管理成本，体现国家对儿童的福利责任，促进儿童的机会平等，但可能导致儿童及其家长滋生福利依赖。以新加坡为代表的全生命周期-普遍性-多元整合模式，与中央公积金制度相衔接，满足账户持有人不同生命阶段的资产建设需求，有助于所有儿童公民的最大参与和受益，但管理成本相对较高，投资增长潜力不足。以韩国为代表的选择性-多目标-双层嵌套模式，通过各合作伙伴的良好合作与引入赞助计划，在一定程度上规避了双账户运行机制的管理风险，提高了政府预算管理的科学化水平。虽然选择性模式避免了资源浪费，但相对降低了儿童发展账户的普遍性、包容性与共享性。中国台湾和香港地区的选择性-多目标-单账户模式相对简单、方便，减轻了公共管理负担，但在资金使用方面赋予了个人更多权限，可能会增加资金误用风险。以加拿大为代表的普遍性-单目标-单账户模式，提升了儿童发展账户的普遍性，可以集中资源为促进儿童获得教育成就发力，但缺乏灵活性，而且可能会加剧社会不平等。

总之，不同国家和地区基于各自实际与内在需求，开展了一系列儿

---

① Sherraden, M., Clancy, M. M. & Beverly, S. G. "Taking Child Development Accounts to Scale: Ten Key Policy Design Elements." (CSD Policy Brief 18-08, 2018). St. Louis: Washington University Center for Social Development.

童发展账户政策实践，为我国贫困家庭儿童发展账户的构建提供了重要参考。因此，本研究在学习借鉴其成功经验和模式优势基础上，立足国家现实情况与人民群众的真实需求，拟构建一种具有中国特色的多元整合儿童发展账户模式。

第五章
贫困家庭儿童发展账户机制建构与政策模拟

本章首先在上述实证研究发现的基础上，充分借鉴发达国家和地区儿童发展账户政策模式与实践经验，基于资产建设理念，系统构建符合我国现实国情的贫困家庭儿童发展账户政策机制，所构建的这一政策机制可被概括为“三层嵌套多元整合”模式。其次，针对所构建的三层嵌套多元整合儿童发展账户模式，合理设置相应参数，运用政策模拟软件进行系统的政策模拟，以评估所构建的儿童发展账户政策机制的可行性与适切性。

一 贫困家庭儿童发展账户机制建构：三层嵌套多元整合模式

（一）基本目标

本研究致力于构建以贫困家庭儿童为基本政策对象，并可自动拓展至全国所有儿童的普遍性、累进性、便捷性的多元整合儿童发展账户政策机制。该账户首先为儿童尤其是相对贫困家庭儿童未来的高等教育费用支付提供基本保障，其次为届时未能进入大学的 18 岁以上青年提供创新创业、教育培训、房产购买等重要资产建设支持。具体而言，普遍性、累进性、便捷性多元整合儿童发展账户政策能够达成如下具体目标：重点激励相对贫困家庭（低收入家庭）高度重视子女接受高等教育，为相对贫困家庭儿童注入“大学梦”，显著提升相对贫困家庭儿童接受高等教育的比例；能够为儿童支付未来接受高等教育的基本费用，充分保障相对贫困家庭儿童接受高等教育；提升相对贫困家庭（低收入家庭）及其后代的储蓄率和资产持有率；激励相对贫困家庭成员学习基本的财务管理、储蓄投资等知识，改变“经济文盲”状况，显著提升相对贫困家庭成员的金融能力；增强相对贫困家庭成员，尤其是相对贫困家庭儿童健康成长、面向未来的信心和能力；鼓励并促进生育，为家庭抚育儿童提供必要的支持。①

---

① 儿童发展账户具有显著促进生育的功效，这通常是通过政府为出生的儿童提供账户初始奖励资金，根据出生的儿童数量相应地增加生育奖励资金以及提升累进性的匹配资金比例等方式实现的。在儿童发展账户中明确提出鼓励、促进生育的典型国家有新加坡和韩国。新加坡的“全生命周期普遍性多元整合儿童发展账户架构”中明确包括“婴儿奖励计划”（Baby Bonus Scheme）：新加坡政府于 2001 年推出了针对 0～12 岁儿童的婴儿奖励计划，适用于合法结婚父母所生的每一个新加坡孩子，作为政府提高生育率和创造有利于养育的家庭环境的总体努力的一部分。该婴儿奖励计划有两层，第一层由政府提供的不受限制的现金礼物（cash gift）组成；第二层由 CDA 组成，其中储蓄是匹配的，配对供款是该计划的一个重要特点，政府将按照 1∶1 的比例分别为第一个和第二个孩子提供最高 6000 新元和 9000 新元的供款，为第三个和第四个孩子每人提供 12000 新元，为第五个和随后的孩子每人提供 18000 新元［参见 Loke, V. & Sherraden, M. “Building Children's Assets in Singapore: The Beginning of a Lifelong Policy.”（CSD Publication No. 15－51, 2015）. St. Louis: Washington University Center for Social Development］。韩国政府为投资人力资本并提高出生率，于 2007 年在全国范围内启动儿童发展账户计划，并于 2009 年将儿童发展账户更名为“育苗储蓄账户”（Didim Seed Savings Accounts），最初覆盖儿童福利系统中 17 岁及以下的个人，后来又将政策范围扩大至所有低收入家庭的儿童（约占韩国新生儿的一半）［参见 Zou, L. & Sherraden, M. “Child Development Accounts Reach Over 15 Million Children Globally.”（CSD Policy Brief 22－22, 2022）. St. Louis: Washington University Center for Social Development］。事实上，当前我国面临严峻的出生率下降趋势，2022 年人口第一次出现负增长，出台鼓励与促进生育政策的必要性与紧迫性与日俱增，部分城市率先出台鼓励生育的相关福利政策，多地陆续通过发放生育津贴和育儿补贴来提供积极生育支持。比如，山东省济南市委、市政府于 2022 年 12 月 31 日印发的《济南市优化（转下页注）

（二）基本原则

儿童发展账户通常被设想为普遍性的（universal）、累进性的（progressive）以及潜在终生的（potentially lifelong）资产为本的社会福利政策典范。[①] 本研究在构建儿童发展账户时，基于资产建设理念与我国实际国情，认为如下基本原则应尽可能贯彻到儿童发展账户政策机制建构的过程中。

1. 普遍性与普惠性原则

所谓“普遍性”，是指儿童发展账户应能或有潜力拓展至所有儿童，面向所有儿童或者面向所有新出生儿童（从某一时点逐步拓展至以后的所有儿童）。通常与普遍性原则相对而言的是选择性原则，也就是政策只针对部分特殊儿童，比如相对贫困家庭儿童。本研究虽然直接研究的是相对贫困家庭儿童发展政策构建，这主要考虑到相对贫困家庭儿童是儿童发展账户政策的焦点群体，但在具体政策构建时以相对贫困家庭儿童为核心向外拓展至所有新出生儿童，体现出来的依然是普遍性原则。与普遍性原则紧密联系在一起的是普惠性原则，普惠性原则一方面体现出政策的包容性，即政策惠及所有新出生儿童；另一方面在政府层面尤其是中央政府层面提供给所有新出生儿童一笔普惠均等的初始现

（接上页注①）生育政策促进人口长期均衡发展实施方案》提出：“本市户籍按照生育政策于 2023 年 1 月 1 日以后出生的二孩、三孩家庭，每孩每月发放 600 元育儿补贴，对其中的最低生活保障、特困供养人员及领取失业保险金期间的生育妇女每月加发 200 元育儿生活补贴，直至孩子 3 周岁。”“对 2023 年 1 月 1 日以后出生的二孩、三孩，自出生之日起六个月内参加我市居民基本医疗保险的，参保登记当年度个人缴费由财政予以全额补助。”（参见中共济南市委网站：http://www.jnsw.gov.cn/content/jifa/content-88-42027-1.html）。除此之外，云南省、湖南省长沙市、辽宁省沈阳市、黑龙江省哈尔滨市等地也通过发放生育补贴、育儿补贴鼓励生育（参见 https://mp.weixin.qq.com/s/6T4WKUhI_w4Ed9whmCnH2g）。由此可见，通过实施儿童发展账户鼓励与促进生育是一条有效的制度化政策途径，具有现实的必要性与迫切性。

① Zou, L. & Sherraden, M. “Child Development Accounts Reach over 15 Million Children Globally.” (CSD Policy Brief 22-22, 2022). St. Louis: Washington University Center for Social Development.

金存款或初始股本金，这份均等的股本金充分体现出国家对儿童的普遍性福利责任，在很大程度上也可以被视为普遍性基本收入理念[①]的一种创新性实现途径。

2. 累进性与激励性原则

儿童发展账户之所以被视为资产为本的社会福利政策的典范，在很大程度上是因为儿童发展账户严格遵循累进性原则。所谓"累进性原则"，又被称为进步性原则，是指对于穷人给予更多的公共补贴，越贫困给予的补贴越多。在儿童发展账户政策机制构建中，累进性原则主要体现在如下两个方面：一是政府按照家计调查状况根据相对贫困程度或特殊群体类型给予不同等级的公共补贴，比如给予低保家庭儿童每年或每月一定数量的现金补贴，或给予困境儿童较多的现金补贴；二是政府给予不同类型的相对贫困家庭以不同额度的储蓄配额资金或配款比例，比如给予低收入家庭儿童一定数量的配款额度或 1∶0.5 的公共配款比例，给予低保家庭儿童总额相对较多的储蓄配款额度或 1∶1 的公共配款比例，而给予困境儿童更高的储蓄配款额度或 1∶2 的公共配款比例。从公平正义理论来看，政策尤其是福利政策只有使最不利群体的利益最大化才能充分体现公平正义要义，[②] 只有对不同类型的贫困家庭儿童差别性关照才能充分地、实质性地体现出共享理念。激励性原则主要体现在如下两个方面：一是对于中高收入家庭的儿童而言，除了享有普遍性、普惠性初始现金存款或初始股本金之外，往往还享有储蓄的税收抵

① Simon Birnbaum. *Basic Income Reconsidered* (New York: Palgrave Macmillan, 2012). 菲利普·范·帕雷斯、杨尼克·范德波特：《基本收入——建设自由社会与健全经济的基进提议》，许瑞宋译，台北：卫城出版社，2017；金炳彻：《基本收入的学理构思与模型研究》，《社会保障评论》2017 年第 2 期，第 30~39、87 页；Philippe Van Parijs. "A Basic Income for All." In Edmund Phelps (ed.), *What's Wrong with a Free Lunch?* (Beacon Press, 2001).

② 约翰·罗尔斯：《正义论》，何怀宏、何包钢、廖申白译，中国社会科学出版社，2009，第 224 页；约翰·罗尔斯：《作为公平的正义：正义新论》，姚大志译，上海三联书店，2002，第 161 页。

免优惠待遇[①]，这些会给予中高收入家庭以相应的储蓄激励；二是对于低收入家庭儿童、低保家庭或困境家庭儿童，政府除了给予相应的累进性补贴之外，还给予不同类型的相对贫困家庭儿童不同额度的配款总额以及不同的配款比例，这些都发挥着激励性功效。

3. 自愿性与限定性原则

作为一项普遍性福利政策，通常是非自愿性的，国家为每个新生儿自动开设并给予初始股本金的部分显然是普遍性的、非自愿性的，这里所讲的自愿性原则是指儿童发展账户中个人（家庭）参与的部分。个人（家庭）是否参与儿童发展账户中的储蓄计划，这需要遵照个人（家庭）的自由选择意志，不能采取强制性措施。但可以通过上述所论及的激励性原则，采取有效的激励性手段吸引或支持个人（家庭）积极参与儿童储蓄计划。儿童发展账户由于通常要实现教育储蓄积累尤其是高等教育储蓄积累目标，在储蓄的使用上都有着严格的限定性。比如专门用于大学教育费用支付的儿童发展账户，通常被严格限定中途不能提取现金支付其他花费——除非发生了特殊情况。限定性原则保障了儿童发展账户的长期持续资产积累与特定目标的实现。

4. 便捷性与协同性原则

儿童发展账户的构建必须遵循便捷性原则，要充分利用现有的信息化技术，加强多部门联动机制，从政策操作与运行过程方面尽可能降低制度运行成本，更重要的是，要充分实现上述普遍性、普惠性、累进性、激励性原则，使儿童发展账户政策能够包容所有新出生儿童。通常有效的做法就是实现在国家层面自动开设儿童发展账户，即实现自动注

---

① 当然，为避免中高收入家庭因储蓄激励产生避税等道德风险，往往在抵免税储蓄额度上会设置一个上限。

册、出生时开始（At-Birth Start）、自动初始存款、自动累进式补贴。[①]政府可在新生儿出生时自动为其开设一个儿童发展账户，在开设的同时自动存入相应的存款或新生儿的股本金，并基于该家庭的经济状况或相关政府部门已有的分类给予该家庭儿童相应的累进性补贴。与此同时，通过现代信息化手段自动通知该儿童的监护人——相关政策也自动发至儿童的监护人并实现自动签约，一旦该家庭确认参与该账户并按照约定的政策进行储蓄，相应的税收优惠、补贴以及配款可自动进行。在此过程中，定期自动给家庭发送对账单。整个政策过程应该建立在尽可能自动化基础上。当然，这种自动化方式或便捷式方式需要各个相关公共部门进行有效的协调，多元整合是必要的，其中数据信息的畅通与整合是极其关键的。更重要的是，儿童发展账户政策不能游离于整个社会福利政策体系之外，应与现有的社会福利政策体系相衔接、相协调，消除各种可能的政策矛盾与冲突。比如，最低生活保障政策需要对家庭进行家计调查，往往包含家庭的储蓄等资产，如果把该家庭参与的儿童发展账户中的储蓄资产包含在内，将会严重影响该家庭本应享有的低保救助资格的获得，进而影响儿童发展账户的参与性，尤其是贫困家庭的参与积极性。这就需要在整个政策创新构建中，把儿童发展账户中的储蓄资产排除在家计调查之外，使儿童发展账户政策与低保救助政策相互协调、相互协同。一项社会政策的创新需要充分考虑现有社会政策体系，需要充分实现各项政策之间的整合性与协同性。

（三）政策对象

儿童发展账户对象为政策实施当年出生的所有儿童，重点对象为相

① Sherraden, M., Clancy, M. M. & Beverly, S. G. "Taking Child Development Accounts to Scale: Ten Key Policy Design Elements." (CSD Policy Brief 18-08, 2018). St. Louis: Washington University Center for Social Development, 2018.

对贫困家庭儿童。本研究的相对贫困家庭儿童主要包括三种类型。一是低保家庭儿童，这是我国最为典型的贫困家庭儿童类型，主要指共同生活的家庭成员人均月收入低于当地最低生活保障标准，且符合当地最低生活保障家庭财产状况规定的家庭儿童。二是低收入家庭儿童，在目前政策实践中一般指家庭人均收入高于当地城乡居民最低生活保障标准，但低于当地城乡低保标准的1.5~2倍，且家庭财产状况符合当地城乡低保家庭财产条件的城乡低保边缘家庭的儿童。当然，这是一个较为保守的低收入家庭儿童的界定，如果按照收入比例法进行界定，低收入家庭儿童的范围将显著扩大。本研究在构建儿童发展账户时，为与现有政策相衔接，在测算低收入家庭儿童数据时以现有政策的界定为基准。三是困境儿童，《国务院关于加强困境儿童保障工作的意见》（国发〔2016〕36号）中对困境儿童做出如下界定："困境儿童包括因家庭贫困导致生活、就医、就学等困难的儿童，因自身残疾导致康复、照料、护理和社会融入等困难的儿童，以及因家庭监护缺失或监护不当遭受虐待、遗弃、意外伤害、不法侵害等导致人身安全受到威胁或侵害的儿童。"① 当然，如果财政预算允许，儿童发展账户的对象最好可拓展至政策实施前某时点（比如2021年1月1日零时）出生的所有儿童。该政策应一方面基于普遍性原则，面向全国所有儿童；另一方面遵循累进性或进步性（progressive）原则，相对越贫困的家庭儿童获得越多的财政资助和越高的配额比例。

---

① 在政策的实施操作中，不少地方政府把困境儿童分为如下三类：孤儿（福利机构养育的孤儿与社会散居孤儿）、事实无人抚养儿童（父母双方不能完全履行抚养和监护责任的儿童）以及其他困境儿童［低保及低保边缘家庭重度残疾（残疾等级为一级、二级）和三级四级精神、智力残疾儿童，患重病和罕见病儿童。重病和罕见病主要包括：艾滋病、白血病、自闭症、脑瘫、先天性心脏病、恶性肿瘤、尿毒症、重度精神病等各种重大疾病］（参见中央人民政府网站：http://www.gov.cn/zhengce/content/2016-06/16/content_5082800.htm）。

（四）账户结构

基于我国长期存在的地区差别、城乡差别以及人口规模庞大的复杂现实情况，在重点借鉴美国儿童发展账户中的双层嵌套结构设计与新加坡儿童发展账户中的多元整合结构模式的基础上，面向数字社会转型与高质量发展对儿童福利政策体系变革的战略性、基础性、前瞻性需求，我国儿童发展账户在设计上可采取“三层嵌套多元整合”结构模型。所谓“三层嵌套”，是指所构建的儿童发展账户应包括中央政府、省级政府（地方政府）以及个人（家庭）三层结构，地方政府以及个人（家庭）开设的账户可以依附或嵌套于中央政府开设的账户中。

1. 中央政府开设的儿童发展账户

中央政府应基于普遍性原则面向政策实施时确定的所有儿童自动开设一个儿童发展账户——为行文方便，不妨把该中央政府为政策规定时点后新出生的儿童自动开设的儿童发展账户称为CCDA账户——并按照普惠性原则注入均等的初始启动资金以及按照累进性原则对不同类型的相对贫困家庭儿童（低保家庭儿童、低收入家庭儿童、困境儿童等）提供不同等级的相应储蓄补助资金，该账户的所有权、资金投资运行权、使用范围限定权由中央政府所有，可委托有资质的银行、全国社保基金机构或其他有资质的金融机构代为运行，全部资金的受益权由中央政府账户指定的受益儿童所有。儿童发展账户中的中央政府账户层面主要体现国家对儿童的普遍性责任，集中反映全国层面在儿童发展领域的共享理念，也被视为普遍性基本收入的一种创新性、前瞻性、基础性实现途径。

2. 省级政府（地方政府）开设的儿童发展账户

地方政府在省级层面基于中央政府开设的儿童发展账户以及本地区的人口状况、经济社会发展水平和财政状况等地方性基本要素，在中央政府开设的儿童发展账户下为本地区的新出生儿童自动开设省级层面的儿童发展账户（PCDA），省级政府开设的儿童发展账户可自动嵌套于中央政府开设的儿童发展账户中，共用一个账户号码，在账务管理中从技术上分开。省级政府主要基于本地区的人口结构（生育鼓励）、经济发展水平、财政状况等主要因素，为本地区 PCDA 设置基本的初始储蓄基金或初始奖励基金以及累进性的储蓄配额基金数额与配额比例。需要注意的是，有两个问题值得进一步说明和讨论。

其一，既然有了中央政府层面的儿童发展账户，为什么还要在省级政府（地方政府）层面设置儿童发展账户？省级政府（地方政府）层面的 PCDA 与中央政府层面的 CCDA 尽管都属于政府层面开设的儿童发展账户，也都反映了共享理念与国家对儿童发展的责任，然而其内在理据或性质有所不同。中央政府层面的 CCDA 的初始储蓄金可被视为一种初始股本金，凡是国家新出生的婴儿都天然具有均等的资格，因此，为新出生婴儿注入初始资金反映的是国家层面对新生婴儿的普遍性平等责任。同时，国家层面的 CCDA 基于累进性原则对不同类型的相对贫困家庭儿童（低保家庭儿童、低收入家庭儿童、困境儿童等）提供不同等级的相应储蓄补助资金，一方面在政策层面给予贫困儿童家庭更多的储蓄补贴，另一方面实质性体现公正、共享理念以及共同富裕的要求。换言之，中央政府层面的 CCDA 的初始股本金及累进性储蓄补助资金不仅体现了国家对儿童的责任，而且也体现了基本的公平正义理论与共享理念，也是国家促进共同富裕的一种有效的重要途径。中央政府层面的 CCDA 代表的是国家的责任，强调的是普遍性、普惠性与均等性，并不能考虑到更多的地方性差异因素。由于各个省份之间存在较大的差异，东中西部省份之间、南北省份之间客观存在突出的地区差异，不同省份之间的城市化水平、经济社会发展水平、财政状况也存在显著的差距，因此省级政府（地方政府）层面的 PCDA 设计客观存在内在的需要，省级财政是儿童发展账户长期可持续建设的重要资金来源，同时在省级层面设置儿童发展账户可以照顾到各个省份基于本地区发展要求对儿童发展账户的灵活运用，比如可以更多地用于鼓励和促进本地区的生育等。

其二，由上述问题引发的第二个问题是可不可以允许在省级政府下面的各个地级市以及区县层面也同时开设类似的儿童发展账户（在设计上依附于 CCDA）？本研究发现了三种不同意见。第一种意见是可以按照 PCDA 与 CCDA 的结构设计，在各个市域层面以及区县层面开设相应的 CDA，只需要在信息化技术层面做出相应的设置以及各个地方政府制定自己的 CDA 政策即可，这样可以最大限度地考量到地区的差异性和具体实际情况。第二种意见是仅在市级层面开设相应的儿童发展账户，具体可参照 PCDA 与 CCDA 的结构设计，不建议在区县层面开设相应的儿童发展账户。主要理由是市级政府作为具有强大财政能力的政府机构以及市域（城市）作为一种各类要素齐全的发展共同体，能够支持儿童发展账户的可持续建设，而区县一级政府差别太大，在区县一级政府也设置相应的儿童发展账户，一方面，会导致儿童发展账户设计运作的复杂化与较高的行政运作成本；另一方面，各个区县的财政状况差别很大，会导致不同区县的儿童发展账户初始储蓄水平及配额比例差距过大，造成新的不平等以及诸多区县过大的财政压力。第三种意见是不建议在市级政府层面以及区县层面开设相应的儿童发展账户，在地方政府账户的设置上只在省级政府层面上考虑。主要的理由有如下几点。一是政府层面的儿童发展账户层级结构不宜过多，太多的层次虽然充分考虑到具体地区的差异性以及更细微的现实颗粒度，但复杂化的儿童发展账户机制必将带来较高的政策制定与运行成本，不利于儿童发展账户政策的建立与实施。二是省级层面的儿童发展账户在很大程度上已经考量到了地区差异与城乡差异，但在市域以及县域层面上地区差异与城乡差异往往表现得更具体更深刻，过多考量差异性因素会导致不同地区的儿童发展账户储蓄积累及配额之间的较大差距，导致同类型家庭由于分属不同地区而产生新的不平等，可以说，较多的层级考虑赋予了地区差距过大的权重。三是省级以下的政府层级尤其是区县层级在财政资源能力及投入上往往差异过大，过多层级的考虑会使儿童发展账户政策嵌入较大的地区差异因素，降低儿童发展账户政策在中央与省级统筹层次上的再分配功能，往往在客观上导致对地区差异的再生产。基于对这些重要因素的充分考量，本研究最后达成一致，选择在政府层面上设置二重嵌套结构模式，不再进行省级以下政府层面上的账户结构构建，在 CCDA 中体现国家对儿童的基本责任，并基于累进性原则进行储蓄配额——对储蓄配额总资金设置上限——以发挥国家福利的统筹功效和再分配功能，而在 PCDA 中考量各个省份的差异性因素以及财政负担因素，鼓励各省份制定符合本省份实际情况的相应政策。在我国儿童发展账户（CDA）的构建中，这种政府层面上的双层嵌套结构充分体现了我国的具体国情以及发展需求。

3. 个人（家庭）开设的儿童发展账户

政府层面为儿童开设儿童发展账户并存入相应的初始股本金以及对相对贫困家庭（低收入家庭）儿童提供累进性配额，一方面体现出政府对儿童的福利责任；另一方面是为了更好地提升个人（家庭）参加儿童发展账户的积极性，使个人（家庭）为儿童未来的高等教育、创新创业、教育培训等资产建设未雨绸缪，更重要的是在此过程中，充分发挥资产建设的各种福利效应。在中央政府和省级政府为儿童开设的发展账户的基础上，个人（家庭）可基于自愿原则启动个人（家庭）层面上的儿童发展账户（ICDA），以使家庭自有资金或亲朋好友资助资金参与到儿童发展账户政策中，这些储蓄资金通常享有税收抵免等政策优惠，并根据家庭的相对贫困程度而相应享有中央政府和省级政府层面上的储蓄配款激励。个人（家庭）层面上的儿童发展账户由个人（家庭）所有与控制，可基于个人（家庭）具体情况和偏好选择相应的保值增值方式或投资方式，但存入儿童发展账户中的资金只能用于指定目的，且不能提前提取使用。个人（家庭）一旦需要提前提取或退出，只能提取自身存储及其投资所得的资金部分，并且需要补缴相应的税收抵免优惠金额。通常为鼓励个人（家庭）为儿童发展进行资金持续积累以及惩罚提前提取或退出行为，可以在合同中提前约定相应的自动处罚金额。

值得强调的是，个人（家庭）积极开设并参与儿童发展账户储蓄对于儿童发展账户政策至关重要，在很大程度上直接决定着儿童发展账户政策的成败。因此，在政策设计上，应尽可能为个人（家庭）顺畅地参与儿童发展账户提供高效便捷的途径。当然，最高效便捷的途径就是自动注册登记，只需要个人（家庭）知情同意即可完成整个账户注册，或者通过 App 等技术手段，只需要经过极其便捷的必要操作即可完成账户注册。许多国家实施的儿童发展账户政策采取的大多是这种自动注册模式。比如美国圣路易斯华盛顿大学社会发展中心（CSD）在俄克拉何马州儿童种子实验中展示的经改造的“529 大学储蓄计划”政策[①]建议采取的是自动注册的方式，以此为蓝本，美国多个州政府制定了针对全州儿童的自动开设的发展账户政策，当然也有一些州采取了自愿开设账户的办法。以色列于 2017 年 1 月正式启动的“为每个儿童储蓄计划”在设计上也是为每个孩子自动注册，使每个新出生的孩子自动加入该计划。自动注册可以把所有符合资格的儿童都纳入儿童发展账户政策中，避免因注册麻烦、技术壁垒以及信息不对称等各种因素导致

---

① 该经改造的政策已被证明是完全包容（inclusive）、高效（efficient）、可信（trusted）和可持续（sustainable）的资产建设政策，通常受到两党政治支持（very often with bipartisan political support）[参见 Zou, L. & Sherraden, M. “Child Development Accounts Reach Over 15 Million Children Globally.”（CSD Policy Brief 22-22, 2022）. St. Louis: Washington University Center for Social Development]。

的社会排斥。当然，普遍性的儿童发展账户政策仅仅依靠技术上的自动注册依然不能充分避免社会排斥，另一个关键要素是普遍性的平等资格或通用资格，在儿童发展账户政策对象上应该覆盖所有新出生儿童，这一通用资格要件是保障儿童发展账户具有普遍性的前提。对于大规模或全国层面的儿童发展账户设计而言，“通用资格和自动注册对于制定能够实现普遍参与的儿童发展账户政策是十分必要的，通用资格意味着每个孩子都包括在内，所有的孩子都可以登记，除非父母另有选择”①。只具有这些设计元素之一（比如通用资格而不自动注册，或自动注册但存在选择性）将导致社会排斥，也就是说，由于种种原因，有部分孩子客观上被排除在外。② 如果有儿童被排除在外，那么必然违背了儿童发展账户政策设计的普遍性原则。因此，为避免这种情况发生，对于儿童发展账户政策而言，自动覆盖所有儿童是必要的。

4. 三层账户之间的关系结构

在充分借鉴美国儿童发展账户政策中双层嵌套结构设计以及新加坡儿童发展账户中多元整合结构模式等政策实践经验基础上，针对我国长期存在的地区差别、城乡差别以及人口规模庞大的现实状况，本研究认为构建中央—省级—个人（家庭）三个层级的儿童发展账户政策结构是一种适切而合理的可行性、创新性、前瞻性方案。首先，中央政府层

---

① Sherraden, M., Clancy, M. M. & Beverly, S. G. "Taking Child Development Accounts to Scale: Ten Key Policy Design Elements." (CSD Policy Brief 18-08, 2018). St. Louis: Washington University Center for Social Development.

② 例如，内华达全州范围的内华达大学启动的 CDA 虽然有自动注册，但只包括公立学校的幼儿园学生，不包括家庭学校和私立学校的学生。在康涅狄格州，所有该州居民新生儿都有资格参加全州婴儿学者 CDA，但登记不是自动的。家长必须在州 529 大学储蓄计划中开设一个账户，才能让孩子参与进来。这种“选择加入”的登记大大降低了参与度，特别是对弱势儿童而言。相比之下，缅因州的全州哈罗德·阿尔丰德学院挑战赛 CDA 获得了普遍参与，因为所有该州居民的新生儿（和新收养的婴儿）都有资格并自动登记［参见 Sherraden, M., Clancy, M. M. & Beverly, S. G. "Taking Child Development Accounts to Scale: Ten Key Policy Design Elements." (CSD Policy Brief 18-08, 2018). St. Louis: Washington University Center for Social Development］。

面为每一个新出生儿童自动开设一个统一的账户（CCDA），儿童所在的相应省份据此自动生成一个省级儿童发展账户（PCDA），并通过手机、信函等多种方式通知新生儿监护人启动个人（家庭）层面的儿童发展账户（ICDA）。在儿童发展账户（CDA）的建立过程中，通过这样三层嵌套结构设计自动生成每个儿童唯一的CDA号（可与身份证号或社会保障卡号相统一，也可单独设置一个号码），只不过在自动生成的同一个CDA号内部，依次存在三层不同权限的分账式结构（CCDA-PCDA-ICDA），依次对应中央政府层面、省级政府层面以及个人（家庭）层面所享有的权利与应履行的义务，并自动记录相应的财务信息。其次，三层账户各自承担着不同的功能，体现着不同的设计理念，协同实现着多元整合目标。中央政府层面的儿童发展账户是按照普遍性、普惠性、共享性理念与累进性原则设计并实施的，普遍性、普惠性、共享性理念体现为面向所有新出生儿童，为所有新出生儿童注入一个均等的初始启动资金；累进性原则主要体现为针对不同类型的家庭儿童，尤其是相对贫困家庭的儿童（低保家庭儿童、低收入家庭儿童、困境儿童等），每月给予相应等级的补助金额。中央政府层面对相对贫困儿童所注入的相应储蓄补助金本质上也体现了普惠性、共享性理念。要言之，中央政府层面的CCDA代表的是国家的责任，强调的是普遍性、普惠性、共享性、均等性。从更深层来看，这笔均等化的初始启动资金以及每月给予贫困家庭儿童的储蓄补助金额可被视为普遍性基本收入理念的一种初始萌芽，也可被视为普遍性基本收入理念的一种创新性、前瞻性、基础性实现途径，它集中体现了国家对儿童无条件的普遍性福利责任。诚如上文所述，由于各个省份之间存在较大的差异，东中西部省份之间、南北省份之间客观存在突出的地区差异，不同省份之间的城市化水平、经济社会发展水平、财政状况也存在显著的差距，因此基于省级政府层面的PCDA成为儿童发展账户政策平台中必不可少的关键一环。

省级政府层面的PCDA在体现省份内部的统筹与再分配功能的同时，更重要的是基于本地区人口经济社会发展需求以及财政资金状况，灵活多样地创建适合于本地区的儿童发展账户政策机制，主要体现出来的是省份共享性、累进性、激励性理念。省级政府层面的PCDA一方面可以为本地区儿童提供基本的初始储蓄基金或初始奖励基金——这一点可以作为本地区内共享理念的体现，也可以参照新加坡的“婴儿奖励计划”，对同一家庭不同顺位的儿童给予不多的激励性奖励；另一方面基于累进性与激励性理念，对不同收入类型的家庭尤其是相对贫困家庭（低收入家庭）的儿童给予累进性的储蓄配比，在发挥再分配功能的同时，激励相对贫困家庭为儿童未来进行储蓄。当然，根据各个省份的财政状况，PCDA也可参照CCDA对不同类型的困境儿童给予相应等级的补助金额。省级政府层面的PCDA不仅对中央政府层面的CCDA在共享性、累进性的功能发挥上起到重要的补充作用，而且也为儿童发展账户政策的长期可持续发展提供了重要的财政资金来源，更重要的是可以通过灵活多样的储蓄配额与资金奖励等多种渠道，有效激励家庭尤其是相对贫困家庭积极参与儿童发展账户政策。个人（家庭）层面的ICDA及其储蓄体现了父母（监护人）对儿童的家庭责任和抚育义务，通过积极参与ICDA，不仅能为儿童未来提供一笔重要的现金资产，更重要的是在此过程中还能够发挥资产建设理论所预期的福利效应。

5. 三层嵌套结构与双层嵌套结构的内在差异

中央政府、省级政府以及个人（家庭）三层嵌套结构的儿童发展账户设计一方面有效借鉴了美国儿童发展账户政策设计中的双层嵌套模式，另一方面根据具体国情进行了创新性、前瞻性设计，这种三层嵌套结构模式共同体现了普遍性、普惠性、共享性、累进性、激励性的理念与原则，是一种较为适切我国国情的可行的儿童发展账户政策模式。目前在全球儿童发展账户政策的结构设计中最为经典的是美国的双层嵌套结构设计。迈克尔·谢若登教授及其所主持的美国圣路易斯华盛顿大学社会发展中心于 1997 年启动针对低收入者资产建设的“美国梦”示范项目，其后，于 2003 年在全国范围内开展为新生儿童设立儿童发展账户的“种子”（SEED，Saving for Education，Entrepreneurship Downpayment）实验，2007 年在俄克拉何马州开展“种子”项目（SEED for Oklahoma Kids experiment）对照实验，随后各个州以及部分城市在 SEED OK 实验政策结构的基础上开始构建实施大规模儿童发展账户政策，儿童发展账户从“嵌入式”进入“平台式”发展新阶段。美国加州（California）、康涅狄格州（Connecticut）、伊利诺伊州（Illinois）、缅因州（Maine）、内布拉斯加州（Nebraska）、内华达州（Nevada）、宾夕法尼亚州（Pennsylvania）和罗得岛州（Rhode Island）已经颁布实施了普遍性的儿童发展账户政策（universal CDA policies）。所有这些州颁布实行的儿童发展账户政策都是根据俄克拉何马州儿童种子实验中所展示的政策模型的证据制定的。具体而言，这些州的儿童发展账户政策采用了一种集中结构（中心化结构，a centralized structure）：“529 大学储蓄计划”。根据美国联邦法律，“529 大学储蓄计划”为大学教育费用的资产积累（for the accumulation of assets designated for postsecondary education expenses）提供了一个框架。CDA 政策通过改变“529 大学储蓄计划”政策结构，为所有儿童提供服务，并为弱势家庭提供补贴。[①] 俄克拉何马州儿童种子实验中所展示的政策模型属于双层账户嵌套结构。国有账户（state-owned OK 529 account），由州政府为孩子自动开设，初始存款为 1000 美元；自存款账户（mother-owned accounts），由母亲为孩子开设 OK 529 账户，在 2009 年 4 月 15 日之前有资格获得有时间限制的

① Zou, L. & Sherraden, M. “Child Development Accounts Reach Over 15 Million Children Globally.” (CSD Policy Brief 22-22, 2022). St. Louis: Washington University Center for Social Development.

100 美元开户激励；低收入和中等收入家庭儿童的母亲有资格将存款存入自存款账户，分别享有 1∶1 和 1∶2 的储蓄匹配（年调整后总收入低于 29000 美元的家庭前 250 美元的匹配比例为 1∶1，年调整后总收入在 29000~43499 美元的家庭前 250 美元的匹配比例为 1∶2），但匹配资金存在国有账户中。个人（家庭）所拥有的自存款账户是嵌套于国有账户（州政府自动为儿童开设）的，把国家给予儿童的初始存款以及配款金额放入国有账户层面，而把个人（家庭）包括亲朋好友所存储的资金放入个人（家庭）发展账户层面，厘清了国家与个人（家庭）层面上的权利与义务，更有效地促进儿童发展账户的健康发展以及服务于儿童发展账户。然而，美国并没有全国（联邦）层面的儿童发展账户政策，这与美国的国情有很大关系，美国独特的联邦制结构、种族多样性、文化差异性等现实国情使得美国难以在全国层面开展实施儿童发展账户政策，而采取了各州独立实施的州政府—个人（家庭）儿童发展账户的双层嵌套结构模式。

美国这种缺少中央政府层面统一实施的儿童发展账户政策不仅会降低儿童发展账户的普遍性与包容性——事实上，这也是美国儿童发展账户政策专家一直努力推动的——而且严重削弱了儿童发展账户政策的统筹功能以及作为一种面向数字时代社会福利政策转型所先天具有的福利再分配功能。换言之，州政府层面的国家儿童发展账户只能在州政府层面进行统筹与发挥再分配功能——主要体现在州政府财政负担的初始存款金额以及累进性的配额资金上，但无法缩小州与州之间的差距，无法在全国层面实现统筹，无法在全国层面体现国家对儿童的福利责任，事实上，只有在全国层面或中央政府层面实施普遍性的统一性的儿童发展账户并给予均等的初始股本金以及累进性的配额资金安排，才能实质性地体现国家对儿童的福利责任以及共享理念。因此，美国儿童发展账户政策缺少联邦政府层面上的账户设计是一种缺陷，这种缺陷不仅是现实性的或技术性的，更是一种文化性的或理念性的。

（五）初始股本金与累进性补贴

1. 初始股本金

不同国家所实施的儿童发展账户政策大多为儿童自动存入一笔初始金额，这笔初始存款金额可被视为一种初始股本金，不同国家基于不同的政策目的和基本国情所确定的数额大小不一。美国没有联邦政府层面的儿童发展账户政策，但加利福尼亚州、康涅狄格州、伊利诺伊州等8个州已经颁布实施了普遍性的儿童发展账户政策，所有这些州颁布实行的儿童发展账户政策都是根据俄克拉何马州儿童种子实验（SEED for Oklahoma Kids experiment）中所展示的政策模型的证据制定的，这些州的儿童发展账户政策采用了一种“529大学储蓄计划”中心化结构（a centralized structure），种子实验以及诸多州政府为新生儿储蓄账户存入的初始存款为1000美元，2021年已增长到约2300美元，[①] 与此同时，家庭为孩子开设的OK 529账户，在2009年4月15日之前有资格获得有时间限制的100美元开户激励；这一激励措施涵盖了OK 529计划的最低初始缴款，实验开始时为100美元，到2020年降至25美元。另一个有代表性的国家为新加坡，其初始股本金或初始存款的设置较为独特。新加坡政府于2001年推出了儿童发展共同储蓄计划（婴儿奖励计划），以减轻家庭生育子女的经济负担，并鼓励家庭生育更多子女。[②] 这项政策赋予每位有资格的新生儿获得政府储蓄的个人发展账户。政府给账户初始储蓄3000新元，并且政府给家庭储蓄配额每位儿童上限可

---

① Clancy, M. M., Beverly, S. G., Schreiner, M., et al. “Financial Facts: SEED OK Child Development Accounts at Age 14.” (CSD Fact Sheet 22-20, 2022). St. Louis: Washington University Center for Social Development.

② 桂林翠、卢艳：《新加坡生育政策从抑制到鼓励的演变及对我国的启示》，《中国物价》2022年第10期，第124~128页。

达 18000 新元。英国（2010~2015 年）实施的儿童信托基金（Child Trust Fund，CTF）为新生儿开设免税储蓄账户，提供了两张 250 英镑的代金券，分别在孩子出生时和 7 岁时发放，低收入家庭儿童可收到两倍的代金券。

在政府为每个儿童自动开设的儿童发展账户中，提供一定数额的初始存款或初始股本金是十分有必要的，这不仅集中体现了国家对儿童的普遍性福利责任，而且对于个人（家庭）积极参与儿童发展账户起到重要的激励作用。诚如上文所说，每个国家或地区基于各自具体的政策目标、财政能力以及诸多变量的综合考量确定了相应的初始存钱数额及其发放条件。综合借鉴现有国家或地区初始存钱数额的设置以及考虑到我国现实国情，基于上述我国儿童发展账户的三层结构设计，本研究初步建议中央政府层面的 CCDA 初始存款资金在 500~2000 元。省级政府 PCDA 初始存款资金由各个省级政府根据具体政策目标、儿童数量以及财政支付能力自行设定，本研究建议可参照中央政府层面的初始存款金额标准进行，即 500~2000 元。当然发达省份也可显著提高相应的标准。无论是中央政府层面还是省级政府层面的初始存款金额或初始股本金都应采取自动存入的方式，通过自动开启账户并自动存入，可以充分体现国家对儿童的普遍性福利责任，真正使儿童发展账户成为全国性、普遍性、包容性儿童福利政策。

2. **累进性补贴**

累进性或进步性是儿童发展账户的核心特征之一，其要义为根据相对贫困程度相应地给予财政补贴以及配款金额（设有上限）。与初始股本金一样，不同国家或地区基于不同的政策目的和实际情况所确定的累进性补贴方式与数额是不同的。美国的儿童种子实验以及诸多州政府主要通过实施不同比例的储蓄配额与补充性存款两种方式为新生儿储蓄账户提供累进性补贴。首先，针对中低收入家庭实施不同的配款比例。低收入和中等收入儿童的母亲有资格将存款存入个人账户，参与者可以自由地向个人账户中存入任何金额，2008～2011年，个人存款分别享有1：1和1：0.5的储蓄匹配，但SEED OK每年的匹配上限为125美元或250美元[①]，匹配资金存在于国有账户中，而且SEED OK限制了母亲将匹配资金存入孩子的国有529账户的能力。其次，向低收入家庭提供补充存款。2019年初，SEED OK向国有账户进行了自动、累进的补充存款；低收入家庭儿童为600美元，其他儿童为200美元。[②] 新加坡婴儿奖励计划也主要通过配额匹配与向特定群体发放补贴两种方式进行CDA政府补贴。首先，基于儿童出生顺位给予不同上限数额的1：1匹配。在新加坡，CDA账户一经开设，政府除向该账户发放3000新元补助金作为初始存款外，其中对个人（家庭）储蓄是按照生育孩子的顺位分别给予相应的匹配的，这一点突出体现了新加坡政府对于儿童发展账户的生育激励与儿童抚育功能的特殊关切。政府将按照1：1的比例为第一个孩子提供最高3000新元的匹配供款，第二个孩子最高为6000新元，第三个和第四个孩子每人最高为9000新元，第五个和随后的孩子每人最高为15000新元。其次，给予特定家庭额外补贴。在财政状况稳定的情况下，政府会向特定群体发放额外补贴，以保障其账户运行；2015年，来自低收入家庭的6岁及以下儿童的CDA获得了600新元的额外补贴，而来自高收入家庭的儿童则获得了300新元。[③] 新加坡CDA

---

① 年度调整后总收入低于29000美元的家庭每年存入个人账户的前250美元将获得1：1的匹配，年调整后总收入在29000～43499美元的家庭前250美元的匹配比例为1：0.5，年度调整后总收入在43499美元及以上的家庭不接受匹配供款。

② Clancy, M., Beverly, S. G. & Schreiner, M. "Financial Outcomes in a Child Development Account Experiment: Full Inclusion, Success Regardless of Race or Income, and Investment Growth for All." (CSD Research Summary 21-06, 2021). St. Louis: Washington University Center for Social Development.

③ 具体参见新加坡政府社会与发展部网站：https://va.ecitizen.gov.sg/cfp/customerpages/msf/bb/explorefaq.aspx。Loke, V. & Sherraden, M. "Building Children's Assets in Singapore: The Beginning of a Lifelong Policy." (CSD Publication No. 15-51, 2015). St. Louis: Washington University Center for Social Development。

政府补贴情况见如 5-1 所示。

表 5-1　新加坡婴儿奖励计划中的婴儿现金奖励与 CDA 政府补贴情况

单位：新元

儿童顺位	婴儿现金奖励（cash gift，现金礼物）[a]	CDA 政府补贴组成部分		CDA 中政府补贴合计（上限）
		初始奖励（不要求父母初始储蓄）[b]	政府配款上限（1∶1）	
第 1 个孩子	8000	3000	3000	6000
第 2 个孩子[c]	8000	3000	6000	9000
第 3~4 个孩子	10000	3000	9000	12000
第 5 个及以上孩子	10000	3000	15000	18000

注：a. 这些现金奖励也被称为现金礼物（cash gift），在孩子出生后一年半（18 个月）时间内分五期自动存入父母指定的银行账户中（不是存入儿童发展账户中），主要用于儿童的抚育费用支付。b. 适用于 2016 年 3 月 24 日或之后出生或预计分娩日期的合格儿童。c. 适用于 2021 年 1 月 1 日或之后出生或预计分娩日期的合格儿童，如果该儿童在 2021 年 1 月 1 日前出生，政府最大赔款额为 3000 新元。

资料来源：本表根据新加坡政府社会与发展部网站（https://va.ecitizen.gov.sg/cfp/customerpages/msf/bb/explorefaq.aspx）数据整理。

韩国的育苗储蓄账户（Didim Seed Savings Accounts）没有覆盖全体儿童，主要针对的是 12~17 岁的中低收入家庭儿童，所有 18 岁以下的孤残儿童、接受机构安置或寄养安置的儿童（福利系统内的儿童）以及从儿童福利系统回到原生家庭中的儿童（若符合中低收入家庭标准且保留原有账户，仍可继续接受相应的资助）。育苗储蓄账户分为两个层级：儿童储蓄账户，即自存款账户，接受父母和赞助商的存款，每月存款上限为 50 万韩元；基金账户，即政府配套款账户。政府提供 1∶1 配套补贴，储蓄限额为每个月 5 万韩元，超出限额的部分不再享受政府的配套款。账户本身也享有一定的优惠，其利率比一般储蓄账户的利率高 1 个百分点。①

① Zou, L. & Sherraden, M. "Child Development Accounts Reach Over 15 Million Children Globally." (CSD Policy Brief 22-22, 2022). St. Louis: Washington University Center for Social Development.

在测算儿童发展账户中政府补贴方式与数额时，不仅要参照国际较为成熟的经验与做法，更重要的是要基于我国的具体国情和相对贫困家庭的参与能力。本研究在第三章中通过问卷调查与结构式访谈方法，实地调研了相对贫困家庭参与儿童发展账户的意愿与能力。根据第三章的实地调查分析，绝大部分家庭尤其是贫困家庭在儿童发展账户的参与意愿上表现出较为强烈的积极性。在 1180 份调查问卷中，对于“按照 1∶1 配款的方式，您家每月最多能存多少元?”“按照 1∶2 配款的方式，您家每月最多能存多少元?”，被调查者平均每月最大参与数额分别为 535.71 元、798.49 元，最高分别为 2000 元、3500 元，而最低均为 100 元。

基于上述本研究所构建的儿童发展账户三层结构模型，借鉴国外儿童发展账户配款方式以及调研数据，本研究对政府补贴方式与数额提出如下初步建议。中央政府层面的 CCDA 为不同类别的相对贫困家庭儿童分别提供设有上限的配款以及补贴金。具体而言，本研究把主要政策对象（相对贫困家庭儿童）分为低收入家庭儿童、低保家庭儿童以及困境儿童三个基本类别，针对低收入家庭儿童，中央政府层面的 CCDA 可为其提供总额不超过 3000 元的 1∶1 配款；针对低保家庭儿童以及困境儿童，提供总额不超过 5000 元的 1∶2 配款。配款可根据存款的具体情况分月、分年度给予，每月、每年具体存多少取决于家庭本身，当有存款时可自动进行配额。另外，中央政府层面的 CCDA 需要为低保家庭儿童、困境儿童分别提供每年不低于 500 元、1000 元的储蓄补贴金，对于低收入家庭儿童，是否提供特殊的储蓄补贴金可根据年度财政情况具体确定，如果年度财政情况较好，可为低收入家庭儿童提供相应的储蓄补贴金，同时提高低保家庭儿童以及困境儿童的每月储蓄补贴金。

省级政府层面的 PCDA 账户也可参照 CCDA 针对不同类别的相对贫困家庭儿童分别提供设有上限的配款以及补贴金，为鼓励生育，可借鉴新加坡的婴儿奖励计划为本地区新生儿提供相应的奖励储蓄配额。由于各个省份之间的差异性，相应配额无疑会有较大的区别。但总体上不应低于中央政府层面的配额及补贴金数额。为方便政策模拟，本研究参照上述 CCDA 的设定总体上对省级政府层面给予一个基本标准的初始建议。首先，省级政府层面的 PCDA 可为低收入家庭儿童提供总额不超过 3000 元的 1∶1 配款；对低保家庭儿童以及困境儿童提供总额不超过 5000 元的 1∶2 配款。所有省级政府层面的配款也可根据家庭存款的具体情况分月、分年度自动给予。其次，省级政府层面的 PCDA 可为低保家庭儿童、困境儿童分别提供每年不低于 1000 元、2000 元的储蓄补贴金。最后，省级政府可参照新加坡的婴儿奖励计划为本地区出生的新生儿提供相应的奖励，只不过这些奖励金额最好不要存入新生儿父母所指定的银行账户，而应直接存入省级政府为新生儿开设的儿童发展账户中。

（六）资金来源与资产投资

1. 多元资金来源

首先，儿童发展账户政策作为一项面向儿童未来发展的福利政策，政府的财政投入是必不可少的基础性资金来源。根据所构建的三层嵌套结构的儿童发展账户机制，中央政府基于普遍性、普惠性、共享性、均等性的理念，需要对全体新生儿自动发放一笔均等化的初始启动资金，并给予贫困家庭儿童相应的累进性储蓄配额与补助。上文论及，中央政府的这笔资金一方面集中体现了国家对儿童所负有的基本福利责任，另一方面也可被视为普遍性基本收入理念的一种创新性、前瞻性、基础性实现途径。基于区域地方的经济社会发展的较大差异性以及地方政府的具体发展目标，省级政府层面的儿童发展账户是必不可少的重要一环。省级政府层面的相应财政投入也是儿童发展账户实现储蓄积累目标的关键资源。省级政府需要为本地区儿童提供基本的初始储蓄基金或初始奖励基金，同时对不同类型的贫困家庭儿童给予相应等级的储蓄配额与补助。其次，个人（家庭）投入是儿童发展账户储蓄投入的关键来源。没有个人（家庭）资金储蓄的持续投入，儿童发展账户只能是一种纯福利政策形式，不仅政策难以持续发展，更重要的是资产建设的福利效应难以体现。因此，儿童发展账户的资金免税设计以及配额比例安排，都是为了更好地吸引个人（家庭）积极地参与到儿童发展账户资金储蓄中来。再次，社会性力量的慈善捐赠与资助等构成了儿童发展账户资金积累的重要渠道。儿童发展不仅仅是国家与个人（家庭）的责任，在一定程度上也是全社会的责任。随着慈善捐赠事业的快速发展，企业、社区、个体、慈善组织以及其他社会组织等社会性力量对儿童发展的资助越来越多，资助的方式也越来越多元化，但缺少精准性资助渠道往往导致信息成本、捐赠成本较高。儿童发展账户为社会性力量资助贫困家庭儿童提供了一种个性化、便捷化、精准化的方式，可以基于儿童发展账户平台一对一或一对多开展精准捐赠，为儿童未来的发展提供重要的资源支持。最后，投资性收益也是儿童发展账户中资金积累的重要渠道。儿童发展账户是资产建设理论在儿童发展领域的核心政策工具，在漫长的资产建设过程中，采取稳健的投资方式为账户资产进行保值增值是应有之义，这也是共享国家经济发展成果的重要途径。当然，投资主要立足于稳健性投资，尤其是对于账户中国家投入的资金而言，集中稳健性投资是有必要的。

2. **集中稳健性投资**

无论是以美国为代表的双层嵌套型儿童发展账户机制，还是新加坡的多元整合型儿童发展账户机制，抑或是本研究正在构建的三层嵌套多元整合型机制，对于儿童发展账户中的储蓄资金的集中稳健性投资是必不可少的，这是儿童发展账户资金积累的重要渠道之一。儿童发展账户积累的资金通常可分成三种类型：第一种是政府为儿童所投入的初始股本金、配额资金以及累进性资助资金等国有资金；第二种是个人（家庭）——也包括亲戚朋友——所投入的个体所有的储蓄资金；第三种是社会性力量所可能投入的捐赠资金，社会性捐赠资金通常属于公益性资产，具体使用权限需要根据双方约定来确定。对于三类不同性质的资金，其投资权限通常是不同的。综合考量资金的投资效益、稳健性以及儿童财商的培养等多重目的，通常对于账户资金的投资有两种不同的方式。一是政府的资金由政府集中统一投资，把所有儿童账户中的政府资金集中投资，个人账户中的资金由个人（家庭）自主选择投资方式——或者在账户所提供的有限选项中选择投资，而社会性资金可以根据约定分属于政府或个体（家庭）进行投资。这种二元分离式投资方式的优点是权责分明，同时对于个人（家庭）的财商培训是非常有帮助的。二是所有资金——无论是账户中的国有资金，还是个人（家庭）资金以及社会性资金——全部由国家委托有资质的专业性金融投资机构进行长期集中投资。这种统一集中投资的优点是能够尽可能使集体收益最大化以及保证资金的稳健性，缺点是不能为个人（家庭）自主选择投资方式提供有效机会，无法锻炼儿童的财商。综合对比而言，第一种方式相对较好，能够充分考量儿童发展账户资金的集中稳健性投资，同时又能充分发挥个人（家庭）的自主选择性，有利于儿童发展账户的资产建设效应发挥。

（七）限制条款与政策整合

1. 限制条款

儿童发展账户作为一种特定目的取向的长期资产建设项目，其资金取出及使用具有明确的限定性。各个国家或地区的儿童发展账户中资金的取出条件、退出条件以及使用范围等都会提前在政策条款中明确。比如，美国的 SEED OK 实验规定，存入 SEED OK 国有账户中的存款只能用于高等教育（州内和州外符合条件的教育机构，包括四年制大学、社区大学和职业学校等），但存入个人账户中的个人存款可以出于任何目的提取。① 英国的儿童信托基金规定儿童在满 16 岁后有权管理他们的儿童信托基金账户，但不能取出，直到 18 岁时获得授权使用这些资产，这些资产可用于孩子未来的教育、培训、购房或创业等任何目的。② 加拿大的注册教育储蓄计划的储蓄资金只能作为受助人中学毕业后继续接受教育的入学费用，平时不能随意动用。其资金的使用不对国家进行限制，受助人可以去世界上任何一个国家进行高中后的学习，包括大学、职业学院或者其他政府指定的院校机构。受助人高中毕业后，只要在世界各地认可的大专院校连续读 13 个星期的任何课程，就有权动用 5000 加元的教育储蓄津贴或利息。如未能及时入学深造，可以延期支取，但满 25 年后必须取出所有资金。如果最终未能上大学或不上大学（或就读时间不超过 3 个月），其注册教育储蓄计划有三种处理方式。①转给兄弟姐妹；②储蓄的净本金免税退还父母，同时如果父母的退休储蓄计划（RRSP）仍有注入空间，可将高达 50000 加元的利息转入；③储蓄的净本金免税退还父母，而教育储蓄津贴退还政府，剩余部分则要按照个人收入纳税，并缴纳 20%的罚金。③ 以色列的"为每个儿童储蓄计划"（Saving for Every Child Program，SECP）则规定除子女病

① Wikoff, N., Huang, J., Kim, Y., et al. "Material Hardship and 529 College Savings Plan Participation: The Mitigating Effects of Child Development Accounts." *Social Science Research* (2015) 50: 189–202.

② Zou, L. & Sherraden, M. "Child Development Accounts Reach Over 15 Million Children Globally." (CSD Policy Brief 22–22, 2022). St. Louis: Washington University Center for Social Development.

③ 英震、郭桂英：《教育储蓄的国际比较——以美国"Coverdell 教育储蓄"和加拿大"注册教育储蓄计划"为例》，《扬州大学学报》（高教研究版）2010 年第 1 期，第 7~8 页。

重或死亡的情况外，SECP 账户资金只有在子女年满 18 岁后才能提取。[①] 新加坡 CDA 中的款项明确规定了使用范围：第一，儿童发展账户中的款项不能提取为现金，只能采用转账的方式；第二，儿童发展账户中的款项只能用于幼儿园、特殊教育学校等核准机构的教育开支，医院、药房、眼镜公司等核准机构的相关医疗开支，以及为子女购买政府许可的医疗保险。家长在上述限定范围内可以灵活使用孩子的儿童发展账户中的款项，如可以选择将账户中的款项用在孩子的兄弟姐妹身上，孩子的兄弟姐妹使用儿童发展账户资金没有年龄限制。当孩子年满 13 岁时，其 CDA 中未使用的账户余额将转移到 PSEA 中。[②] 而其 Edusave 账户中的储蓄只能用于儿童的教育丰富计划（Educational Enrichment Programs）。孩子年满 16 岁或中学毕业时（以较晚者为准），Edusave 账户中未使用的余额将转入孩子的 PSEA。[③]

不同国家和地区根据自身所建立的儿童发展账户具体目的，都对账户资金的提取与使用进行了详细的限定或规范，只有这样严格限定才能使儿童发展账户成为一种长期可持续积累的资产建设政策典范，也才可能使儿童发展账户达到自身设计的目的。我国贫困家庭儿童发展账户在资金使用的限定性上也应基于具体的政策目的进行明确的规范。具体而

① 该儿童发展账户计划旨在为未来机会的投资建立资产，截至 2022 年 3 月，大约 399 万名儿童拥有“为每个儿童储蓄计划”账户[参见 Zou, L. & Sherraden, M. “Child Development Accounts Reach Over 15 Million Children Globally.” (CSD Policy Brief 22-22, 2022). St. Louis: Washington University Center for Social Development, 2022]。

② Beverly, S. G., Elliott, W. & Sherraden, M. “Child Development Accounts and College Success: Accounts, Assets, Expectations, and Achievements.” (CSD Perspective 13-27, 2013). St. Louis: Washington University Center for Social Development. Loke, V. & Sherraden, M. “Building Children's Assets in Singapore: The Beginning of a Lifelong Policy.” (CSD Publication No. 15-51, 2015). St. Louis: Washington University Center for Social Development.

③ Loke, V. & Sherraden, M. “Building Assets from Birth: A Global Comparison of Child Development Account Policies.” *International Journal of Social Welfare* (2009)2: 119-129. Loke, V. & Sherraden, M. “Building Children's Assets in Singapore: The Beginning of a Lifelong Policy.” (CSD Publication No. 15-51, 2015). St. Louis: Washington University Center for Social Development.

言，政府层面的资金（包括中央政府层面以及省级政府层面）应严禁中途取出——除非发生了死亡事件以及因身心等原因确定无法达成政策目的的严重情况，确保政府层面的资金能够长期积累，达成政策目的。个人（家庭）的账户资金在正常情况下也不能中途退出，如果不是因为发生了特殊情况而中途退出的，只能在退还减免的税费或根据约定缴纳罚金等情况下才可以取走自存的现金。这些限定性规范对于儿童发展账户的可持续发展至关重要。

2. 迈向多元整合政策机制

儿童发展账户作为资产建设理论的典范性政策，需要与其他相关福利政策相协调，共同形成包容性、整合性发展型社会政策。针对儿童发展账户政策，需要着重强调的多元整合政策机制构建主要体现在如下方面。其一，各种社会福利政策资格的确定需要把儿童发展账户中的储蓄资产排除在家计调查之外。在诸多社会福利政策中，有些福利政策比如社会救助政策需要对家庭进行经济状况调查，通常家庭经济状况调查包含家庭的储蓄等资产。如果这种家计调查把儿童发展账户中的储蓄金额计算在内，不可避免地会严重影响贫困家庭所本应享有的救助资格，导致贫困家庭很可能被排斥在救助范围之外，这将导致较为严重的福利政策资格冲突，严重影响儿童发展账户尤其是贫困家庭儿童发展账户的参与性。因此，在儿童发展账户政策机制的构建中，需要把儿童发展账户中的储蓄资金排除在各种社会福利政策资格确定所需要的家计调查资产之外。其二，儿童发展账户应与其他相关社会福利政策相协调、相衔接。比如，对于用于支付大学费用的儿童教育储蓄账户，孩子因各种原因没有或无法上大学时，该专项资金可以考虑与养老储蓄、医疗储蓄等其他资产建设账户相衔接。在不同资产建设账户相互协调、相互衔接方面，新加坡是一个典范性国家。新加坡的儿童发展账户机制是典型的全生命周期多元整合模式，其为儿童建立了全面的多元整合的儿童发展账户政策体系，这一政策体系与中央公积金一起构成了新加坡独特的多元整合全生命周期的资产建设政策体系。新加坡多元整合的儿童发展账户政策体系主要包括四个内在关联的子发展账户政策：婴儿奖励计划［Baby Bonus Scheme，由新生儿现金奖励与0~12岁的儿童发展账户（CDA）两层构成］；7~16岁儿童的教育储蓄计划（Edusave Scheme）；为达到13岁的儿童建立的中学后教育储蓄账户（Postsecondary Education Accounts，PSEA），以及为每个新生儿自动建立的医疗储蓄账户（Medisave Accounts）。婴儿奖励计划政策中的儿童发展账户、教育储蓄账户以及13岁后建立的中学后教育储蓄账户中没有用完的资金到期后都统一纳入个人的中央公积金账户（Central Provident Fund Account）[①] 中，而医疗储蓄账户是中央公积金账户体系的一部分。新加坡这种突出的全生命周期多元整合模式对于我们构建儿童发展账户政策机制具有重要的参考价值。在构建我国三层嵌套多元整合儿童发展账户政策机制时，一方面需要明确规定把儿童发展账户中的储蓄资产排除在家计调查之外，另一方面需要考虑使儿童发展账户与现有的社会救助政策以及相关儿童福利政策相互衔接、相互协调，合

---

① 新加坡的中央公积金制度是一个全面的强制性储蓄制度，是一个旨在将储蓄用于退休、资产建设（通过住房所有权、教育和投资）以及医疗保健的固定缴款计划。每个新加坡公民和永久居民在首次就业时都会开立一个中央公积金账户。对于自雇职业者，中央公积金是可选的。中央公积金制度是新加坡社会保障框架的基石，为账户持有人积累资产、购买房产、进行投资以及保护保存积累的资产提供了工具和机会。中央公积金制度使所有新加坡人能够在一生中积累资产，其要求将37%的税前工资（20%来自雇员，17%来自雇主）存入中央公积金账户。然后，中央公积金账户的供款分配到以下子账户：年利率目前固定在2.5%的普通账户（OA）；退休特别账户（SA）；医疗保健的医疗储蓄账户（MA）。SA和MA的利息都比OA的现行利率高1.5个百分点，以帮助账户持有人更快地储蓄。中央公积金制度还允许账户持有人将OA中的储蓄用于住房所有权（例如，首期付款、抵押贷款服务）、支付教育费用以及投资股票和贵金属，从而累积资产。最后，中央公积金通过提供各种年金和保险产品来保护和保全账户持有人的资产。例如，CPF人寿保险提供终身保障收入，Medishield人寿保险支付主要医疗费用［参见Loke, V. & Sherraden, M. "Building Assets from Birth: Singapore's Policies." *Asia Pacific Journal of Social Work and Development* (2019)1: 6-19］。

理共振而不是彼此分离，甚至抵牾。当然，这一点不能局限于儿童发展账户政策本身，而需要从社会福利政策尤其是儿童福利政策体系的顶层设计上进行完善。

二　贫困家庭儿童发展账户政策模拟

政策模拟是利用数学和计算机技术开展政策建模和模拟的方法。进行政策模拟，需要构建政策模型，并给出政策的假设条件，即政策中参数值，然后根据模型计算出不同假设条件下的结果。本研究在前期充分论证的基础上，提出构建"三层嵌套多元整合"儿童发展账户模型，并对儿童发展账户中的参数值进行了科学估算，已具有实施政策模拟的条件。为对构建的儿童发展账户政策效果进行估计，本研究基于所构建的"三层嵌套多元整合"儿童发展账户模型，基于测算、估计的不同参数值，进行政策模拟。

（一）研究方法

系统动力学是基于复杂系统理论的交叉学科，结合系统理论与计算机仿真技术、研究系统演化机制与行为的一门科学。[①] 其主要基于系统行为与内在机制间紧密的依赖关系，并且通过对数学模型的建立与运行逐步发掘出产生形态变化的因果关系。系统动力学中蕴含的因果联系、系统反馈、动态演化等特征与"三层嵌套多元整合"儿童发展账户机制十分契合，儿童发展账户资金流动可以用系统动力学的因果回路图和系统流程图来刻画。

AnyLogic 是一款可使用可视化建模语言的建模软件。通过面向对象的 Java 基础平台，支持用户在一个模型中使用任意组合的方法从多个

① 钟永光：《系统动力学》，科学出版社，2010。

层面分别建模，并在仿真模型运行时，高效地区分模型层次。[①] 该软件能够提供多智能体、离散事件系统及系统动力学三种建模仿真方法，并支持多方法的集成仿真应用。

本研究基于系统动力学模型架构，运用模拟仿真软件 AnyLogic Professional 8.5 构建“三层嵌套多元整合”儿童发展账户模型，并对儿童发展账户动态演化进行仿真，以期直观地展示儿童发展账户资金累积过程，同时改变模型中的参数，模拟不同政策方案下各变量的变化，从而在各种方案中筛选出相对较合适的方案。

（二）模型建构与参数设置

1. 模型建构

基于前文提出的“三层嵌套多元整合”儿童发展账户模式，本研究构建的儿童发展账户模型由 CCDA（中央政府层面的儿童发展账户）、PCDA（省级政府层面的儿童发展账户）、ICDA［个人（家庭）层面的儿童发展账户］构成。其中，PCDA 嵌套于 CCDA 中，形成政府层面的儿童发展账户，而个人（家庭）层面的儿童发展账户是由家庭自愿开启，并管理运行的，故而将其单独划出进行分析。各个层面的儿童发展账户相互作用、相互联系，共同构成儿童发展账户，其架构如图 5-1 所示。

（1）CCDA 模块

中央政府基于普遍性、普惠性与均等性原则为所有儿童开设儿童发展账户，为账户注入均等的初始启动资金（股本金），按照累进性原则

① 刘延东、黄高翔、陈文：《基于增强心理行为异质性的改进社会力模型》，《系统仿真学报》2023 年第 5 期；桂寿平、吴冬玲：《基于 Anylogic 的五阶供应链仿真建模与分析》，《改革与战略》2009 年第 1 期；郭海湘、曾杨、陈卫明：《基于社会力模型的多出口室内应急疏散仿真研究》，《系统仿真学报》2021 年第 3 期。

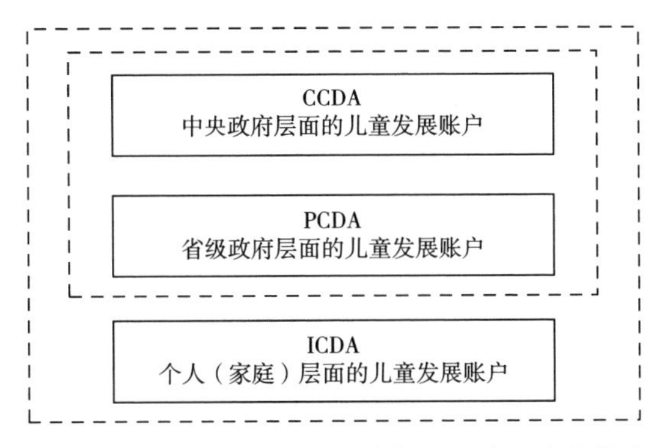

图 5-1　"三层嵌套多元整合"儿童发展账户模式

对不同类型的相对贫困家庭儿童，提供不同等级的相应储蓄补助资金（配款与补充存款）。

（2）PCDA 模块

PCDA 账户同 CCDA 账户设置较为相似，即设置基本的初始储蓄基金或初始奖励基金（股本金）以及累进性的储蓄配款与补充存款。但省级政府层面的儿童发展账户是基于本地区发展要求对儿童发展账户的灵活运用，其相较于 CCDA，可为鼓励生育设置生育补助资金。

PCDA 模块嵌套于 CCDA 模块中，二者共同组成政府层面的儿童发展账户，由政府委托有资质的银行、全国社保基金机构或其他有资质的金融机构代为运行，全部资金的受益权由中央政府账户指定的受益儿童所有。

（3）ICDA 模块

个人（家庭）基于自愿原则启动个人（家庭）层面上的儿童发展账户，根据家庭资金情况按时进行储蓄，并选择相应的保值增值方式或投资方式，通过相应的保值增值方式或投资方式获取账户投资收益，进行账户资金累进。

2. 参数设置

（1）CCDA 账户

在前期充分论证的基础上，本研究初步建议中央政府层面的 CCDA

初始存款资金在 500~2000 元，且针对不同类型的相对贫困家庭儿童（低收入家庭儿童、低保家庭儿童以及困境儿童）提供不同等级的相应储蓄补助资金：针对低收入家庭儿童，为其提供总额不超过 3000 元的 1∶1 配款；针对低保家庭儿童以及困境儿童提供总额不超过 5000 元的 1∶2 配款，分别为其提供每年不低于 500 元、1000 元的储蓄补贴金。由政府委托有资质的银行、全国社保基金机构或其他有资质的金融机构代为运行，获得收益。

据此，中央政府层面的儿童发展账户相关参数，我们可以设置如下：股本金设置为四档，第一档为 500 元，第二档为 1000 元，第三档为 1500 元，第四档为 2000 元；针对低收入家庭儿童，为其提供总额不超过 3000 元的 1∶1 配款，但每年不为其提供储蓄补贴金；针对低保家庭儿童，提供总额不超过 5000 元的 1∶2 配款，且为其提供每年 500 元储蓄补贴金；针对困境儿童，提供总额不超过 5000 元的 1∶2 配款，且为其提供每年 1000 元储蓄补贴金。

在投资方式的选择上，我们选择十年国债投资、社会保障基金投资以及收益率介于两者之间的稳健投资方式。根据十年国债历年收益率走势（见图 5-2），将其收益率设置为 3.4%。

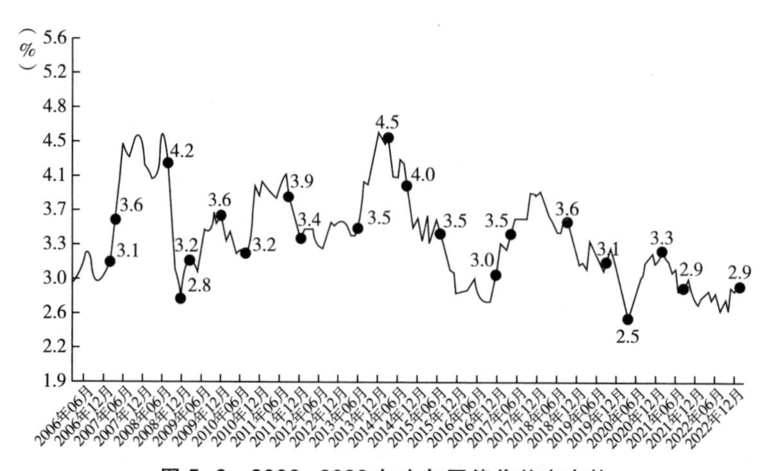

图 5-2　2006~2022 年十年国债收益率走势

根据2001~2021年社会保障基金收益率走势，将其投资收益率设置为8.3%（见图5-3）。将介于两者之间的稳健投资收益率设置为5.85%。

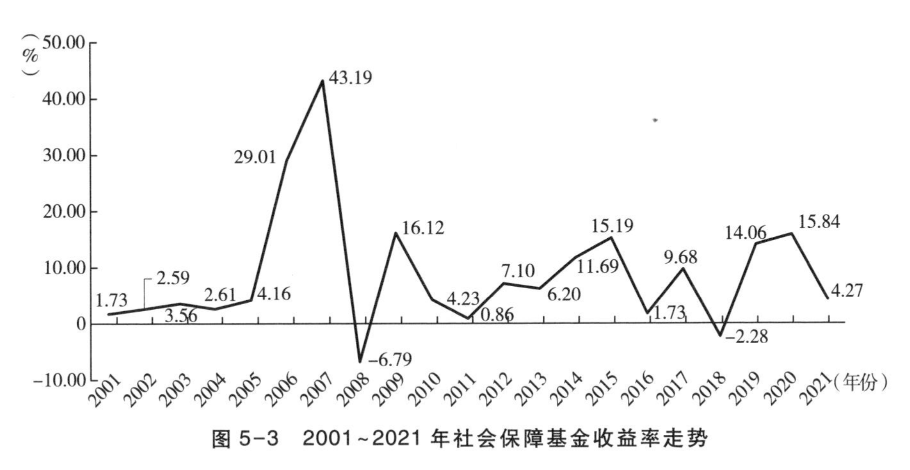

图5-3　2001~2021年社会保障基金收益率走势

资料来源：全国社会保障基金理事会网站，http：//www.ssf.gov.cn/portal/xxgk/fdzdgknr/cw-bg/czbr/webinfo/2022/08/1662443045389432.html。

在投资过程中，需考虑到通货膨胀因素。根据全国2001~2021年通货膨胀率走势（见图5-4），我们将通货膨胀率设置为2.25%。

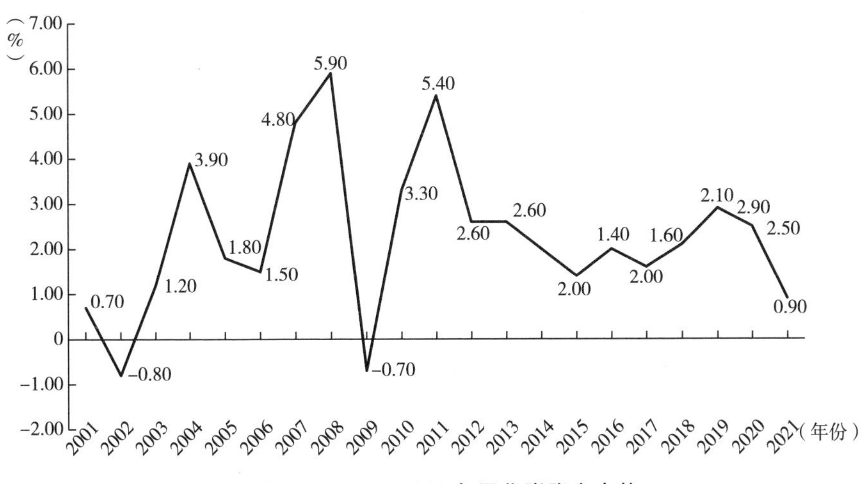

图5-4　2001~2021年通货膨胀率走势

在确定十年国债的收益率（名义利率）以及通货膨胀率后，我们可以确定十年国债的实际利率为1.15%[①]，社会保障基金的实际利率为6.05%，收益率介于两者之间的稳健投资的实际利率为3.6%。中央政府层面儿童发展账户的参数设置见表5-2。

表5-2 中央政府层面儿童发展账户的参数设置

儿童类型	初始股本金（元）	配额比	配额上限（元）	储蓄补贴金（元/年）	全国社会保障基金投资收益率（%）	介于两者之间的稳健投资收益率（%）	十年国债收益率（%）
非相对贫困儿童	500	0	0	0	6.05	3.6	1.15
	1000	0	0	0	6.05	3.6	1.15
	1500	0	0	0	6.05	3.6	1.15
	2000	0	0	0	6.05	3.6	1.15
低收入家庭儿童	500	1:1	3000	0	6.05	3.6	1.15
	1000	1:1	3000	0	6.05	3.6	1.15
	1500	1:1	3000	0	6.05	3.6	1.15
	2000	1:1	3000	0	6.05	3.6	1.15
低保家庭儿童	500	1:2	5000	500	6.05	3.6	1.15
	1000	1:2	5000	500	6.05	3.6	1.15
	1500	1:2	5000	500	6.05	3.6	1.15
	2000	1:2	5000	500	6.05	3.6	1.15
困境儿童	500	1:2	5000	1000	6.05	3.6	1.15
	1000	1:2	5000	1000	6.05	3.6	1.15
	1500	1:2	5000	1000	6.05	3.6	1.15
	2000	1:2	5000	1000	6.05	3.6	1.15

（2）PCDA账户

省级政府层面PCDA初始存款资金由各个省级政府自行设定，本研究建议参照中央政府层面的初始存款金额标准，即在500~2000元。参

① 实际利率=名义利率-通货膨胀率。

照 CCDA，对不同类别的相对贫困家庭儿童分别提供没有上限的配款以及补贴金。针对低收入家庭儿童，可为其提供总额不超过 3000 元的 1∶1 配款；针对低保家庭儿童以及困境儿童，提供总额不超过 5000 元的 1∶2 配款，且为其分别提供每年不低于 500 元、1000 元的储蓄补贴金。为鼓励生育，为本省份新生儿提供相应的奖励储蓄配额。其与中央政府层面的儿童发展账户共同投资运行。

因此，对省级政府层面的儿童发展账户相关参数，我们可以设置如下。将初始股本金设置为四档，第一档为 500 元，第二档为 1000 元，第三档为 1500 元，第四档为 2000 元；针对低收入家庭儿童，为其提供总额不超过 3000 元的 1∶1 配款，但每年并不为其提供储蓄补贴金；针对低保家庭儿童，提供总额不超过 5000 元的 1∶2 配款，且为其提供每年 1000 元储蓄补贴金；针对困境儿童，提供总额不超过 5000 元的 1∶2 配款，且为其提供每年 2000 元储蓄补贴金。针对新生儿的储蓄配额，我们参照济南市印发的《济南市优化生育政策促进人口长期均衡发展实施方案》，针对二孩、三孩每月补助 600 元的育儿补贴，实行三年。[①] 因其与中央政府层面的儿童发展账户共同运行，其投资方式亦为十年国债投资、全国社会保障基金投资以及收益率介于两者之间的稳健投资方式。省级政府层面儿童发展账户的参数设置见表 5-3。

（3）ICDA 账户

个人（家庭）可基于自愿原则启动，让家庭自有资金或亲朋好友资助资金参与到儿童发展账户政策中，这些储蓄资金通常享有税收抵免等政策优惠，由个人（家庭）所有与控制，可基于个人（家庭）具体

① 主要基于当前部分城市实际实行的生育补贴年限来确定。辽宁省沈阳市出台《实施积极生育支持措施促进人口长期均衡发展实施方案》。其中提出，对夫妻双方共同依法生育三个子女的本地户籍家庭，三孩每月发放 500 元育儿补贴，直至孩子 3 周岁。黑龙江哈尔滨印发的《哈尔滨市优化生育政策促进人口长期均衡发展的实施方案》明确规定，按政策生育第二个子女的家庭，每孩每月发放 500 元育儿补贴；按政策生育第三个子女的家庭，每月每孩发放 1000 元育儿补贴，直至子女 3 周岁。

表 5-3　省级政府层面儿童发展账户的参数设置

儿童类型	初始股本金（元）	配额比	配额上限（元）	储蓄补贴金（元/年）	生育补助（元/年）	年限（年）	全国社会保障基金投资收益率（%）	介于两者之间的稳健投资收益率（%）	十年国债收益率（%）
非相对贫困儿童	500	0	0	0	7200	3	6.05	3.6	1.15
	1000	0	0	0	7200	3	6.05	3.6	1.15
	1500	0	0	0	7200	3	6.05	3.6	1.15
	2000	0	0	0	7200	3	6.05	3.6	1.15
低收入家庭儿童	500	1∶1	3000	0	7200	3	6.05	3.6	1.15
	1000	1∶1	3000	0	7200	3	6.05	3.6	1.15
	1500	1∶1	3000	0	7200	3	6.05	3.6	1.15
	2000	1∶1	3000	0	7200	3	6.05	3.6	1.15
低保家庭儿童	500	1∶2	5000	1000	7200	3	6.05	3.6	1.15
	1000	1∶2	5000	1000	7200	3	6.05	3.6	1.15
	1500	1∶2	5000	1000	7200	3	6.05	3.6	1.15
	2000	1∶2	5000	1000	7200	3	6.05	3.6	1.15
困境儿童	500	1∶2	5000	2000	7200	3	6.05	3.6	1.15
	1000	1∶2	5000	2000	7200	3	6.05	3.6	1.15
	1500	1∶2	5000	2000	7200	3	6.05	3.6	1.15
	2000	1∶2	5000	2000	7200	3	6.05	3.6	1.15

情况和偏好选择相应的保值增值方式或投资方式。

根据第三章的实地调查分析结果可知，绝大部分家庭尤其是贫困家庭在儿童发展账户的参与意愿上表现出较为强烈的积极性。在 1180 份调查问卷中，对于“按照 1∶1 配款的方式，每月可存多少元?”“按照 1∶2 配款的方式，每月可存多少元?”，被调查者平均每月最大参与数额分别为 535.71 元、798.49 元，最高分别为 2000 元、3500 元，而最低均为 100 元。本研究参照以上调查数据，将 100 元/月作为最低储蓄，储蓄水平按照 100 元/月进行递增，多次对其进行参数调整。为评估基本情况，主要进行稳健投资，因此同政府层面的儿童发展账户一样，采用三种投资方式：十年国债投资、社会保障基金投资以及收益率介于两者之间的稳健投资方式。

（三）模型检验与仿真模拟

1. 系统动力学结构图

基于系统动力学原理，本研究利用 AnyLogic Professional 8.5 软件对儿童发展账户的模型进行构建（见图 5-5）。我们可以清晰地看到，在模型图中，儿童发展账户主要分为政府层面（中央政府与省级政府）与家庭层面，两者相互联系、相互作用。

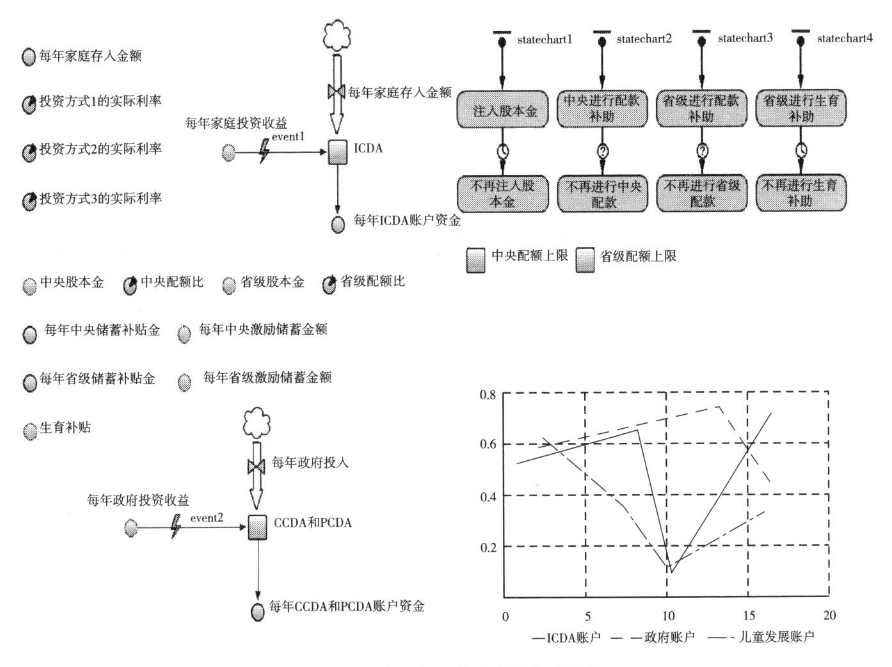

图 5-5　AnyLogic 可视化模型

该模型主要分为四个模块，家庭层面的儿童发展账户模块、条件限制模块、政府层面的儿童发展账户模块和图表模块。下面本研究对每一模块进行详细介绍。

如图 5-6 所示，在家庭层面，若家长开设个人（家庭）层面的儿童发展账户（ICDA），每年家庭会存入 ICDA 中一笔固定的资金（每年家庭存入金额），对于这笔资金家长可以选择通过不同的投资方式（三种投资方式）获益，获益所得将与每年存入的固定金额一起进行再次投资。如此，个人（家庭）层面的儿童发展账户资金得以积累。若家长不开设个人（家庭）层面的儿童发展账户，将每年家庭存入金额参数设置为 0 即可。

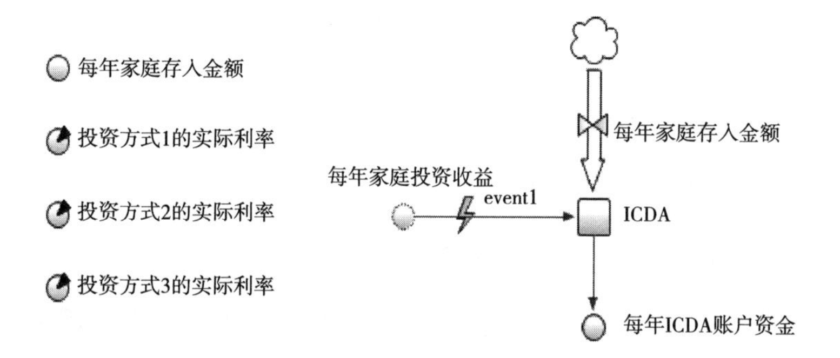

图 5-6　家庭层面的儿童发展账户模块

从图 5-7 中，可以清楚地看到，该模块主要是对政府层面的儿童发展账户注入资金的相关条件进行限制。

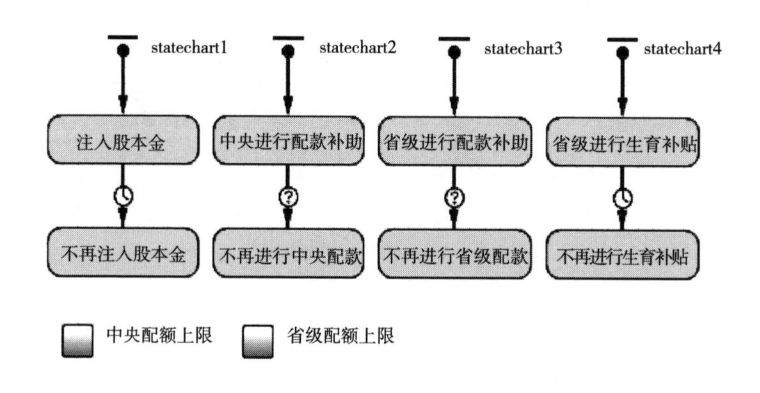

图 5-7　条件限制模块

对于中央政府层面的儿童发展账户来说，其股本金只在初始时注入，其配款超过配额上限后，将不再进行补助，因此我们对于中央政府层面的儿童发展账户资金注入设置两个方面的限制：一是初始股本金只在初始年份注入，当到达时间后中央政府不再注入股本金（statechart1）；二是设置上限（中央配额上限），当达到中央配额上限后，不再进行中央配款补助（statechart2）。

对于省级政府层面的儿童发展账户来说，其股本金只在初始时注入，其配款超过配额上限后，将不再进行补助，且会得到持续三年的生育补助。因此我们对于省级政府层面的儿童发展账户资金注入设置三个方面的限制：一是初始股本金只在初始年份注入，当到达时间后省级政府不再注入股本金（statechart1）；二是设置上限（省级配额上限），当达到省级配额上限后，不再进行省级配款补助（statechart3）；三是设置生育补贴时间，当时间为第四年时，省级政府层面的儿童发展账户将不再享受生育补贴（statechart4）。

从图 5-8 中我们可以看到政府层面的儿童发展账户的运行原理类似于个人（家庭）层面的儿童发展账户，即每年政府往 CCDA 和 PCDA 中存入一笔资金，由政府委托机构进行运行。不同的是，政府投入资金会根据不同儿童类型、年份而有所不同。因此在政府层面的儿童发展账户构建上，我们引入限制条件来进行控制。中央政府层面的股本金（中央股本金）、配比金额（每年中央激励储蓄金额）、对相对贫困家庭的补贴金（每年中央储蓄补贴金）作为中央政府每年投入金额，省级政府层面的股本金（省级股本金）、配比金额（每年省级激励储蓄金额）、对相对贫困家庭的补贴金（每年省级储蓄补贴金）、激励生育资金（生育补贴）作为省级政府每年投入金额。中央政府每年投入金额与省级政府每年投入金额共同构成每年政府投入。

为直观观察各层面儿童发展账户资金的累进过程，我们在其中嵌入

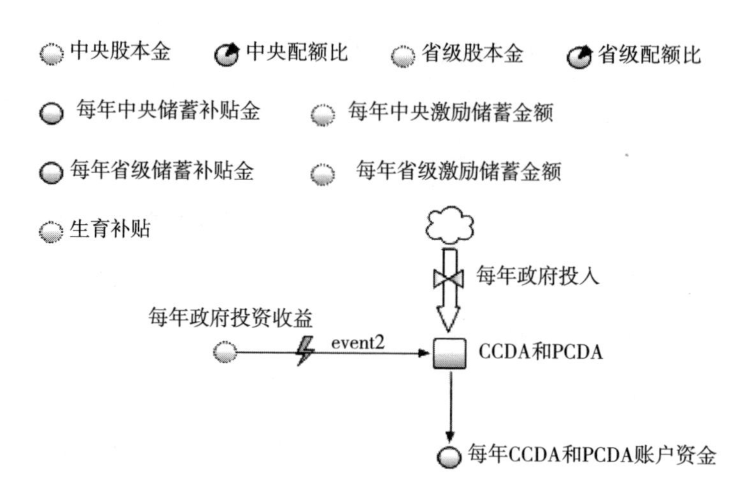

图 5-8　政府层面的儿童发展账户模块

图表模块（见图 5-9）。在该模块，其初始为默认状态，我们设置实线曲线数值为个人（家庭）层面的儿童发展账户（ICDA）资金，短横曲线数值为政府层面的儿童发展账户（CCDA、PCDA）资金，虚线曲线数值为三个层面的儿童发展账户（CCDA、PCDA、ICDA）资金。在运行程序后，绘制图表。

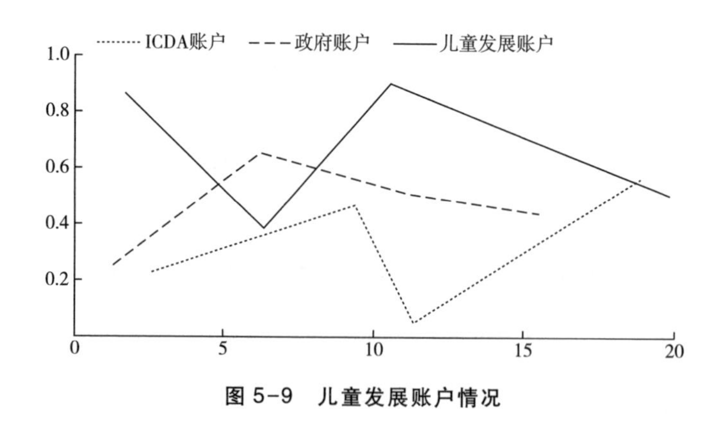

图 5-9　儿童发展账户情况

2. **系统检验**

在建立儿童发展账户模型后，一是在 AnyLogic 软件中对模型参数进行反复修改，以保证系统与参数设置相互对应；二是将三层儿童发展账户连接成总体儿童发展账户模型，对总体儿童发展账户模型进行调试。具体使用以下两种检验方式。

一是直观检验和运行检验。直观检验主要是对该模型的系统边界是否适当、系统结构是否合理、量纲一致性进行检验。检验模型结构是否与描述性认知相符，同时检验系统的稳定性特征。在直观检验的基础上，进一步基于 AnyLogic 软件对检验模型单位一致性、模型逻辑结构的特性进行反复核查检验。二是仿真结果与公式数据的拟合比较。将模型运行所得到的数据，与公式所得到的数据进行比较，检验模型数据与公式数据的拟合程度。本部分分别对模型进行以上两种检验。

为帮助读者理解检验过程，特进行举例说明。例如，A 同学 2021 年出生，为低保家庭儿童。其家庭选择开设家庭儿童发展账户，每年存入 1000 元，选择投资社会保障基金。在中央政府层面上，中央政府为其开设儿童发展账户，该账户享有中央股本金 1000 元，每年享有 500 元的储蓄补贴金，享有中央政府不超过 5000 元的 1∶2 配额补助（第一年为 2000 元，第二年为 2000 元、第三年为 1000 元，从第四年开始不再享受中央政府的配额补助）；在省级政府层面上，该账户嵌套于中央政府层面儿童发展账户中，享有省级股本金 1000 元，每年享有 1000 元的储蓄补贴金，享有省级政府不超过 5000 元的 1∶2 配额补助（第一年为 2000 元，第二年为 2000 元，第三年为 1000 元，从第四年开始不再享受省级政府的配额补助），同时省级政府对其进行生育补贴，每年补贴 7200 元，享受三年（第四年不再享受生育补贴）；中央政府层面的儿童发展账户与省级政府层面的儿童发展账户组成政府层面的儿童发展账户，选择十年国债进行集中投资。其运行状态如图 5-10 至图 5-15 所示。

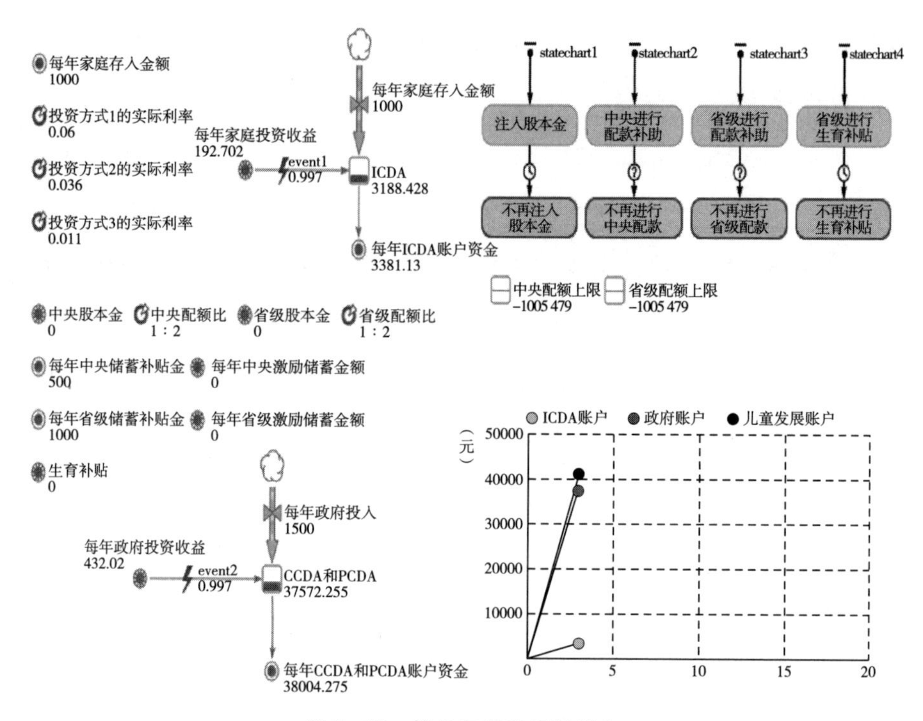

图 5-10　第 3 年模型运行状态

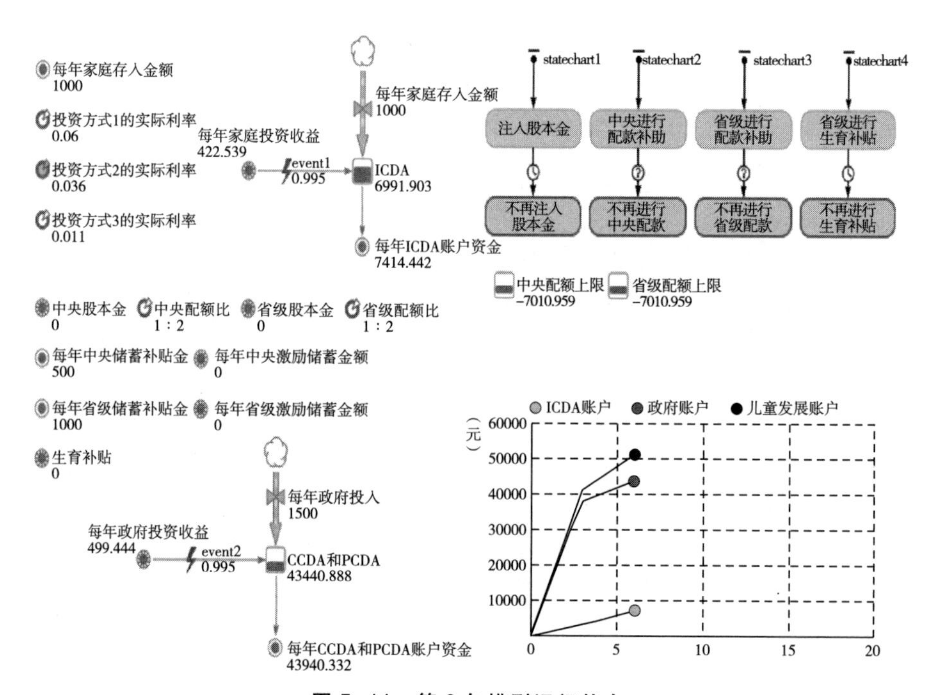

图 5-11　第 6 年模型运行状态

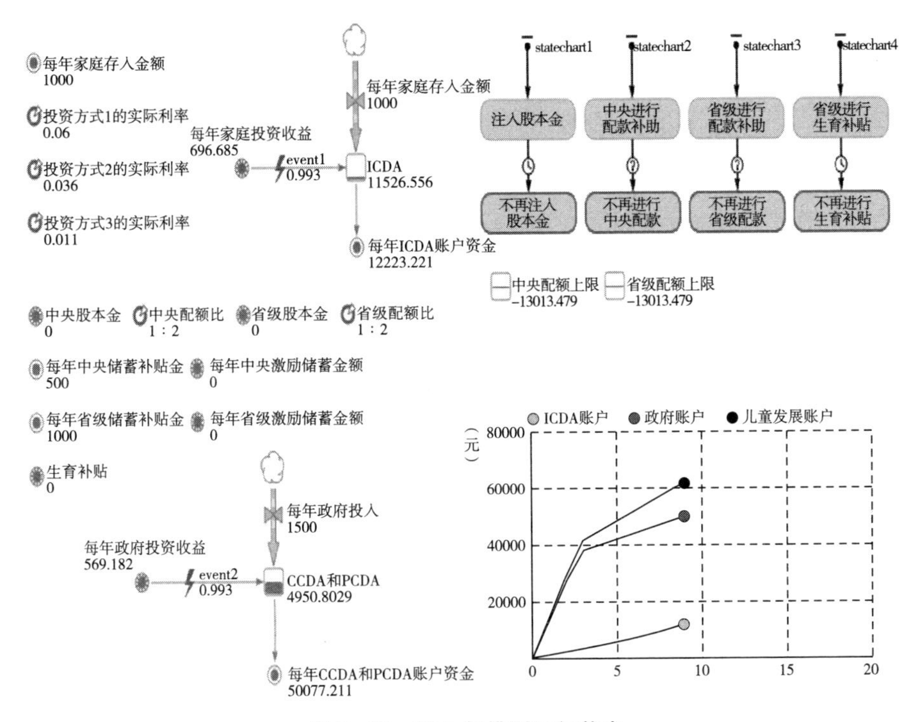

图 5-12　第 9 年模型运行状态

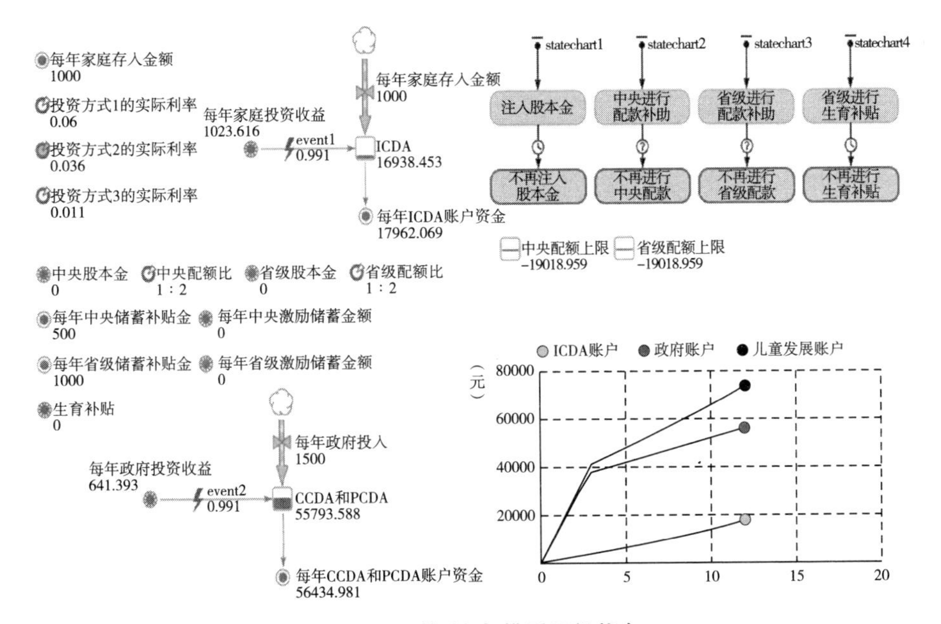

图 5-13　第 12 年模型运行状态

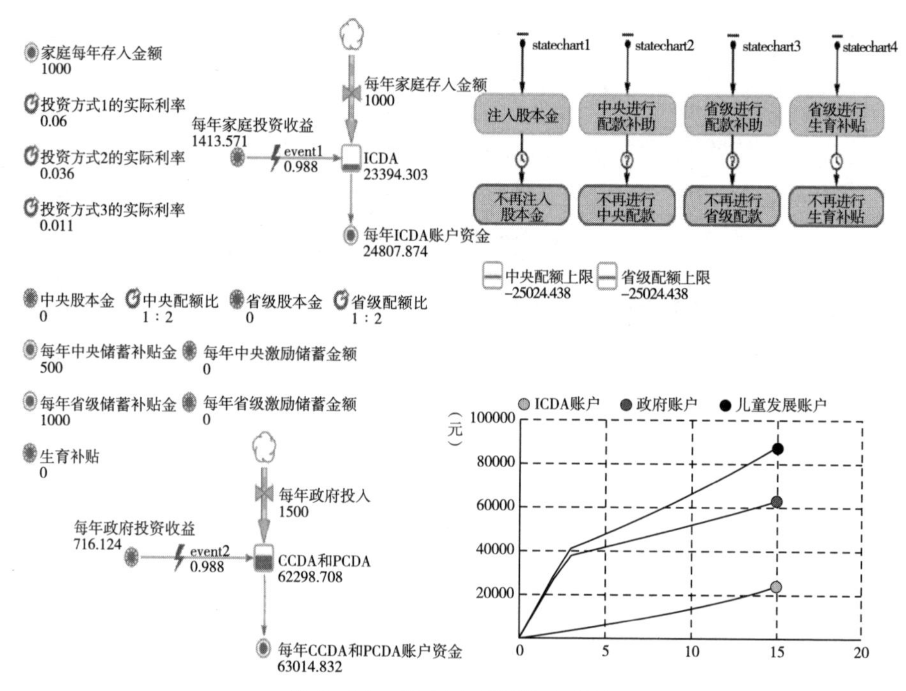

图 5-14　第 15 年模型运行状态

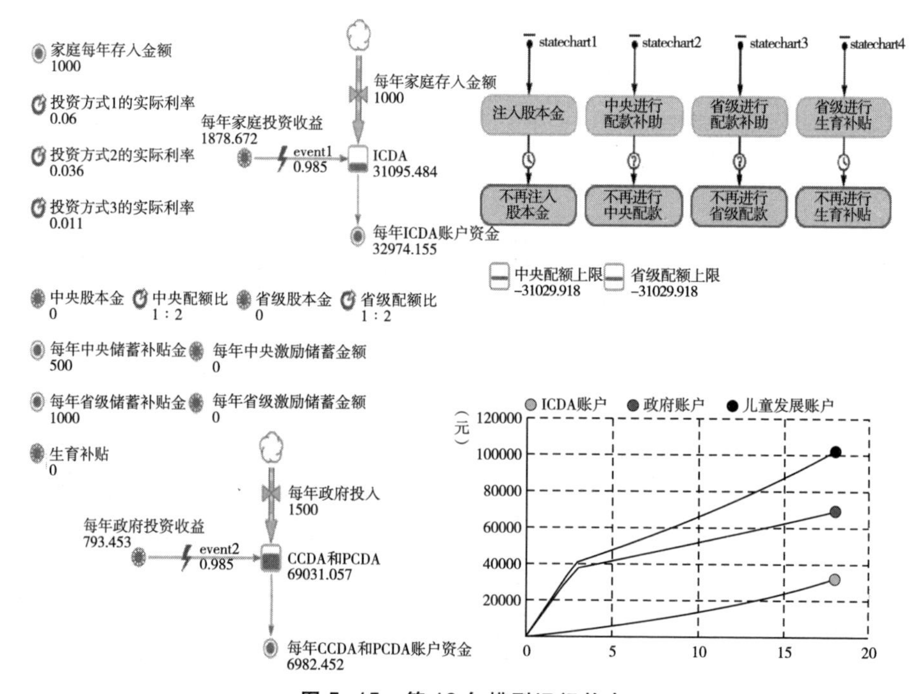

图 5-15　第 18 年模型运行状态

从图 5-10 至图 5-15 中，我们可以清晰地看到每年的个人（家庭）层面的儿童发展账户、政府层面的儿童发展账户以及三层嵌套后儿童发展账户资金累进的过程。为更加直观地观察 18 年间资金变化情况以及模型稳健性，我们将每一年账户资金按照公式计算情况以及模型运行值情况整理为表 5-4 和表 5-5。

表 5-4　A 同学 18 年间家庭儿童发展账户的变化

单位：元

年份	家庭储蓄	投资收益	账户总额	模型运行值
2021	1000	60.50	1060.50	1060.82
2022	1000	124.66	2185.16	2188.58
2023	1000	192.70	3377.86	3381.49
2024	1000	264.86	4642.72	4646.57
2025	1000	341.38	5984.11	5988.19
2026	1000	422.54	7406.65	7414.87
2027	1000	508.60	8915.25	8923.93
2028	1000	599.87	10515.12	10524.37
2029	1000	696.66	12211.79	12221.59
2030	1000	799.31	14011.10	14026.43
2031	1000	908.17	15919.27	15935.43
2032	1000	1023.62	17942.89	17960.13
2033	1000	1146.04	20088.93	20107.21
2034	1000	1275.88	22364.81	22390.44
2035	1000	1413.57	24778.38	24605.56
2036	1000	1559.59	27337.97	27366.79
2037	1000	1714.45	30052.42	30082.98
2038	1000	1878.67	32931.09	32972.44

表 5-5　A 同学 18 年间政府层面儿童发展账户的变化

单位：元

年份	中央股本金	中央配额款	中央储蓄补贴金	省级股本金	省级配额款	省级储蓄补贴金	生育补贴	投资收益	账户总额	模型运行值
2021	500	2000	500	500	2000	1000	7200	157.55	13857.55	13862.69
2022	0	2000	500	0	2000	1000	7200	305.41	26862.96	26903.80
2023	0	1000	500	0	1000	1000	7200	431.97	37994.94	38001.57
2024	0	0	500	0	0	1000	0	454.19	39949.13	39955.84
2025	0	0	500	0	0	1000	0	476.66	41925.79	41932.58
2026	0	0	500	0	0	1000	0	499.40	43925.19	43937.53
2027	0	0	500	0	0	1000	0	522.39	45947.58	45960.06
2028	0	0	500	0	0	1000	0	545.65	47993.23	48005.09
2029	0	0	500	0	0	1000	0	569.17	50062.40	50075.17
2030	0	0	500	0	0	1000	0	581.47	52143.87	52174.02
2031	0	0	500	0	0	1000	0	616.90	54260.77	64291.27
2032	0	0	500	0	0	1000	0	641.25	56402.02	56432.87
2033	0	0	500	0	0	1000	0	665.87	58567.89	58599.10
2034	0	0	500	0	0	1000	0	690.78	60758.67	60796.24
2035	0	0	500	0	0	1000	0	715.97	62974.65	63012.65
2036	0	0	500	0	0	1000	0	741.46	65216.11	65254.54
2037	0	0	500	0	0	1000	0	767.24	67483.34	67522.32
2038	0	0	500	0	0	1000	0	793.31	69776.65	69812.26

在得到以上数据后，我们对公式计算值与模型运行值进行曲线拟合。值得注意的是，按照公式计算的数值为离散值，我们的模型按照连续时间进行运行，因此我们采用组合图表，将公式数据用离散柱状图进行表示，连续的模型运行值用折线图进行表示，来更好地说明数据拟合情况（见图 5-16、图 5-17）。

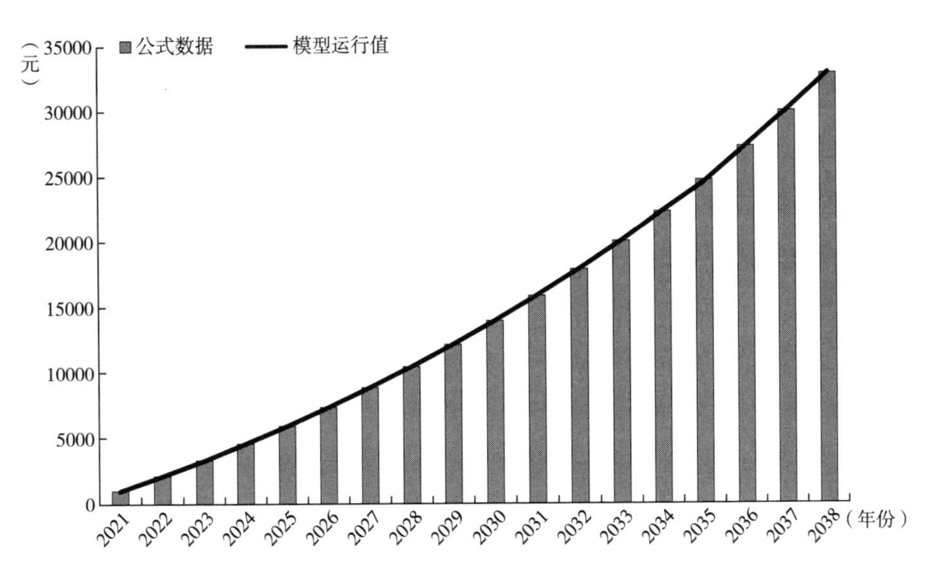

图 5-16　个人（家庭）层面儿童发展账户公式数据与模型运行值的数据拟合情况

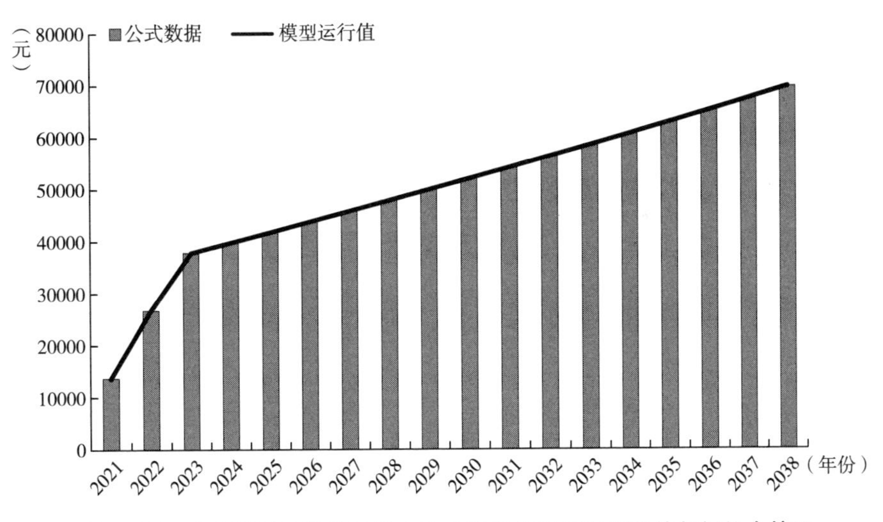

图 5-17　政府层面儿童发展账户公式数据与模型运行值的数据拟合情况

通过图 5-16 和图 5-17，我们可以看到模型的直观检验与运行检验、拟合检验都取得了较好的效果。接下来，本研究针对不同类型的儿童不断调整参数进行仿真模拟。

3. **仿真模拟**

本研究的主要目的是构建一种以贫困家庭儿童为核心，可自动拓展至全国所有儿童的普遍性、累进性、便捷性的多元整合儿童发展账户机制。根据模型建构时的说明，本研究主要政策对象是三类相对贫困儿童，即低收入家庭儿童、低保家庭儿童、困境儿童，因此，我们主要对这三类儿童的儿童发展账户不同开设情况进行讨论。

（1）低收入家庭儿童

在家庭层面，根据自愿原则——是否决定开设儿童发展账户，可分为如下两种情况：一是不开设家庭层面的儿童发展账户（将每年家庭存入金额设置为0）；二是开设家庭层面的儿童发展账户。若其开设儿童发展账户，将1200元/年作为最低储蓄，储蓄水平按照1200/年进行递增。投资方式有三种可供选择：最为稳健的十年国债投资方式、较为稳健的社会保障基金投资方式以及介于二者之间的组合投资方式。在中央层面，将股本金设置为500元、1000元、1500元、2000元四档情况，为其提供总额不超过3000元的1∶1配款（若不开设家庭层面的儿童发展账户，则其配款为0）。在省级层面，将股本金设置为500元、1000元、1500元、2000元四档情况，为其提供总额不超过3000元的1∶1配款（若不开设家庭层面的儿童发展账户，则其配款为0），同时为其提供生育补贴7200元/年，实行三年，投资方式也同样设置为三种。

按照以上参数设置，进行低收入家庭儿童发展账户的模拟运行。为直观观察运行情况，将部分运行情况绘制成表（见表5-6）。在表5-6中，假设中央股本金、省级股本金为四档，即500元、1000元、1500元、2000元，其余参数均按照上文参数设置，家庭层面账户与政府层面账户投资方式均选择收益率介于十年国债投资与社会保障基金投资之间的组合投资方式。

（2）低保家庭儿童

在家庭层面，同样基于自愿原则，可分为两种情况：一是不开设家庭层面的儿童发展账户（每年家庭存入金额设置为0）；二是开设家庭

表 5-6　低收入家庭儿童发展账户的部分模拟情况

单位：元

家庭每年储蓄金额	中央股本金	省级股本金	家庭层面的儿童发展账户	政府层面的儿童发展账户	儿童发展账户
0	500	500	0.00	41332.10	41332.10
0	1000	1000	0.00	43219.27	43219.27
0	1500	1500	0.00	45114.73	45114.73
0	2000	2000	0.00	47000.80	47000.80
1200	500	500	30767.81	52370.14	83137.95
1200	1000	1000	30767.81	54261.10	85028.91
1200	1500	1500	30767.81	56144.65	86912.46
1200	2000	2000	30767.81	58038.53	88806.34
2400	500	500	61522.01	52597.90	114119.91
2400	1000	1000	61522.01	54485.00	116007.01
2400	1500	1500	61522.01	56381.44	117903.45
2400	2000	2000	61522.01	58266.53	119788.54
3600	500	500	92323.84	52693.14	145016.98
3600	1000	1000	92323.84	54574.82	146898.66
3600	1500	1500	92323.84	56413.49	148737.33
3600	2000	2000	92323.84	58358.50	150682.34
4800	500	500	123071.24	52671.99	175743.22
4800	1000	1000	123071.24	54569.53	177640.77
4800	1500	1500	123071.24	56454.60	179525.84
4800	2000	2000	123071.24	58351.45	181422.69
6000	500	500	153827.71	52699.43	206527.14
6000	1000	1000	153827.71	54588.43	208416.14
6000	1500	1500	153827.71	56483.70	210311.40
6000	2000	2000	153827.71	58364.64	212192.34

层面的儿童发展账户。若其开设儿童发展账户，将 1200 元/年作为最低储蓄，储蓄水平按照 1200 元/年进行递增。同样可选择三种投资方式。在中央层面，将股本金设置为 500 元、1000 元、1500 元、2000 元四档

情况，为其提供总额不超过5000元的1∶2配款（若不开设家庭层面的儿童发展账户，则其配款为0），且每年为其提供500元补助金。在省级层面，将股本金设置为500元、1000元、1500元、2000元四档情况，为其提供总额不超过5000元的1∶2配款（若不开设家庭层面的儿童发展账户，则其配款为0），且每年为其提供1000元补助金，同时为其提供生育补贴7200元/年，根据上文介绍的一些城市的实际做法，生育补贴实行三年。

按照以上设置，对低保家庭儿童发展账户进行模拟。为直观观察运行情况，同样将部分运行情况绘制成表（见表5-7）。在表5-7中，假设中央股本金、省级股本金均为四档，即500元、1000元、1500元、2000元，其余参数均按照上文参数设置，家庭层面账户与政府层面账户投资方式均选择收益率介于十年国债投资与社会保障基金投资之间的组合投资方式。

表5-7 低保家庭儿童发展账户的部分模拟情况

单位：元

家庭每年储蓄金额	中央股本金	省级股本金	家庭层面的儿童发展账户	政府层面的儿童发展账户	儿童发展账户
0	500	500	0.00	79780.88	79780.88
0	1000	1000	0.00	81671.16	81671.16
0	1500	1500	0.00	83562.44	83562.44
0	2000	2000	0.00	85458.85	85458.85
1200	500	500	30767.81	98342.03	129109.84
1200	1000	1000	30767.81	100251.64	131019.45
1200	1500	1500	30767.81	101873.32	132641.13
1200	2000	2000	30767.81	104003.41	134771.22
2400	500	500	61522.01	98691.58	160213.59
2400	1000	1000	61522.01	100583.97	162105.98
2400	1500	1500	61522.01	102553.35	164075.36
2400	2000	2000	61522.01	104336.16	165858.17

续表

家庭每年储蓄金额	中央股本金	省级股本金	家庭层面的儿童发展账户	政府层面的儿童发展账户	儿童发展账户
3600	500	500	92323.84	98692.94	191016.78
3600	1000	1000	92323.84	100618.24	192942.08
3600	1500	1500	92323.84	102464.28	194788.12
3600	2000	2000	92323.84	104329.26	196653.10
4800	500	500	123071.24	98698.37	221769.61
4800	1000	1000	123071.24	100624.15	223695.39
4800	1500	1500	123071.24	102476.28	225547.52
4800	2000	2000	123071.24	104353.02	227424.26
6000	500	500	153827.71	98698.41	252526.12
6000	1000	1000	153827.71	100626.12	254453.83
6000	1500	1500	153827.71	102479.07	256306.78
6000	2000	2000	153827.71	104355.12	258182.83

（3）困境儿童

在家庭层面，同样分为两种情况：一是不开设家庭层面的儿童发展账户（每年家庭存入金额设置为0）；二是开设家庭层面的儿童发展账户。若其开设儿童发展账户，将1200元/年作为最低储蓄，储蓄水平按照1200元/年进行递增。可选择用三种投资方式。在中央层面，将股本金设置为500元、1000元、1500元、2000元四档情况，为其提供总额不超过5000元的1∶2配款（若不开设家庭层面的儿童发展账户，则其配款为0），且每年为其提供1000元补助金。在省级层面，将股本金设置为500元、1000元、1500元、2000元四档情况，为其提供总额不超过5000元的1∶2配款（若不开设家庭层面的儿童发展账户，则其配款为0），且每年为其提供2000元补助金，同时为其提供生育补贴7200元/年，同样实行三年。

按照以上设置，对困境儿童发展账户进行模拟。为直观观察运行情况，同样将部分运行情况绘制成表（见表 5-8）。在表 5-8 中，假设中央股本金、省级股本金均为四档，即 500 元、1000 元、1500 元、2000 元，其余参数均按照上文参数设置，家庭层面账户与政府层面账户投资方式均选择收益率介于十年国债投资与社会保障基金投资之间的组合投资方式。

表 5-8　困境儿童发展账户的部分模拟情况

单位：元

家庭每年储蓄金额	中央股本金	省级股本金	家庭层面的儿童发展账户	政府层面的儿童发展账户	儿童发展账户
0	500	500	0.00	118194.66	118194.66
0	1000	1000	0.00	120143.30	120143.30
0	1500	1500	0.00	122014.43	122014.43
0	2000	2000	0.00	123908.86	123908.86
1200	500	500	30767.81	136800.52	167568.33
1200	1000	1000	30767.81	138691.48	169459.29
1200	1500	1500	30767.81	140582.44	171350.25
1200	2000	2000	30767.81	142473.40	173241.21
2400	500	500	61522.01	137141.49	198663.50
2400	1000	1000	61522.01	139032.45	200554.46
2400	1500	1500	61522.01	140923.41	202445.42
2400	2000	2000	61522.01	142814.37	204336.38
3600	500	500	92323.84	137177.06	229500.90
3600	1000	1000	92323.84	139028.88	231352.72
3600	1500	1500	92323.84	140937.35	233261.19
3600	2000	2000	92323.84	142748.53	235072.37
4800	500	500	123071.24	137178.11	260249.35
4800	1000	1000	123071.24	139031.20	262102.44
4800	1500	1500	123071.24	140938.28	264009.52
4800	2000	2000	123071.24	142819.06	265890.30
6000	500	500	153827.71	137179.13	291006.84
6000	1000	1000	153827.71	139039.22	292866.93
6000	1500	1500	153827.71	140942.57	294770.28
6000	2000	2000	153827.71	142822.89	296650.60

（四）模拟结果分析

1. 评估参考基准

儿童发展账户的设立对于相对贫困家庭儿童未来成长具有重要意义，这一点已在前文进行充分说明。尽管儿童发展账户政策目标通常是多元的，但其能为相对贫困家庭儿童支付未来接受高等教育的基本费用，充分保障相对贫困家庭儿童的大学费用支出是本研究构建儿童发展账户的基本目的。对“三层嵌套多元整合”的儿童发展账户可能的运行效果进行评估，在18年后儿童发展账户资金是否具备为相对贫困家庭儿童支付高等教育基本费用的能力是本研究首要关注的目的。

在对上述模拟结果进行评估之前，需要在问卷调查的基础上测算出当前大学生平均年度花费情况，并在此基础上根据相应的通货膨胀率折算出18年后大学生的大学基本花费，以作为我们对上述模拟结果进行评估的参考基准。

为了解当前接受高等教育所需的基本费用，本研究于2022年7~8月通过多阶段抽样法在山东省8所大学进行了抽样调查，对当时接受高等教育的在校生发放电子问卷，共计回收1758份问卷，剔除其中无效问卷129份，共得到1629份有效问卷。1629份问卷的基本情况如表5-9所示。

表5-9　调查问卷基本情况一览

变量	项目	平均学费（元/年）	平均住宿费（元/年）	平均消费（元/年）	平均大学总费用（元）
性别	男	5837.93	1420.56	21487.74	114984.92
	女	6193.12	1232.92	21088.61	114058.60
户籍	城镇	6024.99	1361.31	23244.31	122522.45
	乡村	6180.93	1208.02	19544.46	107733.64

续表

变量	项目	平均学费（元/年）	平均住宿费（元/年）	平均消费（元/年）	平均大学总费用（元）
年级	一年级	5684.65	1477.71	21892.37	116218.92
	二年级	6303.56	1046.37	20305.22	110620.61
	三年级	6264.87	1324.78	21369.66	115837.24
	四年级	8111.54	1009.61	20530.85	118607.97

从表 5-9 中我们可以清晰地看到大学生四年花费的基本情况。根据调查问卷情况，一名大学生每年学费为 6112.01 元，住宿费为 1275.77 元，每年消费为 21179.76 元，其接受高等教育每年的花费为 28567.54 元。按照四年平均计算，大学总花费为 114270.16 元。根据 2.25%的通货膨胀率，18 年后高等教育支出费用为 170558.17 元。①

2. **评估模拟结果**

政策模拟结果表明，在“三层嵌套多元整合”儿童发展账户机制中，即使相对贫困家庭的儿童发展账户（ICDA）每年存款较低或政府层面的儿童发展账户（CCDA、PCDA）资助水平较低，通过选择相对稳健收益的投资方式，也基本可以实现对相对贫困家庭儿童高等教育费用支出的覆盖，能够达成贫困家庭儿童发展账户政策设计的首要目的。其中，政府层面儿童发展账户依据累进性原则可负担低收入家庭儿童 30.71%~34.22%大学费用支出，低保家庭儿童 57.66%~61.18%大学费用支出，困境儿童 80.21%~83.74%大学费用支出，在很大程度上减轻相对贫困家庭承担儿童高等教育费用支出的压力。下面针对本研究聚焦的三类不同的相对贫困家庭儿童——低收入家庭儿童、低保家庭儿童、困境儿童——的具体模拟结果进行详细剖析。

第一，对于低收入家庭儿童，假设政府资助水平在本研究设定的最

① 170558.17 = 114270.16×（1+2.25%）^{18}。

低水平，即中央政府投入500元股本金与总额不超过3000元的1∶1配款，省级政府投入500元股本金、总额不超过3000元的1∶1配款以及三年生育补贴，家庭层面的儿童发展账户与政府层面的儿童发展账户各选择前文所提及的三种稳健的投资方式。模拟低收入家庭每年存入资金多少时，经过18年运行，儿童发展账户资金积累到可以承担儿童高等教育费用，即170558.17元。结果见表5-10。

表5-10　低收入家庭儿童发展账户不同投资方式下的每年最低存入金额

单位：元

家庭投资方式	政府投资方式	每年最低存入金额	每月最低存入金额
1	1	6760	563.33
1	2	5850	487.50
1	3	4570	380.83
2	1	5310	442.50
2	2	4580	381.67
2	3	3590	299.17
3	1	4110	342.50
3	2	3590	299.17
3	3	2770	230.83

注：投资方式1为十年国债，投资方式3为社会保障基金，投资方式2是收益率介于十年国债投资与社会保障基金投资二十年平均收益率之间的投资方式。

如表5-10所示，对于低收入家庭而言，即使在较低的资助水平上，无论家庭层面的儿童发展账户与政府层面的儿童发展账户选择何种投资方式，当其每年达到上述最低存入金额也可实现对低收入家庭儿童大学费用支出的基本覆盖。根据第三章所做调查（按照1∶1配额方式，78户访谈家庭平均每月可储蓄543.98元，1180份问卷中平均每月可储蓄535.71元），每年所需要最低投入金额在低收入家庭的承受范围内。

第二，对于低保家庭儿童，假设政府资助水平在本研究设定的最低水平，即中央政府投入500元股本金、总额不超过5000元的1∶2配款、每年500元的补助金，省级政府投入500元股本金、总额不超过5000元的1∶2配款、每年1000元的补助金、三年生育补贴，家庭层面的儿童发展账户与政府层面的儿童发展账户各选择前文所提及的三种投资方式。通过不断调整参数进行模拟，发现低保家庭每年存入较低的储蓄金额即可为儿童高等教育费用支付所需数额。结果见表5-11。

表5-11　低保家庭儿童发展账户不同投资方式下的每年最低存入金额

单位：元

家庭投资方式	政府投资方式	每年最低存入金额	每月最低存入金额
1	1	4970	414.17
1	2	3590	299.17
1	3	1570	130.83
2	1	3910	325.83
2	2	2780	231.67
2	3	1220	101.67
3	1	3070	255.83
3	2	2210	184.17
3	3	1000	83.33

注：投资方式1为十年国债，投资方式3为社会保障基金，投资方式2是收益率介于十年国债投资与社会保障基金投资二十年平均收益率之间的投资方式。

我们可以清晰地看到，当选择相对稳健的投资方式时，即使低保家庭的儿童发展账户（ICDA）每年存款较低或政府层面的儿童发展账户（CC-DA、PCDA）资助水平较低，在“三层嵌套多元整合”的儿童发展账户机制中也可以实现对低保家庭儿童接受高等教育费用的基本覆盖。

第三，对于困境儿童而言，同样假定政府资助水平在本研究设定的最低水平，即中央政府投入500元股本金、总额不超过5000元的1∶2配款、每年1000元的补助金，省级政府投入500元股本金、总额不超过5000元的1∶2配款、每年2000元的补助金、三年生育补贴，家庭层面的儿童发展账户与政府层面的儿童发展账户同样选择前文所提的三种稳健投资方式。政策模拟结果显示，困境儿童的儿童发展账户每年存入极低的金额即可实现对其高等教育费用的基本覆盖，结果见表 5-12。

表 5-12　困境儿童发展账户不同投资方式下的每年最低存入金额

单位：元

家庭投资方式	政府投资方式	每年最低存入金额	每月最低存入金额
1	1	3500	291.67
1	2	1760	146.67
1	3	68	5.67
2	1	2760	230.00
2	2	1330	110.83
2	3	65	5.41
3	1	2150	179.17
3	2	1060	88.33
3	3	60	5.00

注：投资方式 1 为十年国债，投资方式 3 为社会保障基金，投资方式 2 是收益率介于十年国债投资与社会保障基金投资二十年平均收益率之间的投资方式。

表 5-12 显示当政府选取收益相对较高的稳健投资方式时，政府层面的儿童发展账户基本可以实现对困境儿童大学费用的基本覆盖。这一点也充分体现了累进性原则，即相对越贫困的家庭儿童获得越多的财政资助和越高的配额比例。

在上述讨论中，我们模拟验证了“三层嵌套多元整合”的儿童发展账户机制的合理性，即“三层嵌套多元整合”的儿童发展账户机制能够为相对贫困家庭儿童支付未来接受高等教育的基本费用，充分保障相对贫困家庭儿童接受大学教育。接下来，本研究对“三层嵌套多元整合”的儿童发展账户机制的可行性进行探讨，即政府是否可以承担“三层嵌套多元整合”的儿童发展账户的财政支出。需要说明的是，由于不同省份的差异性较大，本研究不再对不同省级政府投入资金进行模拟测算。

儿童发展账户的政策对象为政策实施当年出生的所有儿童，重点对象为相对贫困家庭儿童。当然，如果财政预算允许，儿童发展账户最好可拓展至政策实施前某时点（如 2021 年 1 月 1 日零时）出生的所有儿童。本研究以 2021 年作为儿童发展账户政策模拟初始点来讨论中央政府财政负担情况。

根据国家统计局公布的数据，2017~2021 年出生人口分别为：2017 年 1723 万人、2018 年 1523 万人、2019 年 1465 万人、2020 年 1200 万人，2021 年 1062 万人。2022 年出生人口为 956 万人，人口出生率为 6.77‰，自 1950 年以来，年出生人口首次跌破 1000 万人。[①] 由于缺乏全国相对贫困家庭儿童的具体精确数据，可根据人口分布比例进行初步估算。根据民政部所公布的信息，目前我国低收入人口占比约为 4%[②]，低保人口约占 3%[③]。关于困境儿童数量，相关数据表明，2019 年底，中国有困境儿童 688.9 万名，占当年儿童的 2.93%。[④] 假设相对贫困家庭儿童在人口中均匀分布，则 2021 年出生的 1062 万名新生儿童中，约有 42.48 万名低收入家庭儿童，31.86 万名低保家庭儿童，31.12 万名困境儿童；2022 年出生的 956 万名新生儿童中，约有 38.24 万名低收入家庭儿童，28.68 万名低保家庭儿童，28.01 万名困境儿童。值得注意的是，在低收入家庭、低保家庭中老年人占比较高，我们采取的是宽口径策略，实际数量可能远低于我们的估计值。除此之外，目前我国出生

① 参见国家统计局网站，http：//www.stats.gov.cn/xxgk/jd/sjjd2020/202301/t20230118_1892285.html。

② 民政部新闻发言人、办公厅（国际合作司）副主任贾维周在 2021 年第四季度新闻发布会上介绍，在推进全国低收入人口动态监测信息平台建设方面，目前全国共归集 5636.7 万名低收入人口基本信息，约占全国总人口的 4%，截至 9 月底，全国共有城市低保对象 753.2 万人，农村低保对象 3489.2 万人（参见网址：https：//new.qq.com/rain/a/20211105A090X8）。

③ 根据第七次全国人口普查数据，2021 年我国总人口数为 14.126 亿人（参见网址：http：//www.stats.gov.cn/tjsj/tjgb/rkpcgb/qgrkpcgb/202106/t20210628_1818821.html）。

④ 郑林如：《贫困家庭儿童福利政策的发展与演进逻辑》，《山东社会科学》2022 年第 4 期，第 184~192 页。

率持续下滑，2022年出生人口首次跌破1000万人，本研究假设在宏观生育政策促进下，按照宽口径进行估计，将政策模拟所需的平均出生人口数量设置为1000万人。[①] 若假设每年出生1000万名儿童，按照比例，则其中约有40万名为低收入家庭儿童，30万名为低保家庭儿童，29万名为困境儿童（按照最宽口径进行计算，实际很可能低于推算值）。

基于上述讨论与参数设定，根据政策模拟结果对中央政府每年的财政投入进行具体探讨。配额款项根据配额比与配额上限进行设定，本研究对配额款项配置完成时限进行了相应的限制，即假设配额款项在第一年就配置完成。[②] 在账户运行的18年间，中央政府每年资金投入情况在不同参数设定下的模拟结果见表5-13至表5-16。

表5-13　中央股本金为500元时中央政府2021~2038年财政投入情况

单位：亿元

年份	中央股本金投入	中央激励储蓄金额	中央每年补助金投入	总计
2021	53.10	44.23	4.70	102.04
2022	47.80	39.82	8.94	96.56
2023	50.00	41.65	13.37	105.02
2024	50.00	41.65	17.80	109.45
2025	50.00	41.65	22.23	113.88
2026	50.00	41.65	26.66	118.31
2027	50.00	41.65	31.09	122.74
2028	50.00	41.65	35.52	127.17

① 我们的估计之所以采取宽口径策略，主要是为了模拟测算政府财政投入的可行性。如果按照婴儿出生率的宽口径进行模拟运行所测算出来的财政投入能够承受，那么儿童发展账户政策从政府财政投入的角度是较为可行的。显然，根据世界人口变化趋势，随着经济社会发展水平的提升尤其是教育水平的提高，我国未来出生率不容乐观，维持在年均出生人口1000万人的水平是有很大难度的。本研究出于财政支出评估以及模拟运行方便的考虑，将我国未来相当一段时期内的年平均出生人口设置为1000万人的水平。

② 在这里将配额款项一年内配置完成，主要基于两方面的考虑：一方面，尽早配置完成可以有力地促进账户资金的累积——资产积累越早越好；另一方面，在年限内配置完成方便模型的运行。

续表

年份	中央股本金投入	中央激励储蓄金额	中央每年补助金投入	总计
2030	50.00	41.65	44.38	136.03
2029	50.00	41.65	39.95	131.60
2031	50.00	41.65	48.81	140.46
2032	50.00	41.65	53.24	144.89
2033	50.00	41.65	57.67	149.32
2034	50.00	41.65	62.10	153.75
2035	50.00	41.65	66.53	158.18
2036	50.00	41.65	70.96	162.61
2037	50.00	41.65	75.39	167.04
2038	50.00	41.65	79.82	171.47

表 5-14　中央股本金为 1000 元时中央政府 2021～2038 年财政投入情况

单位：亿元

年份	中央股本金投入	中央激励储蓄金额	中央每年补助金投入	总计
2021	106.20	44.23	4.70	155.14
2022	95.60	39.82	8.94	144.36
2023	100.00	41.65	13.37	155.02
2024	100.00	41.65	17.80	159.45
2025	100.00	41.65	22.23	163.88
2026	100.00	41.65	26.66	168.31
2027	100.00	41.65	31.09	172.74
2028	100.00	41.65	35.52	177.17
2029	100.00	41.65	39.95	181.60
2030	100.00	41.65	44.38	186.03
2031	100.00	41.65	48.81	190.46
2032	100.00	41.65	53.24	194.89
2033	100.00	41.65	57.67	199.32
2034	100.00	41.65	62.10	203.75
2035	100.00	41.65	66.53	208.18
2036	100.00	41.65	70.96	212.61
2037	100.00	41.65	75.39	217.04
2038	100.00	41.65	79.82	221.47

表 5-15　中央股本金为 1500 元时中央政府 2021~2038 年财政投入情况

单位：亿元

年份	中央股本金投入	中央激励储蓄金额	中央每年补助金投入	总计
2021	159.30	44.23	4.70	208.24
2022	143.40	39.82	8.94	192.16
2023	150.00	41.65	13.37	205.02
2024	150.00	41.65	17.80	209.45
2025	150.00	41.65	22.23	213.88
2026	150.00	41.65	26.66	218.31
2027	150.00	41.65	31.09	222.74
2028	150.00	41.65	35.52	227.17
2029	150.00	41.65	39.95	231.60
2030	150.00	41.65	44.38	236.03
2031	150.00	41.65	48.81	240.46
2032	150.00	41.65	53.24	244.89
2033	150.00	41.65	57.67	249.32
2034	150.00	41.65	62.10	253.75
2035	150.00	41.65	66.53	258.18
2036	150.00	41.65	70.96	262.61
2037	150.00	41.65	75.39	267.04
2038	150.00	41.65	79.82	271.47

表 5-16　中央股本金为 2000 元时中央政府 2021~2038 年财政投入情况

单位：亿元

年份	中央股本金投入	中央激励储蓄金额	中央每年补助金投入	总计
2021	212.40	44.23	4.70	261.34
2022	191.20	39.82	8.94	239.96
2023	200.00	41.65	13.37	255.02
2024	200.00	41.65	17.80	259.45
2025	200.00	41.65	22.23	263.88
2026	200.00	41.65	26.66	268.31
2027	200.00	41.65	31.09	272.74

续表

年份	中央股本金投入	中央激励储蓄金额	中央每年补助金投入	总计
2028	200.00	41.65	35.52	277.17
2029	200.00	41.65	39.95	281.60
2030	200.00	41.65	44.38	286.03
2031	200.00	41.65	48.81	290.46
2032	200.00	41.65	53.24	294.89
2033	200.00	41.65	57.67	299.32
2034	200.00	41.65	62.10	303.75
2035	200.00	41.65	66.53	308.18
2036	200.00	41.65	70.96	312.61
2037	200.00	41.65	75.39	317.04
2038	200.00	41.65	79.82	321.47

从表5-13到表5-16中，可以清晰地看到不同初始股本金设定下每年中央政府对儿童发展账户的财政投入模拟运行情况。在达成基本政策目标的前提下，根据不同的参数设定，模拟计算了中央政府对所建构的儿童发展账户政策机制运行的财政投入情况，从较低的96.56亿~171.47亿元区间，到较高的239.96亿~321.47亿元区间，中央政府可以根据年度财力状况进行相应的选择。

按照中央股本金为500元时中央政府2021~2038年财政投入模拟运行的测算，中央财政平均每年只需拿出130多亿元的投入即可建立面向我国全体儿童尤其是相对贫困家庭儿童的基础性、创新性福利政策。需强调的是，一方面，本研究模拟计算时使用的是宽口径儿童数量参数[①]；另一方面，儿童发展账户的实际运行过程中存在自愿退出等状况。因此，中央财政支出实际要远低于本研究的估算值，实际的财政支

① 上文已讨论，随着出生人口数量的持续大幅下降，在未来可预期的时间内，我国人口出生数很难达到平均每年1000万人的水平，因此，本研究在政策模拟参数的设定上在人口出生数量上采取了非常宽松的口径。

付压力并不算太大。同时，由于所构建的“三元嵌套多元整合”儿童发展账户模式在实际运行过程中采取的是自动注册、自动发放等自动化机制，并尽可能与现有人口政策、社会保险、社会福利、社会救助政策等相衔接，因此，在政策执行过程中的制度费用将会大大降低，总体不会太高。当然，建立面向全体儿童尤其是相对贫困家庭儿童未来人力资本投资的儿童发展账户政策是一项系统的庞大工程，无疑需要政府财政的较大投入。同时，政策的运行需要考量的现实因素与局限条件非常复杂，这需要在政策试点的基础上开展进一步研究。本研究所构建的“三层嵌套多元整合”儿童发展账户政策机制提供了一个基础性的政策参考框架，其本身具有较高的弹性、适应性与开放性，针对不同的财力情况与具体现实局限条件可以拓展为相应更为具体、更具有可操作性的多样化政策机制，充满弹性而多元的政策机制选择也可为财政投入的可行性与适应性提供重要保障。

小　结

本章致力于构建符合我国国情的儿童发展账户机制，首先，基于我国长期存在的地区差别、城乡差别以及人口规模庞大的复杂现实情况，在重点借鉴美国、新加坡等国家儿童发展账户政策结构设计的基础上，面向数字社会转型与高质量发展对儿童福利政策体系变革的战略性、基础性、前瞻性需求，我国儿童发展账户在结构设计上可采取“三层嵌套多元整合”结构模型。所谓“三层嵌套”是指所构建的儿童发展账户包括“中央政府—省级政府（地方政府）—个体（家庭）”三层结构，省级政府（地方政府）以及个体（家庭）开设的账户嵌套于中央政府开设的账户中。中央政府主要基于普遍性原则面向政策实施时出生的所有儿童自动开设一个儿童发展账户，按照普惠性原则注入一定数额的均等股本金（初始启动资金）以及按照累进性原则对不同类型的相对贫困家庭儿童（低收入家庭儿童、低保家庭儿童、困境儿童等）提供不同等级的相应储蓄补助资金，主要体现国家对儿童的普遍性福利责任。省级政府（地方政府）层面主要基于本地区的人口结构（生育鼓励）、经济发展水平、财政状况等主要因素，在中央政府为儿童开设的账户结构中，明确本地区的初始储蓄基金（初始奖励基金）以及累进性的储蓄配额基金数额与配额比例，主要体现区域共享性、累进性、激励性理念。个人（家庭）积极开设并参与儿童发展账户储蓄对于儿童发展账户政策至关重要，在很大程度上直接决定儿童发展账户政策的成败，在政策设计上，应尽可能通过加大资助、补贴力度及提升配款比例激励个体（家庭）积极参与儿童发展账户政策，并通过信息化技术、自动化机制尽可能为个体（家庭）顺畅地参与儿童发展账户提供高效便捷的途径。三层嵌套结构之间相互促进、相辅相成，共同为儿童尤其是贫困家庭儿童的教育成长提供有力支撑。其次，针对所构建的“三层嵌套多元整合”儿童发展账户政策机制及目标，基于系统动力学模型架构，科学合理设置政策参数，运用模拟仿真软件 AnyLogic 对儿童发展账户动态演化及运行结果进行了模拟仿真。政策模拟结果表明，从政策目标达成、不同政策对象的参与能力以及政府财政资金投入等多重角度进行评估，所构建的“三层嵌套多元整合”儿童发展账户政策机制是合理而可行的，其不仅为我国构建儿童发展政策机制提供了一个基础性的参考框架，而且其本身具有较高的弹性、适应性与开放性，针对不同的财力情况与具体现实局限条件可以拓展为相应更为具体、更具有可操作性的多样化政策机制。

第六章

结论与讨论

> 我们憧憬着有一天这个星球的每一个孩子一出生就拥有一个儿童发展账户，用于其未来的发展。从实践的角度来看，除了出生登记、健康检查和免疫接种之外，每个孩子在出生时都应获得一个初始存款账户。①

随着脱贫攻坚战取得全面胜利，② 我国反贫困主战场已从消除绝对贫困向治理相对贫困、缓解贫富分化、促进共同富裕转移。消除绝对贫困之途艰苦卓绝、惊天动地，然成就斐然、终有竟时，而治理相对贫困长途漫漫、任重道远，需要更加重视贫困治理理论范式变革，更加强调制度性科学顶层设计，更加注重反贫困长效机制构建，更加聚焦创新性政策有效供给。贫困家庭儿童发展关乎国家未来和民族希望，关系到社会公平正义，促进贫困家庭儿童能力发展是建立反贫困长效机制的内在

---

① Zou, L. & Sherraden, M. "Child Development Accounts Reach Over 15 Million Children Globally." (CSD Policy Brief 22-22, 2022). St. Louis: Washington University Center for Social Development.

② 2021 年 2 月 25 日，习近平总书记在《在全国脱贫攻坚总结表彰大会上的讲话》中庄严宣告："经过全党全国各族人民共同努力，在迎来中国共产党成立一百周年的重要时刻，我国脱贫攻坚战取得了全面胜利，现行标准下 9899 万农村贫困人口全部脱贫，832 个贫困县全部摘帽，12.8 万个贫困村全部出列，区域性整体贫困得到解决，完成了消除绝对贫困的艰巨任务，创造了又一个彪炳史册的人间奇迹！"这一伟大历史性成就解决了困扰中华民族几千年的绝对贫困问题，创造了人类减贫史上的奇迹（参见 https://www.ccps.gov.cn/xtt/202102/t20210225_147575.shtml）。

要求，是切断贫困代际传递的根本途径，是着眼长远、实现共同富裕的应有之义，也是有效分担家庭养育成本、促进生育的有效抓手，更是完善我国儿童福利政策体系的内在要求。毋庸讳言，长期以来我国儿童福利政策侧重基本生活保障，强调短期的基本需求满足，忽视了对贫困家庭儿童能力发展的持续投资，也缺乏有效的发展型政策工具。资产建设理论所倡导的儿童发展账户作为有效的福利政策工具，已被越来越多的国家和地区采纳，成为各个国家和地区面向未来、促进儿童能力发展和人力资本投资的战略举措。基于资产建设理论开展本土化研究，深入开展前瞻性、创新性探索，科学构建适应我国国情的贫困家庭儿童发展政策机制已成为学界的重要学术使命。

一 研究结论

本研究基于资产建设理论和本土调研数据，实证研究了我国家庭资产建设对儿童发展的多维效应以及贫困家庭参与儿童发展账户的可能意愿与能力，全面剖析了不同国家和地区儿童发展账户政策的实践经验与模式特点，在此基础上精心建构了符合我国国情的贫困家庭儿童发展账户政策机制（框架），以期促进我国儿童福利政策发展型转向，为国家建立儿童发展账户政策提供前瞻性思考和智识性借鉴。

首先，基于资产建设理论实证研究了我国家庭资产建设对儿童发展主要维度的具体效应及其影响路径，一方面详细考察了家庭资产建设对我国儿童发展的实际影响；另一方面在区分资产效应理论与资产建设效应理论的基础上，基于本土数据检验了资产建设理论的规范力与本土化效力，进一步完善了资产为本的社会福利政策范式的理论基础。本部分所使用的本土化数据主要来自“中国家庭追踪调查”（China Family Panel Studies）2018 年追踪调查数据，相关匹配变量使用了 2010 年基线调查以来的历次追踪调查数据（CFPS 2012/2014/2016/2018）。

本部分主要研究发现如下。第一，资产建设行为对儿童身心健康、行为表现、学业表现以及自我期望等儿童发展的关键维度都具有显著的正效应，但对儿童发展不同维度的具体影响路径存在显著不同。从影响路径来看，资产建设行为对儿童身心健康、自我期望均具有直接的正效应，对身心健康也通过家庭关系、家长参与、家长期望具有积极的中介效应；对学业表现不具有直接的正效应，主要通过家庭关系、家长期望产生中介正效应，而通过家长参与却产生了显著负效应；对儿童自我期望仅通过家长期望产生积极影响。第二，家庭资产本身仅对儿童行为表现、学业表现以及自我期望具有正效应，而对儿童身心健康产生了负效应。从影响路径来看，家庭资产本身对儿童身心健康具有直接负效应，不仅如此，在中介效应通道中，通过家庭关系、家长参与对儿童身心健康也呈现负效应。第三，就资产建设对儿童身心健康、行为表现的效应而言，资产建设效应与资产效应之间存在显著的差别，区分资产建设效应理论与资产效应理论不仅在理论上是必要的而且在经验上是有效可行的。资产为本的社会福利政策是建立在资产效应理论基础之上的，然而，作为静态结果的资产本身与作为活动、行为、过程的资产建设之间存在明显差别，因此，资产效应并不等于资产建设效应，二者在理论逻辑与经验现实中都应有所区分。然而，谢若登所提出的资产效应理论倾向于模糊二者的区别，而不是明确区分二者的不同，在很大程度上其把资产建设效应包括在资产效应之内，但这样做实际上严重忽略了资产建设行为与过程相对于拥有资产本身所具有的能动效用。本部分实证研究表明，资产建设行为与资产本身对儿童身心健康、行为表现的效应差异（尤其是直接效应差异）验证了资产建设效应与资产效应之间存在显著的差别，表明资产建设效应理论与资产效应理论在儿童行为表现方面并不具有相同的解释能力，在解释儿童身心健康、行为表现方面具有完全不同的路径。就资产建设对儿童身心健康、行为表现的效应而言，有充分的理由区分资产建设效应与资产效应概念，进一步区分资产建设效应理论与资产效应理论。为此，本研究正式提出了资产效应与资产建设效应是虽有关联但本质不同的两种效应，把资产建设效应理论从资产效应理论中区分出来，这为完善资产为本的社会福利政策理论基础以及促进儿童发展的相关政策制定提供了智识借鉴。

其次，基于个案访谈资料与问卷调查数据，实证研究了我国贫困家庭参与儿童发展账户的现实意愿、参与能力及影响因素，为构建符合我国现实状况的儿童发展账户提供了相应的实证基础。本研究完成了 78 户有儿童的贫困家庭的深度访谈，最终整理出近百万字的访谈逐字稿，获得了丰富的一手访谈资料，为全面深入地把握贫困家庭儿童教育发展状况尤其是贫困家庭儿童发展账户的参与意愿与能力及其影响因素奠定了坚实的质性研究资料基础。本研究开展了大规模抽样调查，主要采取多阶段抽样法在山东省随机抽取了 4 个地市 12 个区县 26 个乡镇与街道（10 个乡镇、16 个街道），共计完成 1200 户有儿童的相对贫困家庭调查，有效样本为 1180 个。

本部分主要综合使用质性研究与量化研究相融合的混合研究方法，深入探讨了我国儿童发展账户的参与意愿、参与能力及影响因素。研究发现如下。第一，贫困家庭普遍有着较强的儿童发展账户参与意愿，但参与能力总体偏弱。强烈的参与意愿反映了贫困家庭对儿童发展账户建立的必要性与迫切性；相对较低的参与能力表明儿童发展账户的构建需要政府提供必要的政策支持以及相应的财政投入，同时需要完善“国家-社会-家庭”三方责任体系，以不断提高个体（家庭）参与儿童发展账户的积极性与现实能力。第二，贫困家庭儿童发展账户参与水平受账户配比的影响，不同类型家庭参与水平存在一定差异。父母每月为孩子存款主要集中在 535.71 元（1∶1 配比账户）和 798.49 元（1∶2 配比账户），分别占家庭月收入均值（9525.24 元）的 5.62% 和 8.38%；

无病患家庭拥有相对充足的家庭储蓄，无须为孩子教育进行专门存款，而病患家庭具有为孩子进行教育储蓄的迫切性，其账户存款数额相对较高；上述研究发现为接下来构建儿童发展账户以及政策模拟提供了经验参数。第三，父母参与意愿主要受到家庭经济水平、父母教育储蓄意识以及父母参与能力等家庭因素的影响。受到儿童发展账户中匹配供款的激励，低收入家庭教育储蓄意愿和儿童发展账户实施意愿较高；父母教育储蓄意识与其账户参与意愿存在正相关；父母既有的高教育储蓄和高存钱频率反映了父母的高参与意愿，但在一定程度上降低了父母为孩子儿童发展账户存钱的紧迫性。第四，家庭经济状况、家长参与意愿、金融投资能力是影响父母参与能力的重要因素。低保、病患家庭往往面临较大的经济支出压力，更希望通过配比账户来为孩子高等教育进行储蓄，因而配比账户参与最大额较高；家长参与意愿总体上正向影响其参与能力，高参与意愿父母的配比账户存款额较高；金融投资能力对家长参与能力具有积极效应，金融投资总额越高，父母配比账户参与最大额越大。总之，儿童发展账户的参与意愿与参与能力不仅相互影响，还共同受到性别、年龄、家长受教育水平、家庭经济水平、家庭类型、金融投资能力、教育储蓄意识、父母教育态度、儿童学业表现、家长教育期望、家庭关系、家长参与等多种因素的影响。

再次，运用制度比较分析法，全面总结并深入探讨了不同国家和地区儿童发展账户的具体做法与运行机制，在此基础上对不同国家和地区实际开展的儿童发展账户政策实践进行模式比较与类型学研究，深入总结不同模式的优点与局限，为我国贫困家庭儿童发展账户的构建提供他山之石。自谢若登提出资产建设理论以来，儿童发展账户制度备受关注，不同的国家和地区形成了不同的做法。其中以下国家和地区实施和开展的儿童发展账户政策或实验较为典型：美国的儿童发展账户政策，英国的“儿童信托基金项目”（CTF），加拿大的“注册教育储蓄计划”

(RESP)，以色列的“为每个儿童储蓄计划”（SECP)，新加坡的“婴儿奖励计划”、“教育储蓄计划”、“中学后教育储蓄账户”与“医疗储蓄账户”，韩国的“育苗储蓄账户”，中国台湾地区的“儿童与少年未来教育及发展账户”（CFEDA)，中国香港地区的“儿童发展基金计划”，中国大陆地区的儿童发展账户相关实验，以及乌干达等非洲地区的本土化实验。本部分主要从发展简介、目标对象、资金来源、资助方式与资助水平、运作方式、限制条件（退出机制）和实施效果等方面逐一对典型国家和地区的政策与实验进行概括和归纳；在此基础上，从覆盖对象、目标设定、账户结构三个方面进行系统的模式比较分析，总结了六类运行模式，并概括其特点及局限，以期为中国贫困家庭儿童发展账户的构建提供智识参考。

本部分主要研究发现如下。目前主要国家和地区儿童发展账户的政策实践主要在以下三个方面存在明显差异。其一，从覆盖对象上看，英国、加拿大、以色列和新加坡是面向国内所有儿童（全国普遍性），美国是面向州内所有儿童（地方普遍性)，韩国、中国香港等则是覆盖低收入家庭的儿童。其二，从目标设定上看，英国、以色列、新加坡、韩国、中国香港等设定了多元目标，账户资金可用于中小学教育、高等教育、购房、鼓励生育、创业、资产积累等各种开支；美国、加拿大则设定了相对单一的目标，账户资金往往主要限于支付高等教育费用。其三，从账户结构来看，新加坡为全生命周期多元整合结构，多个资产建设计划无缝集成。在不同资产建设账户相互协调、相互衔接方面，新加坡是一个典范性国家。新加坡的儿童发展账户机制是典型的全生命周期多元整合模式，其为儿童建立了全面的多元整合的儿童发展账户政策体系，这一政策体系与中央公积金制度一起构成了新加坡独特的多元整合全生命周期的资产建设政策体系。本研究主要基于覆盖对象、目标设定以及账户结构三个基本维度，把不同国家和地区的儿童发展账户政策实践划分为如下六种基本类型：以美国为代表的地方普遍性-单目标-双层嵌套模式，以英国、以色列为代表的普遍性-多目标-单账户模式，以新加坡为代表的全生命周期-普遍性-多元整合模式，以韩国为代表的选择性-多目标-双层嵌套模式，以中国台湾和香港地区为代表的选择性-多目标-单账户模式，以及以加拿大为代表的普遍性-单目标-单账户模式等。在此基础上，本研究剖析了不同模式的优缺点，这些都为我国贫困家庭儿童发展账户的构建提供了参考借鉴。

最后，在上述实证研究以及制度比较的基础上，充分借鉴发达国家和地区儿童发展账户政策模式与实践经验，基于资产建设理念，系统构建了符合我国现实国情的贫困家庭儿童发展账户政策机制，所构建的这一政策机制可被概括为“三层嵌套多元整合”模式。进而，针对所构建的三层嵌套多元整合儿童发展账户模式，科学合理设置相应参数，运用政策模拟软件进行深入系统的政策模拟，综合模拟评估了所构建的儿童发展账户政策模式的可行性与适切性。本研究致力于构建以贫困家庭儿童为主要政策对象，并可自动拓展至全国所有儿童的普遍性、累进性、便捷性的多元整合儿童发展账户政策机制。该账户首先应为儿童尤其是相对贫困家庭儿童未来的高等教育费用支付提供基本保障，其次为届时未能进入大学的 18 岁以上青年提供创新创业、教育培训、房产购买等重要资产建设的有力支持。

本部分主要结论有以下两点。第一，基于我国长期存在的地区差别、城乡差别以及人口规模庞大的复杂现实情况，在重点借鉴美国、新加坡等国家儿童发展账户政策结构设计的基础上，面向数字社会转型与高质量发展对儿童福利政策体系变革的战略性、基础性、前瞻性需求，我国儿童发展账户在结构设计上可采取“三层嵌套多元整合”结构模型。所谓“三层嵌套”是指所构建的儿童发展账户包括“中央政府—省级政府（地方政府）—个体（家庭）”三层结构，省级政府（地方政府）以及个体（家庭）开设的账户嵌套于中央政府开设的账户中。中央政府主要基于普遍性原则面向政策实施时出生的所有儿童自动开设一个儿童发展账户，按照普惠性原则注入一定数额的均等股本金（初始启动资金）以及按照累进性原则对不同类型的相对贫困家庭儿童（低收入家庭儿童、低保家庭儿童、困境儿童等）提供不同等级的相应储蓄补助资金，主要体现国家对儿童的普遍性福利责任。省级政府（地方政府）层面主要基于本地区的人口结构（生育鼓励）、经济发展水平、财政状况等主要因素，在中央政府为儿童开设的账户结构中，明确本地区的初始储蓄基金（初始奖励基金）以及累进性的储蓄配额基金数额与配额比例，主要体现区域共享性、累进性、激励性理念。个人（家庭）积极开设并参与儿童发展账户储蓄对于儿童发展账户政策至关重要，在很大程度上直接决定着儿童发展账户政策的成败，在政策设计上，应尽可能通过提升资助、补贴、配款比例激励个体（家庭）积极参与儿童发展账户政策，并通过信息化技术、自动化机制尽可能为个体（家庭）顺畅地参与儿童发展账户提供高效便捷的途径。三层嵌套结构之间相互促进、相辅相成，共同为儿童尤其是贫困家庭儿童的教育成长提供有力支撑。所谓“多元整合”一方面指儿童发展账户政策应与既有的各种社会政策相衔接、相协调，发挥整合型功效，共同形成促进发展型社会政策转型；另一方面强调儿童发展账户应整合吸纳多渠道资金来源——中央政府、省级政府（地方政府）、个人（家庭）以及慈善捐赠等社会性力量投入——开展集中稳健性投资，以尽可能获取长期储蓄投资的复利功效。第二，本研究在实证研究基础上，针对所构建的“三层嵌套多元整合”儿童发展账户政策机制及目标，基于系统动力学模型架构，科学合理设置政策参数，运用模拟仿真软件 AnyLogic 对儿童发展账户动态演化及其运行结果进行了模拟仿真。政策模拟结果表明，从政策目标达成、不同政策对象的参与能力以及政府财政资金投入等多重角度进行评估，所构建的三层嵌套多元整合儿童发展账户政策机制是合理而可行的，其不仅为我国构建儿童发展政策机制提供了一个基础性的参考框架，而且其本身具有较高的弹性、适应性与开放性，针对不同的财力情况与具体现实局限条件可以拓展为相应更为具体和具有更高可操作性的多样化政策机制。

二　相关讨论

迈克尔·谢若登基于美国福利政策实践经验的反思提出了资产建设理论，强调穷人股本占有的重要性，主张应把穷人的金融资产建设作为福利政策的关注重点，从而构建以资产为本的具有发展性与包容性的社会福利政策。[①]该理论强调，以往以收入和消费为主的社会福利政策侧重于救急救穷，缺乏使贫困家庭积累优势的结构性机制，无法有效抑制或消除贫困的代际传递；而资产建设理论以人的长远发展为目标，更注重资产积累的过程，强调资产积累和投资是脱离贫困的关键。[②] 最契合资产建设理论的政策工具是个人发展账户，其是可选择的、有增值的和税收优惠的，立在个人名下，限定于指定用途，政府和社会对穷人的存款给予相应的配额，并通过私人部门或账户持有者自身的努力形成创造性金融的潜力，最有前景的一些应用领域为资助高等教育、住房所有、

① Sherraden, M. *Assets and the Poor: A New American Welfare Policy* (New York: ME Sharpe, 1991)；马克·施赖纳、迈克尔·谢若登：《穷人能攒钱吗：个人发展账户中的储蓄与资产建设》，孙艳艳译，商务印书馆，2017；邹莉：《资产建设政策重视儿童福利》，《浙江工商大学学报》2015年第6期，第117页；何振锋：《资产建设理论形成、实践及启示》，《社会福利》（理论版）2019年第9期，第3~7页；高功敬：《城市贫困家庭可持续生计——发展型社会政策视角》，社会科学文献出版社，2018；何振锋：《资产建设理论形成、实践及启示》，《社会福利》（理论版）2019年第9期，第3~7页；钱宁：《资产建设理论与中国的反贫困》，《社会建设》2019年第9期，第7~11页。

② 迈克尔·谢若登：《资产与穷人——一项新的美国福利政策》，高鉴国译，商务印书馆，2005；邓锁：《生命历程视域下的贫困风险与资产建设》，《社会科学》2020年第11期，第83~91页。

自雇投资和退休保障基金等。[①] 而儿童发展账户尤其是贫困家庭儿童发展账户——为儿童注入“大学梦”，面向儿童未来高等教育费用支付、创办小微企业等——则是个人发展账户中的核心和典范，已被越来越多的国家和地区实践。儿童发展账户被设想为普遍性的（universal，包括所有儿童）、累进性的（progressive，为穷人提供更多的公共补贴），以及潜在终身的（potentially lifelong，一出生就开始），大规模的儿童发展账户政策通常包含普遍资格、自动注册、出生时开始、自动初始存款、自动累进式补贴、集中储蓄计划、投资增长潜力、定向投资选择、限制提款、公共福利排除等十个关键政策设计要素。[②] 一项研究保守估计，目前全球超过1500万名儿童享有儿童发展账户政策，在某些方面，这可能成为世界上首个全球社会政策，一个发展下一代的富有效率和成效的全球政策项目。[③] 从更长远更深层来看，儿童发展账户政策为每一名新出生的婴儿所注入的那笔均等化股本金（初始启动资金）以及定期给予贫困家庭儿童的储蓄补助金额，可被视为普遍性基本收入理念的一种创新性、前瞻性、基础性实现途径之一，它集中体现了国家对儿童无条件的普遍性福利责任。

---

① 迈克尔·谢若登：《资产与穷人——一项新的美国福利政策》，高鉴国译，商务印书馆，2005，第265~268、234页。

② Sherraden, M., Clancy, M. M. & Beverly, S. G. “Taking Child Development Accounts to Scale: Ten Key Policy Design Elements.” (CSD Policy Brief 18-08, 2018). St. Louis: Washington University Center for Social Development.

③ “信息时代使向所有人提供有效和安全的金融服务成为可能，即使是在最贫穷国家的最贫穷村庄。如今，CDA可通过手机安全地‘传递’给每个有孩子的家庭。在这一过程中，国际援助可能会转型，通过直接向个人和家庭提供资源，避免官僚机构效率低下和地方腐败的‘漏桶’（leaky bucket）。慈善事业和其他私人支持也可以参与捐款。想象一下，如果一个全球CDA系统就位，一个富裕的基金会，一个地方扶轮社（a local rotary club），一个全国性公司（a national corporation），教会和学校项目，或者个体公民（individual citizens），可以直接向他们自己选择的儿童账户发送资金，从单个儿童和家庭的账户到整个村庄和整个国家的账户。” Zou, L. & Sherraden, M. “Child Development Accounts Reach Over 15 Million Children Globally.” (CSD Policy Brief 22-22, 2022). St. Louis: Washington University Center for Social Development。

本研究对儿童发展账户的本土化发展有强烈的期待和信念，相信这一具有多重功效的创新性政策必将在中华大地全面生根发芽、枝繁叶茂，在此之前学界需要做好扎实的前瞻性研究工作。为此，本研究围绕核心研究任务和目标，查阅了大量的国内外相关政策文献以及研究成果，到境外多地进行了实地考察交流，全面把握相关研究成果以及政策实践进展，合理制定研究设计并严格执行。具体而言，首先，本研究按照研究计划，运用我国相关规范化数据库（CFPS）深入检验了资产建设理论的本土化效力，全面把握我国家庭资产建设对儿童发展主要维度的现实影响及其中介路径，进一步完善了资产为本的福利政策理论基础；其次，先后实地访谈了 78 户有儿童的低收入家庭，最终收集了近百万字的访谈资料，运用多阶段抽样方法开展了问卷调查，收集了 1180 个有效样本，深入开展了质性研究与量化研究相融合的混合研究，全面描述与深入探讨了我国贫困家庭对儿童发展账户的可能参与意愿与现实能力，为科学构建符合我国国情的儿童发展账户政策机制奠定了坚实的实证基础；再次，全面总结了不同国家和地区儿童发展账户政策实践状况及其运行机制，并基于目标设定、覆盖对象以及账户结构等主要维度运用制度比较分析法对不同国家和地区的政策机制进行了类型学研究与模式比较，为科学构建本土化儿童发展账户提供了他山之石；最后，在上述实证研究与制度比较基础上，基于我国现实国情，构建了三层嵌套多元整合儿童发展账户政策机制，并科学合理地设置了政策参数，对所构建的三层嵌套多元整合儿童发展账户政策机制进行了深入系统的模拟评估，综合模拟结果表明所构建的本土化政策机制是合理而可行的。

毋庸讳言，任何政策机制的创新性构建都具有较强的冒险性或探索性，主要原因在于任何一项政策面临的现实条件是极其复杂的，面临的现实局限是多方面的且变动不居的，这在很大程度上可以解释为何理论与政策、理想与现实之间往往存在较大落差，充满了不确定性。但让人欣慰的是理论形塑政策、理想照进现实的成功案例并不在少数，况且面对复杂的现实世界，任何创新性政策设计与实践都需要理论的有效指导和理想的强烈推动。本研究属于较为典型的创新性政策构建研究，具有较强的探索性，为此，在研究的过程中，本研究在尽可能充分考量各种现实条件以及局限因素的前提下，聚焦于符合国情的儿童发展账户结构性框架的构建，力求去枝蔓、存主干，尽可能为我国构建儿童发展政策机制提供一个基础性、可拓展性参考框架，其本身具有较高的弹性、适应性与开放性，可以针对不同的现实财力与多重现实局限条件灵活地拓展为更具可操作性的政策机制。尽管存在各种现实局限条件，但一项契合时代内在要求的创新性政策机制必将冲破重重困难，在一个合适的季节生根发芽、顽强生长、枝繁叶茂、硕果累累，造福于祖国的未来。

一个值得进一步探讨的问题是关于资产效应理论的因果关系检验问题。资产为本的福利政策范式建立在资产效应理论基础之上，正如谢若登所承认的那样，资产效应理论所蕴含的九大因果性命题还缺乏相应的经验验证，现有经验研究仅停留在关联性（相关性）探讨上。“多项研究均发现，拥有资产与大量各种不同的积极结果之间存在正相关，但是缺乏对因果关系的证明……如果这些效应（资产的九大效应）存在，并且假设其收益大于政策成本的话，那么这将是针对所有人的资产建设政策的一个强有力的案例。遗憾的是，本章没有直接解决这些关键问题。”[①] 事实上，在社会科学领域，对于因果效应的萃取是非常不容易的，作为因果效应“金标准”的随机对照实验法（RCT）通常在社会科学领域难以大规模展开。这在很大程度上可以解释为何资产效应理论长期没有得到严格的因果关系检验。本研究使用的本土化抽样的调查数

---

① Schreiner M. & Sherraden M. *Can the Poor Save?: Saving & Asset Building in Individual Development Accounts* (New Brunswick, New Jersey: Transaction Publishers, 2017).

据属于截面数据，并非随机对照实验数据，对于因果关系的检验也只是在因果理论模型的假设下开展的，本身具有一定局限性。因此，利用非实验性的抽样调查数据探讨因果关系需要采取因果革命的新思维、新路径、新方法与新技术。正如本书在第三章中所阐述的：如何从截面观测数据中进行因果效应探讨，接下来需要进一步采取“Do 演算”（Do-Caculus）、“反事实算法”（Counterfactual Algorithm）等“因果革命”（Causal Revolution）新方法进行相应演算与验证，[①] 以求更精确地探讨资产建设对儿童发展的具体效应。

另一个更深层次的基础问题是资产效应理论与资产建设效应理论的划界问题。正如本书在第二章所阐明的那样：作为静态结果的资产本身与作为活动、行为、过程的资产建设之间存在明显的差别，资产效应并不等于资产建设效应，二者在理论逻辑与经验现实中都应有所区分。然而，谢若登所提出的资产效应理论倾向于模糊二者的区别，而不是明确区分二者的不同，在很大程度上其把资产建设效应包括在资产效应之内，但这样做实际上严重忽略了资产建设行为与过程相对于拥有资产本身所具有的能动效用。事实上，应从理论与经验上澄清二者之间的差异，这对于进一步完善资产为本的福利政策理论基础是非常重要的，对于构建更为有效可行的儿童发展账户政策运行机制也至关重要。然而目前学界对于明确区分资产效应理论与资产建设效应理论还没有给予重视，相关的实证研究更是付诸阙如。本研究首次明确提出资产效应与资产建设效应是虽有关联但本质不同的两种效应，应把资产建设效应理论从资产效应理论中区分出来，并基于本土化数据——在具体探讨了我国家庭资产建设对儿童发展主要维度的效应及其影响路径之后——着重对资产效应理论与资产建设效应理论进行了实证检验，初步验证了区分资

① Judea Pearl & Dana Mackenzie. *The Book of Why: The New Science of Cause and Effect* (New York: Basic Books, 2018).

产效应理论与资产建设效应理论的有效性，以期为资产建设福利政策提供更为坚实与直接的理论基础。然而，这一研究是初步的，对资产效应理论与资产建设效应理论的验证及其对儿童发展因果效应的探讨，应拓展到更为丰富的经验数据中展开，以求多方对比交叉验证，在不断检验资产为本的福利政策范式的理论基础时，进一步完善所构建的三层嵌套多元整合型儿童发展账户政策机制。这些构成了本研究未来进一步深入研究的前进方向。

参考文献

一　中文文献

阿比吉特·班纳吉、埃斯特·迪弗洛：《贫穷的本质：我们为什么摆脱不了贫穷》，景芳译，中信出版社，2018。

艾斯平-安德森：《福利资本主义的三个世界》，郑秉文译，法律出版社，2003。

蔡真、池浩珲：《新加坡中央公积金制度何以成功——兼论中国住房公积金制度的困境》，《金融评论》2021年第2期，第108~122、126页。

陈斌开、李涛：《中国城镇居民家庭资产——负债现状与成因研究》，《经济研究》2011年第1期，第55~66页。

成福蕊、卢玉志、曾玉玲：《英国儿童信托基金的发展历程与政策启示》，《金融理论与实践》2012年第2期，第83~87页。

程英：《福州市农村家庭教育的现状调查》，《闽江学院学报》2008年第4期，第54~58页。

仇雨临、郝佳：《中国儿童福利的现状分析与对策思考》，《中国青年研究》2009年第2期，第26~30、46页。

邓锁：《贫困代际传递与儿童发展政策的干预可行性研究——基于陕西

省白水县的实证调研数据》，《浙江工商大学学报》2016年第2期，第118~128页。

邓锁：《社会服务递送的网络逻辑与组织实践——基于美国社会组织的个案研究》，《社会科学》2014年第6期，第84~92页。

邓锁：《社会投资与儿童福利政策的转型：资产建设的视角》，《浙江工商大学学报》2015年第6期，第111~116页。

邓锁：《生命历程视域下的贫困风险与资产建设》，《社会科学》2020年第11期，第83~91页。

邓锁：《资产建设与儿童福利：兼论儿童发展账户在中国的可行性》，《中国社会工作研究》2012年第1期，第115~131页。

邓锁：《资产建设与跨代干预：以"儿童发展账户"项目为例》，《社会建设》2018年第6期，第24~35页。

邓锁、迈克尔·谢若登、邹莉、王思斌、古学斌主编：《资产建设：亚洲的策略与创新》，北京大学出版社，2014。

邓锁、吴玉玲：《社会保护与儿童优先的可持续反贫困路径分析》，《浙江工商大学学报》2020年第6期，第138~148页。

董小苹：《儿童发展指标体系建构的理论基础》，《当代青年研究》2010年第11期，第26~30页。

方舒、苏苗苗：《家庭资产建设对儿童学业表现的影响——基于CFPS 2016数据的实证分析》，《社会学评论》2019年第2期，第42~54页。

方舒、苏苗苗：《家庭资产建设与儿童福利发展：研究回顾与本土启示》，《华东理工大学学报》（社会科学版）2019年第2期，第28~35页。

菲利普·范·帕雷斯、杨尼克·范德波特：《基本收入——建设自由社会与健全经济的激进提议》，许瑞宋译，台湾：卫城出版社，2017。

冯芙蓉、张丹：《“二孩时代”西安市家庭教育投资问题探析》，《教育现代化》2017年第7期，第161~162、165页。

弗兰茨-克萨韦尔·考夫曼：《社会福利国家面临的挑战》，王学东译，商务印书馆，2004。

高功敬：《城市贫困家庭可持续生计——发展型社会政策视角》，社会科学文献出版社，2018。

高功敬：《国家福利功能的正当性》，社会科学文献出版社，2018。

龚婧、卢正天、孟静怡：《父母期望越高，子女成绩越好吗——基于CFPS（2016）数据的实证分析》，《上海教育科研》2018年第11期，第11~16页。

关信平：《论我国新时代积极稳妥的社会政策方向》，《社会学研究》2019年第4期，第31~38、242页。

关信平：《我国社会政策70年发展历程及当代主要议题》，《社会治理》2019年第2期，第24~25页。

桂林翠、卢艳：《新加坡生育政策从抑制到鼓励的演变及对我国的启示》，《中国物价》2022年第10期，第124~128页。

桂寿平、吴冬玲：《基于Anylogic的五阶供应链仿真建模与分析》，《改革与战略》2009年第1期，第159~162页。

郭海湘、曾杨、陈卫明：《基于社会力模型的多出口室内应急疏散仿真研究》，《系统仿真学报》2021年第3期，第721~731页。

郭筱琳、周寰、窦刚、刘春晖、罗良：《父母教育卷入与小学生学业成绩的关系——教育期望和学业自我效能感的共同调节作用》，《北京师范大学学报》（社会科学版）2017年第2期，第45~53页。

何芳：《儿童发展账户：新加坡、英国与韩国的实践与经验——兼谈对我国教育扶贫政策转型的启示》，《比较教育研究》2020年第10期，第26~33页。

何文炯、王中汉、施依莹，《儿童津贴制度：政策反思、制度设计与成本分析》，《社会保障研究》2021年第1期，第62~73页。

何振锋：《资产建设理论形成、实践及启示》，《社会福利》（理论版）2019年第9期，第3~7页。

何振锋：《资产型社会救助供给方式研究》，《宁夏社会科学》2022年第4期，第157~165页。

洪大用：《协同推进国家治理与贫困治理》，《领导科学》2017年第30期，第20页。

侯莉敏：《论儿童发展的基本特征及教育影响》，《教育导刊》（下半月）2010年第1期，第17~19页。

胡咏梅、杨素红：《学生学业成绩与教育期望关系研究——基于西部五省区农村小学的实证分析》，《天中学刊》2010年第6期，第125~129页。

黄进、邹莉、周玲：《以资产建设为平台整合社会服务：美国儿童发展账户的经验》，《社会建设》2021年第2期，第54~63页。

江波、沈倩倩：《同伴依恋对流动儿童学校适应的影响机制》，《苏州大学学报》（教育科学版）2019年第3期，第102~111页。

金炳彻：《基本收入的学理构思与模型研究》，《社会保障评论》2017年第2期，第30~39、87页。

考斯塔·艾斯平-安德森：《福利资本主义的三个世界》，郑秉文译，法律出版社，2003。

李芳、龚洁、孙惠玲、李卫平、万俊、周敦金：《父母对青少年吸烟行为的影响》，《中国学校卫生》2011年第6期，第738~740页。

李家成、王娟、陈忠贤、印婷婷、陈静：《可怜天下父母心——进城务工随迁子女家长教育理解、教育期待与教育参与的调查报告》，《教育科学研究》2015年第1期，第5~18页。

李梦竹：《家庭经济地位与教育期望之间关系的实证研究》，《长安大学学报》（社会科学版）2017年第6期，第103~110页。

李旻、赵连阁、谭洪波：《农村地区家庭教育投资的影响因素分析——以河北省承德市为例》，《农业技术经济》2006年第5期，第73~78页。

李强：《同伴效应对农村义务教育儿童辍学的影响》，《教育与经济》2019年第4期，第36~44页。

李庆丰：《中国农村家庭义务教育现状调查与分析》，《西南师范大学学报》（人文社会科学版）2001年第6期，第66~73页。

李旭、李志、李霞：《家庭亲密关系影响留守儿童心理弹性的中介效应》，《中国健康心理学杂志》2021年第3期，第387~391页。

李忠路、邱泽奇：《家庭背景如何影响儿童学业成就？——义务教育阶段家庭社会经济地位影响差异分析》，《社会学研究》2016年第4期，第121~144、244~245页。

刘保中：《"鸿沟"与"鄙视链"：家庭教育投入的阶层差异——基于北上广特大城市的实证分析》，《北京工业大学学报》（社会科学版）2018年第2期，第8~16页。

刘保中：《"扩大中的鸿沟"：中国家庭子女教育投资状况与群体差异比较》，《北京工业大学学报》（社会科学版）2020年第2期，第16~24页。

刘保中：《我国城乡家庭教育投入状况的比较研究——基于CFPS 2014数据的实证分析》，《中国青年研究》2017年第12期，第45~52页。

刘保中、张月云、李建新：《家庭社会经济地位与青少年教育期望：父母参与的中介作用》，《北京大学教育评论》2015年第3期，第158~176、192页。

刘保中、张月云、李建新：《社会经济地位、文化观念与家庭教育期望》，《青年研究》2014年第6期，第46~55、92页。

刘广增、张大均、朱政光、李佳佳、陈旭：《家庭社会经济地位对青少年问题行为的影响：父母情感温暖和公正世界信念的链式中介作用》，《心理发展与教育》2020年第2期，第240~248页。

刘桂荣、滕秀芹：《父母参与对流动儿童学业成绩的影响：自主性动机的中介作用》，《心理学探新》2016年第5期，第433~438页。

刘宏、赵阳、明瀚翔：《社区城市化水平对居民收入增长的影响——基于1989—2009年微观数据的实证分析》，《经济社会体制比较》2013年第6期，第60~70页。

刘继同：《当代中国的儿童福利政策框架与儿童福利服务体系》（上），《青少年犯罪问题》2008年第5期，第13~21页。

刘继同：《改革开放30年来中国儿童福利研究历史回顾与研究模式战略转型》，《青少年犯罪问题》2012年第1期，第31~38页。

刘继同：《中国社会结构转型、家庭结构功能变迁与儿童福利政策议题》，《青少年犯罪问题》2007年第6期，第9~13页。

刘延东、黄高翔、陈文：《基于增强心理行为异质性的改进社会力模型》，《系统仿真学报》2023年第5期，第1~10页。

刘志侃、程利娜：《家庭经济地位、领悟社会支持对主观幸福感的影响》，《统计与决策》2019年第17期，第96~100页。

卢伟、褚宏启：《基于结构方程模型的随迁子女学业成绩影响因素研究：起点、条件、过程、结果的全纳视角》，《教育研究与实验》2019年第2期，第59~67页。

陆士桢、徐选国：《适度普惠视阈下我国儿童社会福利体系构建及其实施路径》，《社会工作》2012年第11期，第4~10页。

马皓苓：《家庭环境对青少年偏差行为的影响》，《青岛职业技术学院学报》2022年第1期，第58~63页。

马克·施赖纳、迈克尔·谢若登：《穷人能攒钱吗：个人发展账户中的储蓄与资产建设》，孙艳艳译，商务印书馆，2017。

迈克尔·史乐山、邹莉：《个人发展账户——“美国梦”示范工程》，《江苏社会科学》2005年第2期，第201~205页。

迈克尔·谢若登：《美国及世界各地的资产建设》，《山东大学学报》（哲学社会科学版）2005年第1期，第23~29页。

迈克尔·谢若登：《资产与穷人——一项新的美国福利政策》，高鉴国译，商务印书馆，2005。

满小欧、王作宝：《从“传统福利”到“积极福利”：我国困境儿童家庭支持福利体系构建研究》，《东北大学学报》（社会科学版）2016年第2期，第173~178页。

Martha，G. Roberts、杨国安：《可持续发展研究方法国际进展——脆弱性分析方法与可持续生计方法比较》，《地理科学进展》2003年第1期，第11~21页。

尼尔·吉尔伯特：《社会福利的目标定位——全球发展趋势与展望》，郑秉文译，中国劳动社会保障出版社，2004。

彭华民、顾金土：《论福利国家研究中的比较研究方法》，《东岳论丛》2009年第1期，第63~70页。

亓迪：《促进儿童发展：福利政策与服务模式》，社会科学文献出版社，2018。

亓迪、沈佳飞：《近十年国内外儿童发展研究综述——基于CiteSpace的可视化分析》，《社会工作与管理》2020年第6期，第39~49页。

亓迪、张晓芸：《儿童发展账户对儿童发展影响效果的系统评价研究》，《人口与社会》2020年第2期，第56~65页。

钱宁：《资产建设理论与中国的反贫困》，《社会建设》2019年第2期，第 7~11 页。

钱宁、陈立周：《当代发展型社会政策研究的新进展及其理论贡献》，《湖南师范大学社会科学学报》2011 年第 4 期，第 85~89 页。

钱宁、王肖静：《福利国家社会政策范式转变及其对我国社会福利发展的启示》，《社会建设》2020 年第 3 期，第 37~48 页。

乔娜、张景焕、刘桂荣、林崇德：《家庭社会经济地位、父母参与对初中生学业成绩的影响：教师支持的调节作用》，《心理发展与教育》2013 年第 5 期，第 507~514 页。

屈智勇、郭帅、张维军、李梦园、袁嘉祺、王晓华：《实施科学对我国心理健康服务体系建设的启示》，《北京师范大学学报》（社会科学版）2017 年第 2 期，第 29~36 页。

任登峰、张淑婷：《特殊学生家长对子女心理健康期望的研究》，《毕节学院学报》2013 年第 10 期，第 81~92 页。

任晓玲、严仲连：《家庭教育投入对农村学前期儿童发展的影响》，《教育理论与实践》2020 年第 5 期，第 15~18 页。

桑德拉·贝福利、玛格丽特·科蓝西、迈克尔·史乐山、郭葆荣、黄进、邹莉：《普适性的儿童发展账户：美国 SEEDOK 政策实验的早期研究经验》，《浙江工商大学学报》2015 年第 6 期，第 119~126 页。

沈调英、戴兴康、陈正平：《高考学生焦虑情绪特征及相关因素分析》，《浙江预防医学》2008 年第 8 期，第 16~17 页。

石雷山、陈英敏、侯秀、高峰强：《家庭社会经济地位与学习投入的关系：学业自我效能的中介作用》，《心理发展与教育》2013 年第 1 期，第 71~78 页。

苏昕、赵琨：《发展性福利视域下中国贫困的可持续治理》，《山西大学学报》（哲学社会科学版）2019 年第 6 期，第 73~79 页。

孙宏艳、杨守建、赵霞、陈卫东、王丽霞、朱松、郭开元、郗杰英、孙云晓:《关于未成年人网络成瘾状况及对策的调查研究》,《中国青年研究》2010年第6期,第5~29页。

唐钧:《“资产”建设与社保制度改革》,《中国社会保障》2005年第4期,第26~28页。

田微微、杨晨晨、孙丽萍、边玉芳:《父母冲突对初中生外显问题行为的影响:亲子关系和友谊质量的作用》,《中国临床心理学杂志》2018年第3期,第532~537页。

王甫勤、时怡雯:《家庭背景、教育期望与大学教育获得基于上海市调查数据的实证研究》,《社会》2014年第1期,第175~195页。

王丽:《中小学生焦虑状况与父母期望的调查与分析》,《中国健康心理学杂志》2010年第4期,第437~440页。

王丽华、肖泽萍:《精神卫生服务的国际发展趋势及中国探索:专科医院-社区一体化、以复元为目标、重视家庭参与》,《中国卫生资源》2019年第4期,第315~320、325页。

王丽丽:《家庭因素对中学生考试焦虑的影响》,《淮阴师范学院学报》(自然科学版)2021年第4期,第344~346页。

王思斌:《我国适度普惠型社会福利制度的建构》,《北京大学学报》(哲学社会科学版)2009年第3期,第58~65页。

王雪梅:《儿童福利论》,社会科学文献出版社,2014。

王毅杰、黄是知:《异地中考政策、父母教育参与和随迁子女教育期望》,《社会科学》2019年第7期,第67~80页。

王振耀、尚晓援、高华俊:《让儿童优先成为国家战略》,《社会福利》(理论版)2013年第4期,第9~12页。

魏爱棠、吴宝红:《集体为本:失地老人的资产建设和福利生产——以闽南M社老人俱乐部实践为例》,《中国行政管理》2019年第2

期，第 66~71 页。

魏勇、马欣：《中学生自我教育期望的影响因素研究——基于 CEPS 的实证分析》，《教育学术月刊》2017 年第 10 期，第 69~78 页。

吴世友、朱眉华、苑玮烨：《资产为本的干预项目与社会工作实务研究设计——基于上海市 G 机构的一项扶贫项目的试验性研究》，《社会建设》2016 年第 3 期，第 48~57 页。

吴莹：《从"去家庭化"到"再家庭化"：对困境儿童福利政策的反思》，《社会建设》2023 年第 1 期，第 29~41、56 页。

吴玉玲、邓锁、王思斌：《人口转变与国家-家庭关系重构：英美儿童福利政策的转型及其启示》，《江苏社会科学》2020 年第 5 期，第 53~63 页。

吴愈晓、黄超：《基础教育中的学校阶层分割与学生教育期望》，《中国社会科学》2016 年第 4 期，第 111~134、207~208 页。

吴愈晓、王鹏、杜思佳：《变迁中的中国家庭结构与青少年发展》，《中国社会科学》2018 年第 2 期，第 98~120 页。

吴子明：《从儿童保护到投资儿童：中国台湾地区儿童福利体系转型研究》，《社会政策研究》2021 年第 1 期，第 53~56 页。

谢琼：《中国儿童福利服务的政社合作：实践、反思与重构》，《社会保障评论》2020 年第 2 期，第 87~100 页。

熊金才：《儿童救助与福利》，中国政法大学出版社，2014。

徐建中：《中国未来儿童福利体系展望》，《社会福利》2015 年第 2 期，第 13~15 页。

徐晓新、张秀兰：《将家庭视角纳入公共政策——基于流动儿童义务教育政策演进的分析》，《中国社会科学》2016 年第 6 期，第 151~169、207 页。

徐艳晴：《艾斯平-安德森的社会福利方法论》，《苏州大学学报》（哲学社会科学版）2011 年第 4 期，第 83~88 页。

徐勇、陈军亚：《国家善治能力：消除贫困的社会工程何以成功》，《中国社会科学》2022 年第 6 期，第 106~121、206~207 页。

许小玲：《资产建设与中国福利发展的历史审视与前瞻》，《南通大学学报》（社会科学版）2012 年第 5 期，第 45~50 页。

杨团：《社会政策研究中的学术焦点》，《探索与争鸣》2007 年第 11 期，第 28~32 页。

杨团：《资产社会政策——对社会政策范式的一场革命》，《中国社会保障》2005 年第 3 期，第 28~30 页。

杨中超：《家庭背景与学生发展：父母参与和自我教育期望的中介作用》，《教育经济评论》2018 年第 3 期，第 61~82 页。

英震、郭桂英：《教育储蓄的国际比较——以美国“Coverdell 教育储蓄”和加拿大“注册教育储蓄计划”为例》，《扬州大学学报》（高教研究版）2010 年第 1 期，第 7~8 页。

俞家庆：《要研究引导社会教育期望》，《教育研究》2000 年第 4 期，第 5~6 页。

袁小平：《资产建设理论的应用研究：理论评析与分析框架建构》，《福建论坛》（人文社会科学版）2022 年第 9 期，第 177~188 页。

约翰·罗尔斯：《正义论》，何怀宏、何包钢、廖申白译，中国社会科学出版社，2009。

约翰·罗尔斯：《作为公平的正义：正义新论》，姚大志译，上海三联书店，2002。

湛江：《香港强积金制度对内地的启示》，《南方金融》2015 年第 8 期，第 65~70 页。

张和清：《社区文化资产建设与乡村减贫行动研究——以湖南少数民族 D 村社会工作项目为例》，《思想战线》2021 年第 2 期，第 21~

29 页。

张佳华：《论社会政策中的“普惠”理念及其实践——以我国适度普惠型儿童福利制度建设为例》，《青年学报》2017 年第 1 期，第 85~89 页。

张佳媛、秦仕达、周郁秋：《青少年心理健康素养研究进展》，《中国健康心理学杂志》2022 年第 9 期，第 1412~1418 页。

张晋、刘云艳、胡天强：《家长参与和学前儿童发展关系的元分析》，《学前教育研究》2019 年第 8 期，第 35~51 页。

张秀兰、胡晓江、屈智勇：《关于教育决策机制与决策模式的思考——基于三十年教育发展与政策的回顾》，《清华大学学报》（哲学社会科学版）2009 年第 5 期，第 138~158、160 页。

张月云、谢宇：《低生育率背景下儿童的兄弟姐妹数、教育资源获得与学业成绩》，《人口研究》2015 年第 4 期，第 19~34 页。

郑功成：《中国社会福利改革与发展战略：从照顾弱者到普惠全民》，《中国人民大学学报》2011 年第 2 期，第 47~60 页。

郑丽珍：《“台北市家庭发展账户”方案的发展与储蓄成效》，《江苏社会科学》2005 年第 2 期，第 212~216 页。

郑林如：《贫困家庭儿童福利政策的发展与演进逻辑》，《山东社会科学》2022 年第 4 期，第 184~192 页。

钟仁耀：《社会救助与社会福利》，上海财经大学出版社，2013。

钟永光：《系统动力学》，科学出版社，2010。

周飞舟：《从脱贫攻坚到乡村振兴：迈向“家国一体”的国家与农民关系》，《社会学研究》2021 年第 6 期，第 1~22、226 页。

周菲、程天君：《中学生教育期望的性别差异——父母教育卷入的影响效应分析》，《教育研究与实验》2016 年第 6 期，第 7~16 页。

朱若晗、蔡鑫：《儿童发展账户：打破贫困代际传递的“金”能量》，

《中国社会工作》2019年第31期，第18~19页。

朱晓文、韩红、成昱萱：《青少年教育期望的阶层差异——基于家庭资本投入的微观机制研究》，《西安交通大学学报》（社会科学版）2019年第4期，第102~113页。

朱晓、曾育彪：《资产社会政策在中国实验的启示——以一项针对北京外来务工子女的资产建设项目为例》，《社会建设》2016年第6期，第18~26页。

朱旭东：《加强对中国儿童发展规律及其教育的研究》，《人民教育》2019年第23期，第30~34页。

朱旭东、李秀云：《论儿童全面发展概念的多学科内涵建构》，《华东师范大学学报》（教育科学版）2022年第2期，第1~16页。

朱亚鹏、李斯旸：《“资产为本”的社区建设与社区治理创新——以S社区建设为例》，《治理研究》2022年第2期，第85~97、127页。

邹莉：《资产建设政策重视儿童福利》，《浙江工商大学学报》2015年第6期，第116~118页。

二　英文文献

Alexander, K. L. & Eckland, B. K. “Sex Differences in the Educational Attainment Process.” *American Sociological Review* (1974)5: 668-682.

Ansong, D., Okumu, M., Hamilton, E. R., Chowa, G. A. & Eisensmith, S. R. “Perceived Family Economic Hardship and Student Engagement among Junior High Schoolers in Ghana.” *Children and Youth Services Review* (2018)85: 9-18.

Ansong, D., Okumu, M., Kim, Y. K., Despard, M., Darfo-Oduro, R. & Small, E. “Effects of Education Savings Accounts on Student Engagement: Instrumental Variable Analysis.” *Global Social Welfare* (2020)2: 109-120.

Ansong, D. , Chowa, G. , Masa, R. , et al. "Effects of Youth Savings Accounts on School Attendance and Academic Performance: Evidence from a Youth Savings Experiment. " *Journal of Family and Economic Issues* (2019) 2: 269-281.

Asante-Muhammed, D. , Collins, C. , Hoxie, J. , et al. *The Ever-growing Gap: Without Change, African-American and Latino Families Won't Match White Wealth for Centuries*(CFED & Institute for Policy Studies, 2016).

Barr, M. S. & Sherraden, M. "Institutions and Inclusion in Saving Policy. " *Law & Economics Working Papers Archive: 2003-2009* (University of Michigan Law School, 2005).

Beer, A. , Ajinkya, J. & Rist, C. "Better Together: Policies that Link Children's Savings Accounts with Access Initiatives to Pave the Way to College. " Institute for Higher Education Policy, 2017.

Beverly, S. , Huang, J. , Clancy, M. M. , et al. "Policy Design for Child Development Accounts: Parents' Perceptions. " (CSD Research Brief No. 22-03, 2022). St. Louis: Washington University Center for Social Development.

Beverly, S. G. , Elliott, W. & Sherraden, M. "Child Development Accounts and College Success: Accounts, Assets, Expectations, and Achievements. " (CSD Perspective 13-27, 2013). St. Louis: Washington University Center for Social Development.

Birnbaum, Simon. *Basic Income Reconsidered: Social Justice, Liberalism, and the Demands of Equality* (New York).

Blumenthal, A. & Shanks, T. R. "Communication Matters: A Long-term Follow-up Study of Child Savings Account Program Participation. " *Children and Youth Services Review* (2019) 100: 136-146.

Bodsworth, E. "Many Faces of Saving: The Social Dimensions of Saver Plus." (Research & Policy Centre). Brotherhood of St Laurence, 2011.

Boyle, M. H. "Home Ownership and the Emotional and Behavioral Problems of Children and Youth." *Child Development* (2002)3: 883-892.

Cairney, J. "Housing Tenure and Psychological Well-being during Adolescence." *Environment and Behavior* (2005)4: 552-564.

Chan, K. L., Lo, C. K. M., Ho, F. K. W., et al. "The Longer-term Psychosocial Development of Adolescents: Child Development Accounts and the Role of Mentoring." *Frontiers in Pediatrics* (2018)6: 147.

Cheng, L. C. "Policy Innovation and Policy Realisation: The Example of Children Future Education and Development Accounts in Taiwan." *Asia Pacific Journal of Social Work and Development* (2019)1: 48-58.

Clancy, M., Beverly, S. G. & Schreiner, M. (2021). "Financial Outcomes in a Child Development Account Experiment: Full Inclusion, Success Regardless of Race or Income, and Investment Growth for All." (CSD Research Summary 21-06, 2021). St. Louis: Washington University Center for Social Development.

Clancy, M. M., Beverly, S. G., Schreiner, M., et al. "Financial Facts: SEED OK Child Development Accounts at Age 14." (CSD Fact Sheet 22-20, 2022). St. Louis: Washington University Center for Social Development.

Clancy, M. M., Beverly, S. G., Sherraden, M., et al. "Testing Universal Child Development Accounts: Financial Effects in a Large Social Experiment." *Social Service Review* (2016)4: 683-708.

Clancy, M. M., Sherraden, M. & Beverly, S. G. "College Savings Plans: A Platform for Inclusive and Progressive Child Development Accounts." (CSD Policy Brief 15-07, 2015). St. Louis: Washington University Center for

Social Development.

Clancy, M. M. , Sherraden, M. & Beverly, S. G. "SEED for Oklahoma Kids Wave 3: Extending Rigorous Research and a Successful Policy Model. " (CSD Policy Brief 19-06, 2019). St. Louis: Washington University Center for Social Development.

Coleman, J. S. "Equality of Educational Opportunity. " *Integrated Education* (1968)5: 19-28.

Coleman, J. S. "Social Capital in the Creation of Human Capital. " *American Journal of Sociology* (1988)94: 95-120.

Conger, R. D. & Donnellan, M. B. "An Interactionist Perspective on the Socioeconomic Context of Human Development. " *Social Science Electronic Publishing* (2007)1: 175-199.

Copeland-Linder, N. , Lambert, S. F. & Lalongo, N. S. "Community Violence Protective Factors and Adolescent Mental Health: A Profile Analysis. " *Journal of Clinical Child and Adolescent Psychology* (2010)2: 176-186.

Copur, Z. & Gutter, M. S. "Economic, Sociological, and Psychological Factors of the Saving Behavior: Turkey Case. " *Journal of Family and Economic Issues* (2019)2: 305-322.

Cramer, R. & Shanks, T. *The Assets Perspective: The Rise of Asset Building and Its Impact on Social Policy* (Springer, 2014).

Crosnoe, R. "Friendships in Childhood and Adolescence: The Life Course and New Directions. " *Social Psychology Quarterly* (2000)4: 377-391.

Curley, J. , Ssewamala, F. & Han, C. K. "Assets and Educational Outcomes: Child Development Accounts (CDAs) for Orphaned Children in Uganda. " *Children and Youth Services Review* (2010)11: 1585-1590.

Curley, J. , Ssewamala, F. M. , Nabunya, P. , et al. "Child Development Accounts (CDAs): An Asset - building Strategy to Empower Girls in Uganda." *International Social Work* (2016)1: 18-31.

Dan, W. "Parental Influence on Chinese Students' Achievement: A Social Capital Perspective." *Asia Pacific Journal of Education* (2012)2: 153-166.

Darcy, H. "Parental Investment in Childhood and Educational Qualifications: Can Greater Parental Involvement Mediate the Effects of Socioeconomic Disadvantage?" *Social Science Research* (2007)4: 1371-1390.

Daspe, M. V., Arbel, R., Ramos, M. C., et al. "Deviant Peers and Adolescent Risky Behaviors: The Protective Effect of Nonverbal Display of Parental Warmth." *Journal of Research on Adolescence* (2018)4: 863-878.

Davis-Kean, P. E. "The Influence of Parent Education and Family Income on Child Achievement: The Indirect Role of Parental Expectations and the Home Environment." *Journal of Family Psychology* (2005)2: 294.

Demanet, J. & Van Houtte, M. "Social-ethnic School Composition and Disengagement: An Inquiry into the Perceived Control Explanation." *The Social Science Journal* (2014)4: 659-675.

Edmund, Phelps. *What's Wrong with a Free Lunch?* (Beacon Press, 2001).

Elliot, W. & Beverly, S. G. "The Role of Savings and Wealth in Reducing 'Wilt' Between Expectations and College Attendance." *Journal of Children and Poverty* (2011)2: 165-185.

Elliot, W., Jung, H. & Friedline, T. "Math Achievement and Children's Savings: Implications for Child Development Accounts." *Journal of Family and Economic Issues* (2010)2: 171-184.

Elliott, W. & Beverly, S. "Staying on Course: The Effects of Savings and Assets on the College Progress of Young Adults." *American Journal of Education* (2011)3: 343-374.

Elliott, W. " Small - dollar Children's Savings Accounts and College Outcomes. " (CSD Working Paper No. 13-05, 2013). St. Louis: Washington University Center for Social Development.

Elliott, W. , Constance-Huggins, M. & Song, H. A. "Improving College Progress among Low-to Moderate-income (LMI) Young Adults: The Role of Assets. " *Journal of Family and Economic Issues* (2013)4: 382-399.

Elliott, W. , Jung, H. & Friedline, T. "Math Achievement and Children's Savings: Implications for Child Development Accounts. " *Journal of Family and Economic Issues* (2010)2: 171-184.

Elliott, W. , Song, H. A. & Nam, I. "Small-dollar Accounts, Children's College Outcomes, and Wilt. " *Children and Youth Services Review* (2013) 3: 535-547.

Emmerson, C. & Wakefield, M. "The Saving Gateway and the Child Trust Fund: Is Asset-based Welfare ' Well Fair' ?" Institute for Fiscal Studies 7 Ridgmount Street London WC1E 7AE, 2001.

Fang, S. , Huang, J. , Curley, J. , et al. "Family Assets, Parental Expectations, and Children Educational Performance: An Empirical Examination from China. " *Children and Youth Services Review* (2018)87: 60-68.

Feliciano, C. "Beyond the Family: The Influence of Premigration Group Status on the Educational Expectations of Immigrants Children. " *Sociology of Education* (2006)4: 281-303.

Fleury, S. & Martineau, P. *Registered Education Savings Plans: Then and Now* (Library of Parliament= Bibliothèque du Parlement, 2016).

Ford, R. & Kwakye, I. *Future to Discover: Sixth Year Post-secondary Impacts Report* (Ottawa, Canada: Social Research and Demonstration Corporation, 2016).

Frenette, M. "Which Families Invest in Registered Education Savings Plans and Does It Matter for Postsecondary Enrolment?" Analytical Studies Branch Research Paper Series 2017392e, Statistics Canada, Analytical Studies Branch, 2017.

Frenette, M. *Investments in Registered Education Savings Plans and Postsecondary Attendance*(Statistics Canada: Economic Insights, 2017).

Garg, R., Melanson, S. & Levin, E. "Educational Aspirations of Male and Female Adolescents from Single-parent and Two Biological Parent Families: A Comparison of Influential Factors." *Journal of Youth and Adolescence* (2007)8: 1010-1023.

Gibbons, N., Harrison, E. & Stallard, P. "Assessing Recovery in Treatment as Usual Provided by Community Child and Adolescent Mental Health Services." *British Journal Psychology* (2021)3: 87.

Goyette, K. & Xie, Y. "Educational Expectations of Asian American Youths: Determinants and Ethnic Differences." *Sociology of Education* (1999) 22-36.

Gray, K., Clancy, M., Sherraden, M. S. et al. "Interviews with Mothers of Young Children in the SEED for Oklahoma Kids College Savings Experiment." (CSD Research Report No. 12-53, 2012). St. Louis: Washington University Center for Social Development.

Gregory, L. "An Opportunity Lost? Exploring the Benefits of the Child Trust Fund on Youth Transitions to Adulthood." *Youth and Policy* (2011)106: 78-94.

Grinstein-Weiss, M., Kondratjeva, O., Roll, S. P., et al. "The Saving for Every Child Program in Israel: An Overview of a Universal Asset-building Policy." *Asia Pacific Journal of Social Work and Development* (2019) 1:

20-33.

Grinstein-Weiss, M. , Pinto, O. , Kondratjeva, O. , et al. "Enrollment and Participation in a Universal Child Savings Program: Evidence from the Rollout of Israel's National Program. " *Children and Youth Services Review* (2019) 101: 225-238.

Grinstein-Weiss, M. , Williams Shanks, T. R. & Beverly, S. G. "Family Assets and Child Outcomes: Evidence and Directions. " *The Future of Children* (2014) 1: 147-170.

Guo, B. , Huang, J. & Sherraden, M. "Dual Incentives and Dual Asset Building: Policy Implications of the Hutubi Rural Social Security Loan Programme in China. " *Journal of Social Policy* (2008) 3: 453-470.

Hall, A. & Midgley, J. *Social Policy for Development* (London: Sage, 2004).

Han, C. K. & Sherraden, M. "Do Institutions Really Matter for Saving among Low-income Households? A Comparative Approach. " *The Journal of Socio-Economics* (2009) 3: 475-483.

Han, C. K. "A Qualitative Study on Participants' Perceptions of Child Development Accounts in Korea. " *Asia Pacific Journal of Social Work and Development* (2019) 1: 70-81.

Hanson, S. L. "Lost Talent: Unrealized Educational Aspirations and Expectations among US Youths. " *Sociology of Education* (1994): 159-183.

Hao, L. & Bonstead-Bruns, M. "Parent-child Differences in Educational Expectations and the Academic Achievement of Immigrant and Native Students. " *Sociology of Education* (1998): 175-198.

Haveman, R. & Wolfe, B. "Succeeding Generations: On the Effects of Investments in Children. " New York Russell Sage Foundation, 1994.

Haveman, R. & Wolfe, B. "The Determinants of Children's Attainments: A

Review of Methods and Findings." *Journal of Economic Literature* (1995) 4: 1829–1878.

Hill, N. E. & Tyson, D. F. "Parental Involvement in Middle School: A Meta-analytic Assessment of the Strategies that Promote Achievement." *Developmental Psychology* (2009) 3: 740–763.

Huang, J., Beverly, S. G., Kim, Y., et al. "Exploring a Model for Integrating Child Development Accounts with Social Services for Vulnerable Families." *Journal of Consumer Affairs* (2019) 3: 770–795.

Huang, J., Kim, Y. & Sherraden, M. "Material Hardship and Children's Social-emotional Development: Testing Mitigating Effects of Child Development Accounts in a Randomized Experiment." *Child: Care, Health and Development* (2017) 1: 89–96.

Huang, J., Kim, Y., Sherraden, M., et al. "Unmarried Mothers and Children's Social-emotional Development: The Role of Child Development Accounts." *Journal of Child and Family Studies* (2017) 1: 234–247.

Huang, J., Nam, Y. & Sherraden, M. M. "Financial Knowledge and Child Development Account Policy: A Test of Financial Capability." *Journal of Consumer Affairs* (2012) 1: 1–26.

Huang, J., Nam, Y., Sherraden, M., et al. "Impacts of Child Development Accounts on Parenting Practices: Evidence from a Randomised Statewide Experiment." *Asia Pacific Journal of Social Work and Development* (2019) 1: 34–47.

Huang, J., Sherraden, M. & Purnell, J. Q. "Impacts of Child Development Accounts on Maternal Depressive Symptoms: Evidence from a Randomized Statewide Policy Experiment." *Social Science & Medicine* (2014) 112: 30–38.

Huang, J. , Sherraden, M. , Clancy, M. M. , et al. "Asset Building and Child Development: A Policy Model for Inclusive Child Development Accounts." *RSF: The Russell Sage Foundation Journal of the Social Sciences* (2021)3: 176-195.

Huang, J. , Sherraden, M. , Clancy, M. M. , et al. "Asset Building and Child Development: A Policy Model for Inclusive Child Development Accounts." *RSF: The Russell Sage Foundation Journal of the Social Sciences* (2021)3: 176-195.

Huang, J. , Sherraden, M. , Kim, Y. & Clancy, M. "Effects of Child Development Accounts on Early Social-emotional Development: An Experimental Test." *JAMA Pediatrics* (2014)3: 265-271.

Huang, J. , Sherraden, M. , Kim, Y. , et al. "Effects of Child Development Accounts on Early Social-emotional Development: An Experimental Test." *JAMA Pediatrics* (2014)3: 265-271.

Huang, J. , Sherraden, M. S. , Clancy, M. M. , et al. "Policy Recommendations for Meeting the Grand Challenge to Build Financial Capability and Assets for All." (GCSW Policy Brief No. 11, 2017). American Academy of Social Work and Social Welfare.

Huang, J. , Sherraden, M. S. , Sherraden, M. , et al. "Experimental Effects of Child Development Accounts on Financial Capability of Young Mothers." *Journal of Family and Economic Issues* (2022)1: 36-50.

Jarrow, R. A. . *Continuous-time Asset Pricing Theory* (Cham: Springer International Publishing, 2018).

Judea Pearl & Dana Mackenzie. *The Book of Why: The New Science of Cause and Effect* (New York: Basic Books, 2018).

Kafle, K. , Jolliffe, D. & Winter-Nelson, A. "Do Different Types of Assets

Have Differential Effects on Child Education? Evidence from Tanzania." *World Development* (2018) 109: 14-28.

Kim, Y., Huang, J., Sherraden, M., et al"Child Development Accounts, Parental Savings, and Parental Educational Expectations: A Path Model." *Children and Youth Services Review* (2017) 79: 20-28.

Kim, Y., Sherraden, M., Huang, J., et al. "Child Development Accounts and Parental Educational Expectations for Young Children: Early Evidence from a Statewide Social Experiment." *Social Service Review* (2015) 1: 99-137.

Kim, Y., Zou, L., Weon, S., et al. "Asset-based Policy in South Korea." (CSD Publication No. 15-48, 2015). St. Louis: Washington University Center for Social Development.

Kutin, J. & Russell, R. "Evaluation of Saver Plus phase 5: 2011 to 2014." (School of Economics, Finance and Marketing, 2015). RMIT University.

Lawson, G. M. & Farah, M. J. "Executive Function as a Mediator Between SES and Academic Achievement Throughout Childhood." *International Journal of Behavioral Development* (2017) 1: 194-104.

Loke, V. & Sherraden, M. "Building Assets from Birth: A Global Comparison of Child Development Account Policies." *International Journal of Social Welfare* (2009) 2: 119-129.

Loke, V. & Sherraden, M. "Building Children's Assets in Singapore: The Beginning of a Lifelong Policy." (CSD Publication No. 15-51, 2015). St. Louis: Washington University Center for Social Development.

Loke, V. & Sherraden, M. "Building Assets from Birth: Singapore's Policies." *Asia Pacific Journal of Social Work and Development* (2019) 1: 6-19.

Loya, R. , Garber, J. & Santos, J. "Levers for Success: Key Features and Outcomes of Children's Savings Account Programs: A Literature Review. " Institute on Assets and Social Policy, 2017.

Mandleco, B. L. "An Organizational Framework for Conceptualizing Resilience in Children. " *Journal of Child and Adolescent Psychiatric Nursing* (2000)3: 99-112.

Mani, A. , Mullainathan, S. , Shafir, E. , et al. "Poverty Impedes Cognitive Function. " *Science* (2013)6149: 976-980.

Marini, M. M. & Greenberger, E. "Sex Differences in Educational Aspirations and Expectations. " *American Educational Research Journal* (1978)1: 67-79.

Masa, R. , Chowa, G. & Sherraden, M. "An Evaluation of a School-based Savings Program and Its Effect on Sexual Risk Behaviors and Victimization among Young Ghanaians. " *Youth & Society* (2020)7: 1083-1106.

Mayer, S. E. & Leone, M. P. *What Money Can't Buy: Family Income and Children's Life Chances* (Harvard University Press, 1997).

Mehrotra, K. , Nautiyal, S. & Raguram, A. "Mental Health Literacy in Family Caregivers: A Comparative Analysis. " *Asian Journal of Psychiatry* (2018) 31: 58-62.

Merrin, G. J. , Davis, J. P. , Berry, D. , et al. "Developmental Changes in Deviant and Violent Behaviors from Early to Late Adolescence: Associations with Parental Monitoring and Peer Deviance. " *Psychol Violence* (2018)2: 196-208.

Messacar, D. & Frenette, M. "Education Savings Plans, Matching Contributions, and Household Financial Allocations: Evidence from a Canadian Reform. " *Economics of Education Review* (2019)73: 101922.

Milligan, K. *Who Uses RESPs and Why* (University of British Columbia: Department of Economics, 2004).

Montgomerie, J. & Büdenbender, M. "Round the Houses: Homeownership and Failures of Asset-based Welfare in the United Kingdom." *New Political Economy* (2015)3: 386-405.

Nam, Y. & Han, C. K. "A New Approach to Promote Economic Independence among At-risk Children: Child Development Accounts (CDAs) in Korea." *Children and Youth Services Review* (2010)11: 1548-1554.

Nam, Y., Kim, Y., Clancy, M., Zager, R. & Sherraden, M. "Do Child Development Accounts Promote Account Holding, Saving, and Asset Accumulation for Children's Future? Evidence from a Statewide Randomized Experiment." *Journal of Policy Analysis and Management* (2013)1: 6-33.

Nam, Y., Wikoff, N. & Sherraden, M. "Economic Intervention and Parenting: A Randomized Experiment of Statewide Child Development Accounts." *Research on Social Work Practice* (2014)4: 339-349.

Orr, A. J. "Black - white Differences in Achievement: The Importance of Wealth." *Sociology of Education* (2003)281-304.

Parijs, Philippe Van. "A Basic Income for All." *Boston Review* (2000)5: 4-8.

Patalay, P., Annis, J., Sharpe, H., et al. "A Pre - post Evaluation of Open Minds: A Sustainable Peer - led Mental Health Literacy Programme in Universities and Secondary Schools." *Prevention Science* (2017)18: 995-1005.

Philipps, L. "Registered Savings Plans and the Making of Middle - class Canada: Toward a Performative Theory of Tax Policy." *Fordham Law Reviav* (2015)84: 2677.

Piotrowska, P. J., Stride, C. B., Croft, S. E., et al. "Socioeconomic Status and Antisocial Behaviour among Children and Adolescents: A Systematic Review and Meta-analysis." *Clinical Psychology Review* (2015)35: 47-55.

Prabhakar, R. "The Child Trust Fund in the UK: How might Opening Rates by Parents Be Increased?" *Children and Youth Services Review* (2010) 11: 1544-1547.

Proscovia, N. , Phionah, N. , Christopher, D. , et al. "Assessing the Impact of an Asset-based Intervention on Educational Outcomes of Orphaned Children and Adolescents: Findings from a Randomised Experiment in Uganda. " *Asia Pacific Journal of Social Work and Development* (2019) 1: 59-69.

Riebschleger, J. , Costello, S. , Cavanaugh D. L. , et al. "Mental Health Literacy of Youth that Have a Family Member with a Mental Illness: Outcomes from a New Program and Scale. " *Front Psychiatry* (2019) 10: 21-29.

Russell, R. & Cattlin, J. "Evaluation of Saver Plus Phase 4, 2009 to 2011. " (School of Economics, Finance and Marketing, 2012). RMIT University.

Russell, R. , Fredline, L. & Birch, D. "Saver Plus Progress & Perspectives. " (Research Development Unit, 2004). RMIT University.

Russell, R. , Stewart, M. & Cull, F. "Saver Plus: A Decade of Impact. " (School of Economics, Finance and Marketing, 2015). RMIT University.

Schreiner, M. & Sherraden, M. *Can the Poor Save? Saving & Asset Building in Individual Development Accounts* (New Brunswick, New Jersey: Transaction Publishers, 2017).

Sen, A. *Commodities and Capabilities* (OUP Catalogue, 1999).

Sewell, W. H. & Shah, V. P. "Social Class, Parental Encouragement, and Educational Aspirations. " *American Journal of Sociology* (1968) 5: 559-572.

Shanks, T. R. W. , Kim, Y. , Loke, V. , et al. "Assets and Child Well-being in Developed Countries. " *Children and Youth Services Review* (2010) 11:

1488-1496.

Sherraden M. , Huang J. , Frey J. J. , et al. "Financial Capability and Asset Building for All. " *American Academy of Social Work and Social Welfare* (2015): 1-29.

Sherraden, M. *Assets and the Poor: A New American Welfare Policy* (New York: ME Sharpe, 1991).

Sherraden, M. "Asset Building Research and Policy: Pathways, Progress, and Potential of a Social Innovation. " *The Assets Perspective: The Rise of Asset Building and Its Impact on Social Policy* (2014): 263-284.

Sherraden, M. , Clancy, M. , Nam, Y. , et al. "Universal and Progressive Child Development Accounts: A Policy Innovation to Reduce Educational Disparity. " *Urban Education* (2018)6: 806-833.

Sherraden, M. , Clancy, M. , Nam, Y. , et al. "Universal and Progressive Child Development Accounts: A Policy Innovation to Reduce Educational Disparity. "*Urban Education* (2018)6: 806-833.

Sherraden, M. , Clancy, M. M. & Beverly, S. G. "Taking Child Development Accounts to Scale: Ten Key Policy Design Elements. " (CSD Policy Brief 18-08, 2018). St. Louis: Washington University Center for Social Development.

Sherraden, M. , Johnson, L. , Clancy, M. , et al. "Asset Building: Toward Inclusive Policy. " (CSD Working Papers No. 16-49, 2016). St. Louis: Washington University Center for Social Development.

Sherraden, M. , Schreiner, M. & Beverly, S. "Income, Institutions, and Saving Performance in Individual Development Account. " *Economic Development Quarterly* (2003)1: 95-112.

Sherraden, M. S. , Huang, J. , Jones, J. L. , et al. "Building Financial Capability and Assets in America's Families." *Families in Society* (2022)1: 3-6.

Sherraden, M. S., Johnson, L., Elliott III, W., et al. "School-based Children's Saving Accounts for College: The I Can Save Program." *Children and Youth Services Review* (2007)3: 294-312.

Shobe, M. & Page-Adams, D. "Assets, Future Orientation, and Well-being: Exploring and Extending Sherraden's Framework." *Journal of Sociology & Social Welfare* (2001)28: 109.

Simons-Morton, B. "Prospective Association of Peer Influence, School Engagement, Drinking Expectancies, and Parent Expectations with Drinking Initiation among Sixth Graders." *Addictive Behaviors* (2004)2: 299-309.

Singh K., Bickley P. G., Keith T. Z., et al. "The Effects of Four Components of Parental Involvement on Eighth-grade Student Achievement: Structural Analysis of NELS-88 Data." *School Psychology Review* (1995)2: 299-317.

Sobolewski, J. M. & Amato, P. R. "Economic Hardship in the Family of Origin and Children's Psychological Well-being in Adulthood." *Journal of Marriage and Family* (2005)1: 141-156.

Ssewamala, F. M., Karimli, L., Torsten, N., et al. "Applying a Family-level Economic Strengthening Intervention to Improve Education and Health-related Outcomes of School-going AIDS-orphaned Children: Lessons from a Randomized Experiment in Southern Uganda." *Prevention Science* (2016)1: 134-143.

Ssewamala, F. M., Shu-Huah Wang, J., Brathwaite, R., et al. "Impact of a Family Economic Intervention (Bridges) on Health Functioning of Adolescents Orphaned by HIV/AIDS: A 5-year (2012-2017) Cluster Randomized Controlled Trial in Uganda." *American Journal of Public Health* (2021)3: 504-513.

Ssewamala, F. M. , Sperber, E. , Zimmerman, J. M. , et al. "The Potential of Asset-based Development Strategies for Poverty Alleviation in Sub-Saharan Africa." *International Journal of Social Welfare* (2010)4: 433-443.

Ssewamala, F. M. , Wang, J. S. H. , Karimli, L. , et al. "Strengthening Universal Primary Education in Uganda: The Potential Role of an Asset-based Development Policy." *International Journal of Educational Development* (2011) 5: 472-477.

Ssewamala, F. M. , Wang, J. S. H. , Neilands, T. B. , et al. "Cost-effectiveness of a Savings-led Economic Empowerment Intervention for AIDS-affected Adolescents in Uganda: Implications for Scale-up in Low-resource Communities." *Journal of Adolescent Health* (2018)1: S29-S36.

Sun, S. , Huang, J. , Hudson, D. L. , et al. "Cash Transfers and Health." *Annual Review of Public Health* (2021)42: 363-380.

Supanantaroek, S. , Lensink, R. & Hansen, N. "The Impact of Social and Financial Education on Savings Attitudes and Behavior among Primary School Children in Uganda." *Evaluation Review* (2017)6: 511-541.

Teachman, J. D. & Paasch, K. "The Family and Educational Aspirations." *Journal of Marriage & Family* (1998)3: 704-714.

Tonsing, K. N. & Ghoh, C. "Savings Attitude and Behavior in Children Participating in a Matched Savings Program in Singapore." *Children and Youth Services Review* (2019)98: 17-23.

Tozan, Y. , Sun, S. , Capasso, A. , et al. "Evaluation of a Savings-led Family-based Economic Empowerment Intervention for AIDS-affected Adolescents in Uganda: A Four-year Follow-up on Efficacy and Cost-effectiveness." *PLOS One* (2019)12: e0226809.

Wang, J. S. H. , Malaeb, B. , Ssewamala, F. M. , et al. "A Multifaceted Intervention with Savings Incentives to Reduce Multidimensional Child Poverty: Evidence from the Bridges Study (2012–2018) in Rural Uganda." *Social Indicators Research* (2021) 3: 947–990.

Widnall, E., Dodd, S., Simmonds, R., et al. "A Process Evaluation of a Peer Education Project to Improve Mental Health Literacy in Secondary School Students: Study Protocol." *BMC Public Health* (2021) 1: 1–7.

Wikoff, N., Huang, J., Kim, Y., et al. "Material Hardship and 529 College Savings Plan Participation: The Mitigating Effects of Child Development Accounts." *Social Science Research* (2015) 50: 189–202.

Xu, M., Kushner Benson, S. N., Mudrey–Camino, R., et al. "The Relationship Between Parental Involvement, Self–regulated Learning, and Reading Achievement of Fifth Graders: A Path Analysis Using the ECLS–K Database." *Social Psychology of Education* (2010) 13: 237–269.

Zager, R., Kim, Y., Nam, Y., et al. "The SEED for Oklahoma Kids Experiment: Initial Account Opening and Savings." (CSD Research Report No. 10–14, 2010). St. Louis: Washington University Center for Social Development.

Zou, L. & Sherraden, M. "Child Development Accounts Reach Over 15 Million Children Globally." (CSD Policy Brief 22–22, 2022). St. Louis: Washington University Center for Social Development.

Zou, R., Niu, G., Chen, W., et al. "Socioeconomic Inequality and Life Satisfaction in Late Childhood and Adolescence: A Moderated Mediation Model." *Social Indicators Research* (2018) 136: 305–318.

问卷编号：

附　录

附录1　家庭资产建设与儿童发展需求评估调查问卷

受访者姓名：　　　　联系电话：

访问员姓名：　　　　联系电话：

住户处所

市　　区（县/乡）　　　街道（乡镇）　　　居委会（村）

　　小区　　　号楼　　　单元　　　室

访问开始时间：　　　年　　　月　　　日　　　时　　　分

访问结束时间：　　　年　　　月　　　日　　　时　　　分

访问员：

复核员：

尊敬的女士/先生：

您好！本次问卷是针对家庭资产建设与儿童发展需求状况的评估调查。经过科学抽样，我们选中了您作为调查对象，您的配合对我们下一步的研究具有十分重要的意义。

本次调查实行匿名制，所有资料仅用于本研究。您的回答无对错之分，对于您的答案我们将严格保密，请您按照家庭实际情况回答，不要有任何顾虑，衷心感谢您的支持！

资产建设理论下中国贫困家庭

儿童发展账户建构研究课题组

A1 儿童基本情况

序号	姓名	性别	年龄（岁）	入读学校	是否转过学	年级	人数（人）	身高（cm）	体重（kg）	健康状况	所患疾病
01											
02											

A2 家庭成员概况

编号	与被访者关系	性别	年龄（岁）	户籍所在地	健康状况	所患疾病	婚姻状况	学历	工作状况（具体）	书面劳动合同	平均月收入（元）	日均工作时间	居住情况（具体）
01													
02													
03													
04													

A3 儿童兴趣爱好状况，按照孩子喜好程度依次填写下表

喜好程度	兴趣爱好具体名称	起始年月	是否报班	报班年月	每周学习次数/小时数	每周练习次数/小时数	平均每周花费（元）	是否孩子自己选择	家长是否陪伴	所获成绩（考级、表演、获奖等）
1					;	;				
2					;	;				
3					;	;				
4					;	;				
5					;	;				
6					;	;				

提示：学业类（语数外）/棋类/器乐类/舞蹈类/运动类/书法绘画类/手工类/阅读类（文学、科学等）

A4 家长与儿童的关系状况及交往活动

4.1 您认为您和孩子的关系如何?

（1）特别亲密　（2）比较亲密　（3）一般　（4）不太亲密　（5）很不亲密

4.2 您是否经常关心孩子在学校里的生活?

（1）经常　（2）偶尔　（3）几乎没有

4.3 您对孩子在校情况的了解程度?

（1）很了解　（2）比较了解　（3）一般　（4）不了解　（5）很不了解

4.4 您通过什么途径了解孩子的学习情况?

（1）孩子自己讲述　（2）从老师、同学口中了解

（3）参加家长会　（4）检查孩子的平时作业、考试成绩

（5）其他：________

4.5 儿童在校学业表现：

（1）优秀　（2）良好　（3）一般　（4）较差

4.6 当孩子在学校行为表现不佳或成绩下降时，您通常的做法是？

（1）不管，正常现象，不用太担心　（2）训斥，防微杜渐，高度重视

（3）主动和他交流，了解情况　（4）向老师求助

（5）其他：________

4.7 孩子学习成绩好或有进步，您是怎样给予奖励或鼓励的？

（1）给孩子买学习用品　（2）给孩子买想要的玩具

（3）给孩子零用钱　（4）口头鼓励

（5）外出旅游　（6）不奖励（顺其自然，认为是应该的）

（7）其他：________

4.8 平时您与孩子最主要的交往活动有哪些？平均每周约花费您多长时间？

序号	最主要的交往活动	选项
1	辅导功课、检查作业	（1）是；平均每周花费　　分钟。（2）否
2	谈心聊天	（1）是；平均每周花费　　分钟。（2）否
3	讨论、探索问题	（1）是；平均每周花费　　分钟。（2）否
4	亲子课外阅读	（1）是；平均每周花费　　分钟。（2）否
5	一起看电视节目	（1）是；平均每周花费　　分钟。（2）否
6	一起做家务	（1）是；平均每周花费　　分钟。（2）否
7	一起做体育锻炼	（1）是；平均每周花费　　分钟。（2）否
8	一起做（玩）游戏	（1）是；平均每周花费　　分钟。（2）否
9	其他：	

A5 家长教育期待/教育理念状况

5.1 您认为孩子将来一定要上大学吗？

（1）一定要上大学，没有大学文凭就没有好工作

（2）最好能上大学，考不上也不会强求

（3）看他自己了，能考上就上，考不上就干别的

（4）不一定，行行出状元，做别的做好了也可以

（5）上不上无所谓，只要他过得幸福就行

（6）不用上大学，只要能自立就行

（7）其他：________

5.2 您期待孩子的最高学历：

（1）大中专、技校、职校　（2）大学本科　（3）硕士研究生

（4）博士研究生　（5）其他：________

5.3 您对孩子的将来有过规划吗？

（1）从来没有

（2）有过一些设想，不能算作规划吧

（3）有过简单的规划

（4）有很明确的规划

请谈谈对孩子未来的设想或规划：

5.4 在孩子的教育方面，您认为哪些是最重要的？（限选三项）

（1）道德品质　（2）良好的习惯

（3）健康成长　（4）交际能力

（5）学习成绩　（6）动手能力

（7）自信　（8）有好的生活习惯

（9）其他：________

5.5 目前，在孩子的教育方面，最让您头疼的是什么？（可多选）

（1）学习成绩差　（2）任性

（3）内向，不善交流　（4）动手能力

（5）没有责任心　（6）没有养成好的生活习惯

（7）自负　（8）自卑

（9）其他：________

5.6 在对孩子的教育方面，您认为自己受谁的影响最大？

（1）自己的父母　（2）爱人　（3）亲戚、朋友

(4) 老师、专家　(5) 报纸、杂志、电视、书籍、网络

(6) 其他：________

A6 教育投资情况

6.1 您认为教育是?

(1) 主要是一种投资行为　(2) 主要是一种消费行为

(3) 既是投资行为，又是消费行为　(4) 不清楚

6.2 您是否愿意对孩子的教育进行投资?

(1) 特别愿意　(2) 比较愿意　(3) 一般　(4) 不太愿意 (5) 非常不愿意

6.3 在过去的一年中，您的家庭用于孩子的教育费用状况（元）。

序号	层级	幼儿园	小学	初中
1	学费			
2	住宿费			
3	伙食费			
4	交通费			
5	学业补课费			
6	兴趣班费			
7	课外读物费			
8	文体费用			
9	学习用品及电子产品（电脑、学习机等）费用			
10	旅游费			
11	玩具费			
12	夏令营			
13	教育储蓄			
14	教育保险			
15	其他1：			
16	其他2：			

6.3 您为孩子进行教育投资，主要是为了：（请按主次顺序进行排列，限选三项）

A.　　　　B.　　　　C.

（1）光宗耀祖

（2）考上大学，多赚钱，帮助家庭摆脱目前困难的环境

（3）提高孩子的素质

（4）别人都这样，自己的孩子不能落后

（5）完成九年义务教育，尽父母的义务

（6）学会做人，学会与他人相处

（7）自己受教育有限，希望孩子多受教育

（8）发展兴趣，有一技之长，以适应社会需要

（9）其他：________

6.4 影响您对孩子进行教育投资决策的因素有哪些：（请按强弱顺序进行排列，限选三项）

A.　　　　B.　　　　C.

（1）家庭经济条件　（2）孩子学习成绩的好坏

（3）孩子的性别　（4）周围人的影响

（5）对孩子的就业期望　（6）对现行教育的满意程度

（7）其他：________

A7 儿童教育发展账户

7.1 您为孩子将来上大学的花费专门存过钱吗？

（1）没有（主要原因是：　　　　）

（2）曾经存过一笔（时间：　　　　；存了：　　　　元）

（3）每年都存一笔（开始时间：　　　　；每年存：　　　　元）

（4）每月都存一笔（开始时间：　　　　；每月存：　　　　元）

（5）不定期存上一笔（开始时间：　　　　；目前大约存了：

元）

7.2 您为孩子将来上大学存钱的方式？

（1）银行　（2）购买教育基金　（3）其他：________

7.3 如果您家在银行中每月存一笔钱，专门用于孩子将来上大学的花费，比如每月固定存 200 元，政府或社会机构每个月在您存的账户上按照 1∶1 的比例免费给您配款 200 元，这笔钱只用于将来您孩子上大学的支出，请问您是否愿意每月为孩子存钱？

（1）非常愿意　（2）愿意　（3）考虑考虑再说（原因：　　　）

（4）不愿意　（5）非常不愿意（原因：　　　）

7.4 按照 1∶1 配款的方式，您家每月最多能存　　　元；

按照 1∶2 配款的方式，您家每月最多能存　　　元。

非常感谢您的配合！

附录2　儿童发展账户参与意愿和参与能力访谈提纲

尊敬的女士/先生：

您好，为深入了解家庭参与儿童发展账户的意愿和能力现状及其影响因素，以便为构建中国贫困家庭儿童发展账户机制提供资料支持，课题组组织实施本次访谈。感谢您百忙之中参与此次访谈，这将对我们的研究有极大的帮助。

本次访谈资料仅用于本研究，对于您的信息我们将严格保密，请您按照家庭实际情况如实回答，衷心感谢您的支持！

资产建设理论下中国贫困家庭

儿童发展账户建构研究课题组

一　受访者及家庭成员基本信息

1. 儿童基本情况

序号	姓名	性别	年龄（岁）	入读学校	是否转过学	年级	人数（人）	身高（cm）	体重（kg）	健康状况	所患疾病
01											
02											

2. 家庭成员概况

编号	与被访者关系	性别	年龄（岁）	户籍所在地	健康状况	所患疾病	婚姻状况	学历	工作状况（具体）	书面劳动合同	平均月收入（元）	日均工作时间（h）	居住情况（具体）
01													
02													

二　儿童教育发展状况

1. 您是否经常关心孩子在学校里的生活？

1.1 您对孩子在校情况的了解程度如何？

1.2 您可以详细描述一下孩子在校的学业表现吗？比如班级排名与各学科成绩。

2. 请问孩子平时有什么兴趣爱好吗？

2.1 您是否给孩子报过兴趣班？若是，请问是由家长决定还是孩子自己的选择？

2.2 您会陪伴孩子参加兴趣班吗？

3. 您认为孩子将来一定要上大学吗？如是，那么您认为孩子将来一定要上一流本科院校吗？（比如原“985”“211”或现在的“双一流”高校）；如否，请您说明一下具体原因。

3.1 您期待孩子的最高学历是什么？为什么？

3.2 您对孩子的将来进行过规划吗？具体规划如何？如没有，您未进行规划的原因是什么？

4. 您公开表扬过自己的孩子吗？请您详细描述一下表扬的频率以及出于哪些原因？

5. 您经常训斥自己的孩子吗？您训斥孩子一般出于什么原因？

三　儿童教育投资状况及儿童教育发展账户参与意愿情况

1. 您认为教育是一种投资行为，还是一种消费行为，或既是投资行为又是消费行为？为什么？

2. 您是否愿意对孩子的教育进行投资？若是，那么您为孩子进行教育投资主要基于哪些原因？若否，请问您主要存在哪些顾虑？为什么？

3. 在您家里，关于孩子教育问题拥有最终决定权的是谁?

4. 在过去的一年中，您的家庭用于孩子的教育费用大约为多少元?

4.1 主要花费在哪些方面?（请列举您认为最重要的几项教育开支）

4.2 您认为现在花费在孩子教育上的费用对您的家庭来说是否可以承受? 为什么?

5. 您为孩子将来上大学的花费专门存过钱吗? 若有，请说明具体存款的方式以及存款金额；若无，请说明原因。

6. 您是否考虑过为孩子将来上大学的花费进行专门的教育储蓄? 若是，请问您采取了哪些储蓄方式（如银行存款、购买教育保险）；若否，请问您存有哪些顾虑?

7. 如果您家在银行中每月存一笔钱，专门用于孩子将来上大学的花费，比如每月固定存200元，政府或社会机构每个月在您存的账户上按照1∶1的比例免费给您配款200元，这笔钱只用于将来您孩子上大学的支出，请问您是否愿意每月为孩子存钱? 请您说明一下原因。

7.1 如果有这种账户，您是否愿意立刻付诸实施? 若不愿意，请问您存有哪些顾虑? 为什么?

7.2 若按照1∶1配款的方式，您家每月最多能存多少钱? 若按照1∶2配款的方式，您家每月最多能存多少钱?

非常感谢您的配合!

附录 3　被访者及家庭成员信息一览表

家庭编号	家庭成员编号	被访家庭成员关系（以儿童为基准）	性别	年龄（岁）	健康状况	所患疾病	学历	工作状况（具体）	家庭类型
01（DL01）	（01）	本人	男	14	健康	无	小学	无	离异家庭
	02	妈妈	女	41	健康	无	大专	物业工作人员	
	03	奶奶	女	72	很差	癌症	—	退休	
	（04）	爷爷	男	68	差	心脏病	—	退休	
02（DL02）	（01）	本人	男	11	健康	无	小学	无	在婚家庭
	02	妈妈	女	42	一般	腿疾	高中	理发美容服务员、微商	
	（03）	爸爸	男	40	较差	心脏病、高血压	大专	银行保安	
03（DL04）	（01）	本人	男	11	健康	无	小学	无	在婚家庭
	02	爸爸	男	52	差	鼻咽癌、恶性肿瘤	高中	无	
	（03）	妈妈	女	49	健康	无	小学	摆摊卖小吃	
	（04）	奶奶	女	85	差	脑出血后遗症、心脏病、高血压	—	无	

续表

家庭编号	家庭成员编号	被访家庭成员关系（以儿童为基准）	性别	年龄（岁）	健康状况	所患疾病	学历	工作状况（具体）	家庭类型
04（DL05）	（01）	本人	女	12	健康	无	小学	无	离异家庭
	（02）	妈妈	女	44	一般	风湿病	初中	超市工作人员	
05（DL07）	（01）	本人	男	10	健康	无	小学	无	在婚家庭
	02	爸爸	男	45	健康	无	中专	维修技术人员	
	（03）	妈妈	女	40	一般	—	初中	无	
	（04）	爷爷	男	80	差	多种慢性疾病	—	无	
06（DL08）	（01）	本人	女	7	健康	无	小学	无	丧偶家庭
	02	妈妈	女	38	健康	无	大专	私企员工	
	（03）	姥爷	男	66	健康	无	—	退休	
	（04）	姥姥	女	68	一般	高血压、脑供血不足	—	退休	
07（DL09）	（01）	本人	男	9	健康	无	小学	无	在婚家庭
	02	爸爸	男	41	健康	无	本科	专业技术人员	
	（03）	妈妈	女	39	健康	无	研究生	专业技术人员	
08（DL10）	（01）	本人	男	14	健康	无	初中	无	丧偶家庭
	（02）	妈妈	女	43	健康	无	大专	无	

续表

家庭编号	家庭成员编号	被访家庭成员关系（以儿童为基准）	性别	年龄（岁）	健康状况	所患疾病	学历	工作状况（具体）	家庭类型
09（DL11）	（01）	本人	男	12	健康	无	小学	无	在婚家庭
	（02）	爸爸	男	45	健康	无	高中	私营业主	
	03	妈妈	女	38	健康	无	初中	环卫工人	
10（DL13）	（01）	本人	男	11	健康	无	小学	无	在婚家庭
	02	爸爸	男	47	健康	无	小学	环卫工人	
	（03）	妈妈	女	46	健康	无	小学	环卫工人	
11（DL14）	（01）	本人	男	11	健康	无	小学	无	在婚家庭
	02	妈妈	女	51	健康	无	本科	退休	
	（03）	爸爸	男	55	健康	无	本科	中专老师	
12（HPL01）	（01）	本人	女	11	一般	白血病	小学	无	在婚家庭
	02	妈妈	女	42	健康	无	初中	服装销售	
	（03）	爸爸	男	42	健康	无	初中	物业员工	
13（HPL02）	（01）	本人	男	10	健康	无	小学	无	在婚家庭
	02	爸爸	男	50	健康	无	中专	无	
	（03）	妈妈	女	47	健康	无	初中	出租车司机	

续表

家庭编号	家庭成员编号	被访家庭成员关系（以儿童为基准）	性别	年龄（岁）	健康状况	所患疾病	学历	工作状况（具体）	家庭类型
14（HPL03）	（01）	本人	男	11	健康	无	初中	无	与爷爷奶奶居住
	02	爷爷	男	66	健康	无	大专	退休	
	（03）	奶奶	女	67	健康	无	初中	无	
	（04）	姐姐	女	14	健康	无	初中	无	
15（HPL04）	（01）	本人	女	8	健康	无	小学	无	离异家庭
	02	妈妈	女	38	较差	慢性病，结肠炎	自考本	刚辞职，兼职小买卖	
	（03）	弟弟	男	3	健康	无	无	无	
16（HPL05）	（01）	本人	男	14	一般	自闭症	初中	无	在婚家庭
	02	妈妈	女	43	一般	腰肌劳损	中专	无	
	（03）	妹妹	女	5	健康	无	幼儿园	无	
	（04）	爸爸	男	47	一般	无	中专	机械厂销售人员	
17（HPL06）	（01）	本人	男	9	健康	无	小学	无	在婚家庭
	02	姥姥	女	65	健康	无	初中	退休	
	（03）	妈妈	女	36	健康	无	本科	珠宝店店长	
	（04）	爸爸	男	44	健康	无	大专	驾驶员	
	（05）	姥爷	男	65	健康	脑梗死后遗症	大专	退休	

续表

家庭编号	家庭成员编号	被访家庭成员关系（以儿童为基准）	性别	年龄（岁）	健康状况	所患疾病	学历	工作状况（具体）	家庭类型
18（HPL07）	（01）	本人	女	9	健康	无	小学	无	在婚家庭
	02	妈妈	女	37	健康	亚甲炎	专科	老师	
	（03）	爸爸	男	41	健康	无	本科	专业技术人员	
19（HPL08）	（01）	本人	男	10	健康	无	小学	无	丧偶家庭
	02	妈妈	女	44	健康	无	本科	临时工	
	（03）	姥姥	女	74	一般	糖尿病	小学	无	
20（HPL10）	（01）	本人	女	13	健康	无	初中	无	在婚家庭
	02	爸爸	男	45	健康	无	大专	无	
	（03）	妈妈	女	40	健康	无	职高	会计	
21（HPL11）	（01）	本人	男	7	健康	无	小学	无	离异家庭
	（02）	妈妈	女	48	健康	无	初中	保洁	
22（HPL12）	（01）	本人	男	7	健康	无	小学	无	丧偶家庭
	02	妈妈	女	35	健康	无	大专	企业员工	
	（03）	姥爷	男	64	健康	无	高中	退休	
	（04）	姥姥	女	59	健康	无	高中	退休	
	（05）	弟弟	男	1	健康	无	无	无	

续表

家庭编号	家庭成员编号	被访家庭成员关系（以儿童为基准）	性别	年龄（岁）	健康状况	所患疾病	学历	工作状况（具体）	家庭类型
23（HPL13）	（01）	本人	女	13	健康	无	初中	无	在婚家庭
	02	爸爸	男	43	健康	无	大学	电工	
	（03）	妈妈	女	40	健康	无	中专	保洁	
24（HPL14）	（01）	本人	男	4	健康	无	幼儿园	无	在婚家庭
	02	妈妈	女	33	健康	无	研究生	合同制员工	
	（03）	爸爸	男	37	健康	无	大学	电脑维修	
25（HPL15）	（01）	本人	男	10	健康	无	小学	无	在婚家庭
	02	姥姥	女	65	健康	无	高中	退休	
	（03）	姥爷	男	70	一般	冠心病	小学	退休	
26（HPL16）	（01）	本人	女	13	健康	无	初中	无	在婚家庭
	02	妈妈	女	41	健康	无	初中	公司销售	
	（03）	爸爸	男	40	健康	无	初中	按摩师、弹棉花	
	（04）	爷爷	男	—	差	良性肾炎	—	—	
	（05）	妹妹	女	10	健康	无	小学	无	

续表

家庭编号	家庭成员编号	被访家庭成员关系（以儿童为基准）	性别	年龄（岁）	健康状况	所患疾病	学历	工作状况（具体）	家庭类型
27（HPL17）	（01）	本人	男	9	健康	无	小学	无	在婚家庭
	02	妈妈	女	36	健康	无	高中	无业	
	（03）	爸爸	男	43	健康	无	大专	个体，开公司	
	（04）	弟弟	男	6	健康	无	无	无	
28（HPL18）	（01）	本人	女	6．5	健康	无	小学	无	在婚家庭
	02	妈妈	女	40	较差	产后抑郁症，月子病	本科	家庭妇女兼职画画	
	（03）	爸爸	男	43	健康	无	大专	专业技术类，自己干工程	
29（HPL19）	（01）	本人	女	10	健康	无	小学	无	在婚家庭
	02	妈妈	女	38	健康	无	本科	留学机构教育咨询	
	（03）	爸爸	男	42	健康	无	研生	地质勘探、珠宝鉴定师	
	（04）	妹妹	女	5	健康	无	幼儿园	无	

续表

家庭编号	家庭成员编号	被访家庭成员关系（以儿童为基准）	性别	年龄（岁）	健康状况	所患疾病	学历	工作状况（具体）	家庭类型
30（HPL20）	（01）	本人	女	11	健康	无	小学	无	在婚家庭
	02	妈妈	女	45	健康	无	大专	会计师	
	（03）	爸爸	男	48	健康	无	大专	高级工程师	
31（HPL21）	（01）	本人	女	9	健康	无	小学	无	在婚家庭
	02	妈妈	女	42	很差	糖尿病、心脏病、甲亢	大专	无	
	（03）	爸爸	男	62	很差	心脏病	大专	无	
32（HPL22）	（01）	本人	男	10	健康	无	小学	无	在婚家庭
	02	妈妈	女	32	健康	无	大专	环卫工	
	（03）	爸爸	男	33	健康	无	初中	司机	
	（04）	弟弟	男	3 个月	健康	无	无	无	
33（HPL23）	（01）	本人	男	8	健康	近期因摔倒骨折	小学	无	在婚家庭
	02	妈妈	女	28	健康	无	小学	保洁员	
	（03）	爸爸	男	32	健康	无	小学	司机	
	（04）	弟弟	男	11 个月	健康	无	无	无	

续表

家庭编号	家庭成员编号	被访家庭成员关系（以儿童为基准）	性别	年龄（岁）	健康状况	所患疾病	学历	工作状况（具体）	家庭类型
34（HPL24）	（01）	本人	男	12	健康	无	初中	无	在婚家庭
	02	爸爸	男	50	健康	无	初中	环卫工人	
	（03）	妈妈	女	44	健康	无	小学	务农	
	（04）	姐姐	女	16	健康	无	中专	无	
35（HPL25）	（01）	本人	男	12	健康	无	小学	无	在婚家庭
	02	妈妈	女	32	健康	无	无	保洁员	
	（03）	爸爸	男	33	健康	无	小学	回收酒瓶	
	（04）	弟弟	男	4	健康	无	幼儿园	无	
	（05）	爷爷	男	68	较差	肝炎	无	无	
	（06）	奶奶	女	60	一般	高血糖	无	无	
36（HPL26）	（01）	本人	男	14	健康	无	初中	无	在婚家庭
	02	妈妈	女	40	差	“三高”	小学	环卫工人	
	（03）	爸爸	男	48	健康	无	小学	保安	
37（HPL27）	（01）	本人	男	14	健康	无	初中	无	在婚家庭
	02	爸爸	男	60	健康	无	无	专业技术类，自己干工程	
	（03）	妈妈	女	50	健康	无	大专	环卫工人	

续表

家庭编号	家庭成员编号	被访家庭成员关系（以儿童为基准）	性别	年龄（岁）	健康状况	所患疾病	学历	工作状况（具体）	家庭类型
38（SLLH01）	（01）	本人	男	10	健康	无	小学	无	—
	02	姥姥	女	72	健康	无	—	无业	
	03	舅舅	男	—	健康	无	—	部门经理	
	（04）	妈妈	女	46	健康	无	初中	退休家政员+健身中心工作人员	
	（05）	爸爸	男	—	—	—	—	—	
39（SLLH02）	（01）	本人	女	11	健康	无	小学	无	在婚家庭
	02	妈妈	女	39	健康	无	初中	个体	
	03	爸爸	男	40	健康	无	初中	个体	
	（04）	弟弟	男	3	健康	无	无	无	
40（SLLH03）	（01）	本人	女	11	健康	无	小学	无	在婚家庭
	02	姥姥	女	68	一般	—	高中	无	
	03	姥爷	男	69	健康	—	初中	无	
	04	妈妈	女	35	健康	无	中专	超市销售人员	
	（05）	爸爸	男	42	一般	—	初中	厨师	

续表

家庭编号	家庭成员编号	被访家庭成员关系（以儿童为基准）	性别	年龄（岁）	健康状况	所患疾病	学历	工作状况（具体）	家庭类型
41（SLLH04）	（01）	本人	男	12	健康	无	小学	无	在婚家庭
	02	妈妈	女	39	健康	无	小学	超市销售人员	
	（03）	爸爸	男	38	健康	无	初中	消防处理工作	
42（SLLH05）	（01）	本人	男	10	健康	无	小学	无	在婚家庭
	02	爸爸	男	39	健康	无	初中	送外卖	
	（03）	妈妈	女	40	健康	无	本科	创业，合伙开律所	
43（SLLH06）	（01）	本人	女	9	健康	无	小学	无	在婚家庭
	02	妈妈	女	32	健康	无	初中	无	
	（03）	爸爸	男	34	健康	无	初中	专业技术人员	
	（04）	弟弟	男	4	健康	无	幼儿园	无	
44（SLLH07）	（01）	本人	男	9	健康	无	小学	无	在婚家庭
	02	妈妈	女	41	较差	乳腺癌	高中	无	
	（03）	爸爸	男	43	一般	无	高中	个体	
	（04）	姐姐	女	15	健康	无	初中	无	

续表

家庭编号	家庭成员编号	被访家庭成员关系（以儿童为基准）	性别	年龄（岁）	健康状况	所患疾病	学历	工作状况（具体）	家庭类型
45（SLLH08）	（01）	本人	男	9	健康	偏瘦	小学	无	在婚家庭
	02	妈妈	女	37	健康	无	小学	无	
	（03）	爸爸	男	44	健康	无	初中	厨师	
	（04）	哥哥	男	20	健康	无	大学	无	
46（SLLH09）	（01）	本人	女	11	健康	无	小学	无	在婚家庭
	02	妈妈	女	35	健康	无	小学	无	
	03	爸爸	男	35	健康	无	初中	劳务装饰	
	（04）	弟弟	男	4	健康	无	小学	无	
47（SLLH10）	（01）	本人	男	9	健康	无	小学	无	在婚家庭
	02	妈妈	女	39	健康	无	中专	个体，手工雕刻装饰品	
	（03）	爸爸	男	38	健康	无	高中	个体，手工雕刻装饰品	
	（04）	弟弟	男	1	健康	无	无	无	
48（SLLH11）	（01）	本人	女	10	健康	无	小学	无	在婚家庭
	02	妈妈	女	35	一般	腰腿疼	初中	文员	
	（03）	爸爸	男	34	一般	肠胃病	高中	厨师	
	（04）	弟弟	男	4	健康	无	无	无	

续表

家庭编号	家庭成员编号	被访家庭成员关系（以儿童为基准）	性别	年龄（岁）	健康状况	所患疾病	学历	工作状况（具体）	家庭类型
49（SLLH12）	（01）	本人	男	10	健康	无	小学	无	在婚家庭
	02	妈妈	女	36	健康	无	大专	幼儿园工作	
	（03）	爸爸	男	37	健康	无	大专	创业	
	（04）	妹妹	女	3	健康	无	幼儿园	无	
50（SLLH13）	（01）	本人	男	9	健康	无	小学	无	在婚家庭
	02	爸爸	男	32	差	严重慢性疾病、结肠癌	初中	无	
	（03）	妈妈	女	34	健康	无	初中	超市销售	
51（SLLH14）	（01）	本人	男	10	健康	无	小学	无	在婚家庭
	02	姑姑	女	26	健康	无	高中	待业	
	（03）	爷爷	男	50	健康	无	初中	个体	
	（04）	奶奶	女	52	健康	无	初中	无	
	（05）	爸爸	男	28	健康	无	初中	个体，装修公司老板	
	（06）	妈妈	女	29	健康	无	初中	个体，装修公司老板	
	（07）	弟弟	男	8	健康	无	小学	无	

续表

家庭编号	家庭成员编号	被访家庭成员关系（以儿童为基准）	性别	年龄（岁）	健康状况	所患疾病	学历	工作状况（具体）	家庭类型
52（SLLH15）	（01）	本人	男	11	健康	无	小学	无	在婚家庭
	02	妈妈	女	33	健康	无	小学	保姆	
	（03）	爸爸	男	36	健康	无	初中	装修工人	
53（SLLH16）	（01）	本人	女	9	健康	无	小学	无	在婚家庭
	02	妈妈	女	37	健康	无	中专	无	
	（03）	弟弟	男	3	健康	无	无	无	
	（04）	爸爸	男	35	健康	无	初中	厨师	
54（SLLH17）	（01）	本人	男	11	健康	无	小学	无	在婚家庭
	02	妈妈	女	40	健康	无	初中	无	
	（03）	爸爸	男	43	健康	无	初中	装修工人	
	（04）	姐姐	女	17	健康	无	高中	无	
55（SLLH18）	（01）	本人	男	10	健康	无	小学	无	在婚家庭
	02	妈妈	女	36	健康	无	高中	酒店服务行业	
	（03）	爸爸	男	39	健康	无	高中	酒店服务行业	

续表

家庭编号	家庭成员编号	被访家庭成员关系（以儿童为基准）	性别	年龄（岁）	健康状况	所患疾病	学历	工作状况（具体）	家庭类型
56（SLLH19）	（01）	本人	女	9	健康	无	小学	无	在婚家庭
	02	妈妈	女	40	健康	无	初中	无业（偶尔兼职促销员）	
	（03）	爸爸	男	42	健康	无	初中	电梯验收	
	（04）	姐姐	女	15	健康	无	初中	无	
57（SLLH20）	（01）	本人	男	9	健康	无	小学	无	在婚家庭
	02	妈妈	女	46	健康	无	初中	无	
	（03）	爸爸	男	48	健康	无	中专	重汽维修工	
	（04）	姐姐	女	18	健康	无	初中	无	
58（SLLH21）	（01）	本人	女	10	健康	无	小学	无	在婚家庭
	02	妈妈	女	46	健康	无	初中	无	
	03	弟弟	男	8	健康	无	小学	无	
	（04）	爸爸	男	31	健康	无	初中	工地上班	
	（05）	爷爷	男	60	健康	无	小学	包工头	
	（06）	奶奶	女	58	健康	无	无	无	

续表

家庭编号	家庭成员编号	被访家庭成员关系（以儿童为基准）	性别	年龄（岁）	健康状况	所患疾病	学历	工作状况（具体）	家庭类型
59（SLLH22）	（01）	本人	女	11	健康	无	小学	无	在婚家庭
	02	妈妈	女	45	健康	无	小学	无固定工作，兼职宣传	
	（03）	爸爸	男	50	健康	无	小学	从事防水工作	
	（04）	爷爷	男	80	健康	无	大专	退休	
	（05）	哥哥	男	18	健康	无	大专	无	
60（SLLH23）	（01）	本人	男	12	健康	无	小学	无	在婚家庭
	02	妈妈	女	40	健康	无	初中	超市销售	
	（03）	爸爸	男	40	健康	无	初中	工地干防水	
	（04）	姐姐	女	18	健康	无	—	无	
61（SLLH24）	（01）	本人	男	9	健康	无	小学	无	在婚家庭
	02	妈妈	女	31	健康	无	初中	售楼处做服务工作	
	（03）	爸爸	男	33	健康	无	中专	建筑工程师	
62（SLLH25）	（01）	本人	男	8	健康	无	小学	无	丧偶家庭
	02	妈妈	女	40	健康	无	初中	面点师	
	（03）	姐姐	女	14	健康	无	初中	无	

续表

家庭编号	家庭成员编号	被访家庭成员关系（以儿童为基准）	性别	年龄（岁）	健康状况	所患疾病	学历	工作状况（具体）	家庭类型
63（SLLH26）	（01）	本人	女	8	健康	无	小学	无	在婚家庭
	02	妈妈	女	36	健康	无	初中	无	
	（03）	爸爸	男	33	健康	无	高中	维修大型发动机	
	（04）	妹妹	女	5	健康	无	幼儿园	无	
64（SLLH27）	（01）	本人	男	12	健康	无	小学	无	在婚家庭
	02	妈妈	女	40	健康	无	中专	企业会计	
	（03）	爸爸	男	40	健康	无	大专	社区诊所医生	
	（04）	妹妹	女	4	健康	无	幼儿园	无	
65（SLLH28）	（01）	本人	女	7	健康	无	小学	无	在婚家庭
	02	妈妈	女	34	健康	无	中专	卫生护理工作	
	（03）	爸爸	男	35	健康	无	大专	卫生护理工作	
	（04）	爷爷	男	57	健康	无	初中	无	
	（05）	奶奶	女	58	健康	无	初中	无	

续表

家庭编号	家庭成员编号	被访家庭成员关系（以儿童为基准）	性别	年龄（岁）	健康状况	所患疾病	学历	工作状况（具体）	家庭类型
66（SLLH29）	（01）	本人	男	10	健康	无	小学	无	在婚家庭
	02	妈妈	女	39	健康	无	本科	会计工作	
	（03）	爸爸	男	40	健康	无	大专	电子运维工作	
	（04）	爷爷	男	62	健康	无	初中	无	
	（05）	奶奶	女	61	健康	无	—	无	
67（SLLH30）	（01）	本人	女	11	健康	无	小学	无	在婚家庭
	02	妈妈	女	35	健康	无	大专	中国人寿财险职员	
	（03）	爸爸	男	36	健康	无	大专	个体工商户，卖大车	
68（SLLH31）	（01）	本人	女	10	健康	无	小学	无	在婚家庭
	02	妈妈	女	32	健康	无	高中	无	
	（03）	爸爸	男	35	健康	无	高中	创业，干装修	
69（SLLH32）	（01）	本人	男	11	健康	无	小学	无	在婚家庭
	02	妈妈	女	37	健康	无	中专	销售工作	
	（03）	爸爸	男	39	健康	无	中专	企业单位职员	

续表

家庭编号	家庭成员编号	被访家庭成员关系（以儿童为基准）	性别	年龄（岁）	健康状况	所患疾病	学历	工作状况（具体）	家庭类型
70（SLLH33）	（01）	本人	男	10	健康	无	小学	无	在婚家庭
	02	妈妈	女	40	一般	心供血不足	小学	无	
	（03）	爸爸	男	41	健康	无	高中	装潢类，包工程	
	（04）	哥哥	男	15	健康	无	初中	无	
71（SLLH34）	（01）	本人	女	8	健康	无	小学	无	在婚家庭
	02	妈妈	女	32	一般	心供血不足	高中	无	
	（03）	爸爸	男	43	健康	无	本科	物业消防班长	
	（04）	弟弟	男	2	健康	无	无	无	
72（SLLH35）	（01）	本人	女	9	健康	无	小学	无	在婚家庭
	02	妈妈	女	33	健康	无	中专	无	
	（03）	爸爸	男	37	健康	无	中专	酒店厨师	
	（04）	妹妹	女	3	健康	无	无	无	
73（SLLH36）	（01）	本人	女	10	健康	无	小学	无	在婚家庭
	02	妈妈	女	37	一般	妇科病，内分泌问题	高中	开眼镜店	
	（03）	爸爸	男	37	一般	家族遗传病，三高	初中	开眼镜店	
	（04）	姐姐	女	10	健康	无	小学	无	

续表

家庭编号	家庭成员编号	被访家庭成员关系（以儿童为基准）	性别	年龄（岁）	健康状况	所患疾病	学历	工作状况（具体）	家庭类型
74（SLLH37）	（01）	本人	女	9	健康	无	小学	无	在婚家庭
	02	妈妈	女	36	健康	无	初中	无	
	（03）	爸爸	男	38	健康	无	初中	包工头	
	（04）	弟弟	男	7	健康	无	小学	无	
75（SLLH38）	（01）	本人	男	7	健康	无	小学	无	在婚家庭
	02	妈妈	女	32	健康	无	小学	无	
	（03）	爸爸	男	34	健康	无	初中	工地工人	
	（04）	弟弟	男	16个月	健康	疝气	无	无	
76（SLLH39）	（01）	本人	男	8	健康	无	小学	无	在婚家庭
	02	奶奶	女	64	较差	血糖血脂高	无	无	
	03	妈妈	女	31	健康	无	小学	无	
	（04）	爸爸	男	33	健康	无	初中	修路工人	
	（05）	爷爷	男	62	较差	低血压，血糖血脂高	小学	工地看大门	
	（06）	弟弟	男	9个月	健康	无	无	无	

续表

家庭编号	家庭成员编号	被访家庭成员关系（以儿童为基准）	性别	年龄（岁）	健康状况	所患疾病	学历	工作状况（具体）	家庭类型
77（SLLH40）	（01）	本人	女	10	健康	无	小学	无	在婚家庭
	02	妈妈	女	45	健康	无	初中	超市商品理货员，微商	
	（03）	爸爸	男	47	健康	无	初中	出租车司机	
78（SLLH41）	（01）	本人	男	11	健康	无	小学	无	在婚家庭
	（02）	妈妈	女	39	健康	无	小学	个体（卖牛肉、羊肉）	

注：家庭成员编号一栏中，括号内为被访者。

附录4 不同国家和地区儿童发展账户具体做法一览表

政策	目标对象	资金来源	资助方式/资助水平	运作过程	限制条件/退出机制
美国					
SEED OK 中经改造的“529 大学储蓄计划”	美国没有联邦层面的 CDA 政策，所有州级 CDA 政策和一些市县级 CDA 计划根据 SEED OK 中所展示的经改造的“529 大学储蓄计划”制定实施了普遍性的儿童发展账户政策，为所有儿童提供服务，并为弱势家庭提供补贴	（1）存入州政府所有的个人账户：政府初始资金、政府配额资金、政府补贴资金、社会组织捐赠资金。（2）个人家庭自愿开设的个人账户：个体家庭自愿储蓄资金、其他家庭成员和亲戚朋友为孩子存储的资金	（1）双层账户：①国有账户，自动开设，初始存款为 1000 美元；②个人账户，母亲为孩子开设，有资格获得 100 美元开户激励。（2）低收入和中等收入儿童的母亲有资格将存款存入个人账户，2008～2011 年，个人存款分别享有 1∶1 和 1∶0.5 的储蓄匹配，每年的匹配上限分别为 250 美元和 125 美元；匹配资金存在国有账户中。（3）2019 年初，SEED OK 向国有账户补充存款，低收入家庭儿童 600 美元，其他儿童 200 美元	（1）SEED OK 与俄克拉荷马州（财务主任办公室、卫生部、公共服务部、税务委员会和俄克拉荷马州大学储蓄计划）、社会发展中心（CSD）和 RTI 国际（RTI）为合作伙伴关系。（2）该计划包括股票基金、债券基金、平衡基金、保本基金和根据受益人年龄调整投资的年龄基础基金等多种投资选择	存入 SEED OK 国有账户的存款只能用于高等教育（州内和州外符合条件的教育机构，包括四年制大学、社区大学和职业学校等），但存入个人账户的个人存款可以出于任何目的的提取

续表

政策	目标对象	资金来源	资助方式/资助水平	运作过程	限制条件/退出机制
英国					
儿童信托基金项目（CT）	所有在英国出生的儿童	政府补贴；父母、亲属和朋友每年可以额外存入高达9000英镑的储蓄	（1）父母或政府为新生儿开设免税储蓄账户，并接受两张250英镑的代金券，分别在孩子出生和7岁时发放，低收入家庭儿童可以收到2倍的代金券。（2）残疾儿童的账户会收到每年100英镑的政府额外补贴，严重残疾者为200英镑	（1）账户采用储蓄和投资相结合的方式，可以选择现金存款、债券或股票的任意组合。（2）银行和建房互助协会公开竞争提供账户，账户可在不同提供者间转换，政府自动开立的未被父母主动激活的账户采取轮流选择提供商的方式	儿童在16岁时有权利管理他们的儿童信托基金账户，但不能取出，直到18岁时获得授权使用这些资产。这些资产可用于孩子未来的教育、培训、购房或创业等任何目的。2011年，英国政府宣布取消儿童信托基金账户，启动青少年个人储蓄账户
加拿大					
注册教育储蓄计划（RESP）	每个拥有加拿大社会保险号的孩子	政府补贴；儿童社交圈中的任何人都可以向该受益人的RESP账户供款，最长21年，最多可存入5万加元	（1）教育储蓄补助金：适用于所有儿童，每年给由父母和家庭做出的储蓄中的首笔2500加元存款的20%进行匹配，每个孩子有资格获得高达7200加元的匹配资金；来自中低收入家庭的儿童每年可以额外获得RESP账户500加元存款的10%或20%，直到年满17岁。（2）学习债券：向低收入家庭儿童的RESP账户提供500加元的存款，这些存款是在开立账户时进行的，并不取决于父母的供款；孩子们每年收到100加元的储蓄，直到他们年满15岁；这些存款的上限为2000加元	（1）资金由政府注册的USC（非营利组织）经营，其所有的投资计划受政府监督和担保，储蓄利息及其政府补贴利息免税增值，平均年回报率为9%~10%。（2）个人需要缴纳很少的相关费用，如登记注册费、寄存费、计划转移费等。（3）RESP计划还包括保险金，如果存款期间夫妇双方有任何一方在65岁前伤残或死亡，USC会帮助储户每月定期存款（与以前的存款额相同）	（1）储蓄资金不能随意动用，受助人须用于支付中学毕业后继续接受教育的入学费用。（2）孩子毕业后在大专院校连续读13个星期的课程才可动用5000加元的教育储蓄津贴或利息。（3）若孩子不上大学或就读时间不超过3个月，其RESP计划可以选择：①转给兄弟姐妹；②储蓄净本金免税退还父母，若父母退休储蓄计划有注入空间，可将5万加元的利息转入。③储蓄净本金免税退还父母，教育津贴退还政府，剩余部分则按照个人收入纳税，并缴纳20%的罚金

续表

政策	目标对象	资金来源	资助方式/资助水平	运作过程	限制条件/退出机制
以色列					
为每个儿童储蓄计划（SECP）	所有18岁以下的以色列公民（以色列儿童加上东耶路撒冷中巴勒斯坦儿童）	政府补贴、父母存款	分为两种情况：（1）主动注册，每月除全国保险机构提供的52新谢克尔外，父母还可以从子女津贴中额外转移52新谢克尔到SECP账户，同时父母可以为SECP资金选择储蓄工具；（2）默认注册，NII每月提供52新谢克尔的存款，默认选择政府预先设定的投资方式	（1）家庭可以在线、电话或亲自参加SECP；家长还会收到SECP账户余额和福利的年度对账单。（2）在受益人年满21岁之前，账户管理费用由NII支付；账户持有人有责任为资本收益纳税，对于那些决定将这些基金保留到退休后再使用的人，这笔存款将免税。（3）国家保险协会采取一系列方式进行账户宣传与推广	（1）除子女病重或死亡的情况外，SECP账户资金只有在子女年满18岁后才能提取；当孩子年满18岁时，每月52新谢克尔的存款将停止，并可获得522新谢克尔的奖励；但是，要在21岁之前提取资金，孩子们必须填写提取表格，获得父母的签名，并联系管理SECP账户的银行或投资基金。（2）如果账户受益人到21岁钱还没有取款，这个项目第二次提供522新谢克尔的奖励。（3）虽然参与者被鼓励将基金用于长期投资，如买房或教育，但对基金的使用没有具体的限制

续表

政策	目标对象	资金来源	资助方式/资助水平	运作过程	限制条件/退出机制
新加坡					
婴儿奖励计划（Bonus Scheme）	0~12 岁新加坡籍儿童	政府补贴、家庭存款	（1）第一层为政府提供的现金礼物，第一个和第二个孩子每人 8000 新元，第三个和以后的孩子每人 10000 新元。（2）第二层由 CDA 组成，账户一经开立，政府即向该账户发放 3000 新元补助金作为初始存款；政府将按照 1∶1 的比例为第一个孩子提供最高 3000 新元的匹配供款，第二个孩子最高为 6000 新元，第三个和第四个孩子每人最高为 9000 新元，第五个和随后的孩子每人最高为 15000 新元。（3）在财政情况稳定情况下，政府会向特定群体发放额外补贴	管理模式为公私合作，由新加坡社会与家庭发展部委任 3 家银行进行账户开设和管理	（1）儿童发展账户中的款项不能提取为现金，只能采用转账的方式。（2）儿童发展账户中的款项只能用于核准机构的教育和医疗开支，家长在上述限定范围内可以灵活使用孩子的儿童发展账户，如可以选择将账户中的款项用在孩子的兄弟姐妹身上。（3）当孩子年满 13 岁时，其 CDA 中未使用的账户余额将转移到 PSEA 中
教育储蓄（Edusave）计划	7~16 岁新加坡中小学生	政府补贴	政府为每个儿童开设可以赚取利息的教育储蓄账户，每年吸引政府捐款；当前，小学生获得的年度捐款额为 230 新元，中学生为 290 新元	（1）账户由新加坡教育部管理，政府为每个孩子开设一个有利息的 Edusave 账户，每年吸引政府捐款。（2）每个 Edusave 账户的余额将获得与中央公积金普通账户挂钩的利息，目前利率为 2.5%，每年 12 月，这笔利息记入 Edusave 账户	账户中的储蓄只能用于儿童的教育丰富计划。孩子年满 16 岁或中学毕业时（以较晚者为准），Edusave 账户中未使用的余额将转入孩子的 PSEA

续表

政策	目标对象	资金来源	资助方式/资助水平	运作过程	限制条件/退出机制
中学后教育储蓄计划（PSEA）	每个年满13岁的新加坡孩子都可以自动获得PSEA	政府补贴与父母存款	（1）父母如果没有储蓄到CDA供款上限，可以继续在该账户中储蓄，并获得政府的配套补贴，直到达到供款上限或孩子18岁（以较早者为准）。（2）17~20岁的新加坡公民可获得额外的政府补贴	PSEA由新加坡教育部管理。PSEA余额将获得与CPF普通账户挂钩的利息，目前为每年2.5%，可用于批准的中学后教育费用	（1）资金可用于支付账户持有人或其兄弟姐妹在认可院校就读的课程费用，还可以用来偿还政府教育贷款和金融计划。（2）PSEA不能用于大专和Millenia学院的费用。（3）当新加坡公民年满31岁时，账户中的任何余额都会转移到个人的中央公积金账户，用于建立终身发展和保护的资产，包括房产投资、医疗保健、保险、投资以及退休保障
医疗储蓄账户（Medisave Accounts）	政府在新生儿出生登记时自动为每个新生儿开设账户	政府补贴	每个新生儿会收到政府提供的新生儿医疗储蓄补助金。2013年和2014年，政府自动将3000新元存入该账户；2015年1月1日或之后出生儿童的补助金金额随后增加到4000新元	中央公积金委员会管理医疗储蓄账户	医疗储蓄账户中的资金可以支付医疗保健费用，如接种疫苗、住院治疗和批准的门诊治疗。增加的金额足以支付账户持有人从出生至21岁的医疗保险保费

续表

政策	目标对象	资金来源	资助方式/资助水平	运作过程	限制条件/退出机制
韩国					
育苗储蓄账户（Didim Seed Savings Accounts）	12~17岁中低收入家庭儿童；所有18岁以下的福利系统内儿童；从福利系统回到原生家庭中的儿童，若符合中低收入家庭标准且保留原有账户，仍可继续接受相应资助	政府补贴、父母储蓄、赞助人资助	（1）育苗储蓄账户分为两个层级：①儿童储蓄账户，接受父母和赞助商的存款，每月存款上限为50万韩元；②基金账户，政府提供1∶1配套补贴，储蓄限额为每个月5万韩元，超出限额部分不享受政府的配套款。（2）账户利率比一般储蓄账户的储蓄利率高1%，管理费用极低。（3）政府将儿童福利系统中的赞助计划整合到育苗储蓄账户中，具体包括原赞助计划、指定育苗储蓄账户和未指定育苗储蓄账户三种形式	（1）双账户运行模式，账户的开立和管理机构为新韩银行。（2）政府制定了“希望之袋”财务教育计划，开发了一系列适合不同年龄段的财务教育课程，以帮助儿童提高金融管理能力、改进储蓄消费理念。（3）韩国保健福祉部、地方政府、新韩银行、韩国儿童福利联合会（KFCW）紧密合作	（1）提前使用，在儿童年满15岁且储蓄超过5年的情况下，款项有两次提前使用的机会，但仅能用于儿童的教育和职业培训。（2）普通使用，持有人年满18岁后有权从账户中提取资金，用于教育、创业、医疗和重大生活事件。（3）延期使用，账户持有人年满24岁后，款项使用不再受限。前两种情况须经过当地主管机关审核，再由银行将款项直接汇入服务提供者的账户

续表

政策	目标对象	资金来源	资助方式/资助水平	运作过程	限制条件/退出机制
中国香港地区					
儿童发展基金计划	10～16 岁的儿童（其家庭正在领取综合社会保障援助，或学生资助办事处各项学生资助计划的全额资助，或家庭收入不超过全香港地区家庭住户每月收入中位数的 75%）	政府补贴、家庭储蓄、企业与私人捐赠	（1）参与者于计划前两年参加目标储蓄，两年期间每月储蓄为 200 港币，特殊情况下会降低储蓄金额。（2）非政府组织将与商业组织或个人捐助者合作，提供最少 1∶1 配对供款。（3）政府所提供的 1∶1 配对奖励。完成两年的储蓄计划后的总额最多为 14400 港币	（1）参加者在非政府组织、师友和家长的协助下在计划前两年订立个人发展方案，并于计划第三年执行。（2）非政府组织为参加者预留 15000 港币，在计划三年期间提供不同类型的培训及活动。（3）非政府组织为每位参与者配对一位师友，提供指导	无
中国大陆地区					
北京资产建设计划	北京打工子弟学校初二年级学生	项目办配款、家庭储蓄	参与计划家庭须每月储蓄 100 元，两年共存 2400 元（最低为 1800 元）；两年储蓄期满后，项目办根据家庭实际存款的额度进行 1∶2 助学金配款，最高可获得储蓄金额双倍即 4800 元助学金	个人账户内的储蓄金额全数全程由家长保管	所有资金用于支付学生初中毕业后的教育费用

续表

政策	目标对象	资金来源	资助方式/资助水平	运作过程	限制条件/退出机制
陕西白水县儿童发展账户项目（项目A）	白水县农村贫困家庭（主要是残障儿童家庭）12~16岁儿童	社会组织匹配供款、家庭储蓄	项目参加者在账户中进行每月50~100元的储蓄，陕西省白水县Z社会组织按照1:1的比例进行配对供款	青少年及其家长须定期参加项目的课程活动，包括理财、亲子沟通、个人与家庭发展规划以及公益服务等四类，每年最少参加两次	账户内资金在参加项目开始一年内不能支取，一年之后可以向机构社会工作者申请取出，用于孩子的学费、课后辅导等方面的支出
陕西白水县儿童发展账户项目（项目B）	在Q机构内进行抢救性康复的脑瘫儿童及其家庭	Q社会工作机构与本地儿童康复中心合作提供	（1）每个账户可获得1500元的初始种子基金；（2）机构根据参加者在账户中的资产投资进行每月500元的固定配款；（3）机构对连续2个月或3个月完成投资目标的账户实行额外奖励，奖励金额为700~1000元	机构根据家长资产投资匹配资金，家长资产投资主要是指现金储蓄、参与项目课程以及家庭康复训练	儿童发展账户的储蓄金额在1个月之后可以取出用于康复、辅助支具、家居改造以及教育四类支出，参与者在社会工作者的协助下制定取款与使用计划
河北易县扶贫实践	贫困与低收入家庭儿童	爱心人士捐助、银行支持、家长现金储蓄	入选家庭按100~200/月为孩子的账户进行储蓄，项目按照1:1比例进行匹配存储	无	（1）孩子通过完成一定的社会公益活动获取积分来获得持续资助资格；（2）参加项目一年内账户内资金不能支取，一年之后可向社会工作者申请取出10%的资金用于儿童的健康、教育和一些社会活动，孩子上中学期间每年可取出20%

续表

政策	目标对象	资金来源	资助方式/资助水平	运作过程	限制条件/退出机制
乌干达					
“The Suubi Project”项目	从15所预先选定的学校中共选出286名艾滋病孤儿	项目补贴、家庭储蓄、亲戚或朋友存款	该计划支付开户存款，并提供1:2匹配供款，匹配上限设置为每个家庭每月10美元或在研究期间每年120美元	（1）为孤儿提供关注金融教育、资产建设和职业规划的研讨会，同伴指导，以及以儿童和照顾者名义联合的CDA。（2）当地的宗教机构、15所农村小学及两家金融机构与研究人员的合作，是乌干达实施和维持CDA项目的关键	CDA专门用于支付中学教育和/或家庭小企业的费用。在未满足所要求的参与研讨会数量之前，任何参与者都不得访问其CDA
“The Bridges Study”项目	乌干达西南部地区48所小学的艾滋病孤儿	项目	干预组1获得1:1的储蓄匹配率，干预组2获得1:2的储蓄匹配率	对照组与干预组均接受了常规帮扶，包括心理咨询、食物和学术材料。干预组均接受如下干预：金融素养讲习班、导师支持、儿童储蓄账户。两个干预组唯一的区别是储蓄匹配率	相应的储蓄可以用于中学教育和微型企业发展

图书在版编目(CIP)数据

资产建设与儿童发展账户 :理论、经验与机制构建 / 高功敬著. -- 北京 : 社会科学文献出版社, 2025.2.
(济大社会学丛书). -- ISBN 978-7-5228-4646-0

Ⅰ. TS976.15

中国国家版本馆 CIP 数据核字第 2025N6Y047 号

·济大社会学丛书·

资产建设与儿童发展账户
——理论、经验与机制构建

著　　者 / 高功敬

出 版 人 / 冀祥德
责任编辑 / 胡庆英
文稿编辑 / 张真真
责任印制 / 王京美

出　　版 / 社会科学文献出版社 · 群学分社 (010) 59367002
地址: 北京市北三环中路甲 29 号院华龙大厦　邮编: 100029
网址: www.ssap.com.cn
发　　行 / 社会科学文献出版社 (010) 59367028
印　　装 / 三河市东方印刷有限公司

规　　格 / 开 本: 787mm×1092mm 1/16
印 张: 24.5　字 数: 328 千字
版　　次 / 2025 年 2 月第 1 版　2025 年 2 月第 1 次印刷
书　　号 / ISBN 978-7-5228-4646-0
定　　价 / 158.00 元

读者服务电话: 4008918866